极客学院
jikexueyuan.com

互联网+职业技能系列

职业入门 | **基础知识** | 系统进阶 | 专项提高

JavaScript+jQuery
前端开发基础教程

微课版

Front-End Development

夏帮贵 刘凡馨 主编

人民邮电出版社
北京

图书在版编目（CIP）数据

JavaScript+jQuery前端开发基础教程 ： 微课版 / 夏帮贵，刘凡馨主编. -- 北京 ： 人民邮电出版社，2018.8
（互联网+职业技能系列）
ISBN 978-7-115-48693-6

Ⅰ. ①J… Ⅱ. ①夏… ②刘… Ⅲ. ①网页制作工具－教材 Ⅳ. ①TP393.092.2

中国版本图书馆CIP数据核字(2018)第135476号

内 容 提 要

本书注重基础，循序渐进、系统地讲述了JavaScript和jQuery前端开发的相关基础知识。JavaScript部分涵盖了JavaScript基础、JavaScript核心语法基础、数组和函数、异常和事件处理、JavaScript对象、浏览器对象、AJAX等主要内容。jQuery部分涵盖了jQuery简介、jQuery选择器和过滤器、操作页面元素、jQuery事件处理、jQuery特效、jQuery AJAX等主要内容。最后综合应用本书介绍的各种知识，实现一个在线咨询服务系统。本书对于每一个知识点，都尽量结合实例帮助读者理解。第1～13章的每章最后部分还给出了编程实践来说明本章知识的使用。

本书内容丰富，讲解详细，可作为各类院校相关专业教材，也可作为JavaScript和jQuery爱好者的参考书。

◆ 主　　编　夏帮贵　刘凡馨
　责任编辑　左仲海
　责任印制　马振武
◆ 人民邮电出版社出版发行　　北京市丰台区成寿寺路11号
　邮编　100164　　电子邮件　315@ptpress.com.cn
　网址　http://www.ptpress.com.cn
　北京七彩京通数码快印有限公司印刷
◆ 开本：787×1092　1/16
　印张：17　　　　　　2018年8月第1版
　字数：550千字　　　2024年8月北京第10次印刷

定价：49.80元

读者服务热线：(010)81055256　印装质量热线：(010)81055316
反盗版热线：(010)81055315
广告经营许可证：京东市监广登字20170147号

前言 Preface

JavaScript 是一种脚本编程语言，广泛应用于客户端 Web 应用程序开发，可为 Web 页面添加丰富多彩的动态功能。jQuery 是一个 JavaScript 库，它使程序员可以方便、快捷地实现各种复杂功能和动画效果。

党的二十大报告指出：我们要坚持教育优先发展、科技自立自强、人才引领驱动，加快建设教育强国、科技强国、人才强国。本书在内容编排和章节组织上，特别针对高校教育特点，争取让学生在短时间内掌握 JavaScript 和 jQuery 前端开发的基本方法。本书以“基础为主、实用为先、专业结合”为基本原则，在讲解 JavaScript 和 jQuery 前端开发技术知识的同时，力求结合项目实际，使读者能够理论联系实际，轻松掌握 JavaScript 和 jQuery Web 应用开发。

本书具有如下特点。

1. 入门条件低

读者无须太多技术基础，跟随本书即可轻松掌握 JavaScript 和 jQuery 前端开发的基本方法。

2. 学习成本低

本书在构建开发环境时，选择读者使用最为广泛的 Windows 操作系统、免费的 Microsoft Visual Studio Community 开发环境。

3. 内容编排精心设计

本书内容编排并不求全、求深，而是考虑学生的接受能力，选择 JavaScript 和 jQuery 中必备、实用的知识进行讲解。各种知识和配套实例循序渐进、环环相扣，逐步涉及实际案例的各个方面。

4. 强调理论与实践结合

书中的每个知识点都尽量安排一个短小、完整的实例，方便教师教学，也方便学生学习。

5. 丰富实用的课后习题

每章均准备一定数量的习题，方便教师安排作业，也方便学生通过练习巩固所学知识。

6. 精选极客学院在线课程

本书视频和相关实例来源于极客学院，实例针对性强。

7. 配备了学习必备资源

为了方便教学，本书配备了书中所有实例代码、资源文件及习题参考答案。本书源代码可在学习过程中直接使用，参考相关章节进行配置即可。

本书作为教材使用时，课堂教学建议安排 42 学时，实验教学建议 22 学时。主要内容和学时安排如下表所示，教师可根据实际情况进行调整。

章节	主要内容	课堂学时	实验学时
第 1 章	JavaScript 基础	2	1
第 2 章	JavaScript 核心语法基础	4	2

续表

章节	主要内容	课堂学时	实验学时
第 3 章	数组和函数	3	2
第 4 章	异常和事件处理	2	1
第 5 章	JavaScript 对象	2	1
第 6 章	浏览器对象	3	2
第 7 章	AJAX	2	1
第 8 章	jQuery 简介	2	1
第 9 章	jQuery 选择器和过滤器	4	2
第 10 章	操作页面元素	4	2
第 11 章	jQuery 事件处理	2	1
第 12 章	jQuery 特效	4	2
第 13 章	jQuery AJAX	4	2
第 14 章	在线咨询服务系统	4	2
学时总计		42	22

本书由西华大学夏帮贵、刘凡馨主编。刘凡馨编写第 1～4 章，夏帮贵编写其余章节并负责全书统稿。

由于编者水平有限，书中难免存在疏漏和不妥之处，敬请广大读者批评指正。作者 QQ 邮箱：314757906@qq.com。

最后感谢读者的信任选择了本书！

编者

2023 年 5 月

目录
Contents

PART01

第1章

JavaScript基础

重点知识：

- JavaScript简介
- JavaScript编程工具
- 在HTML中使用JavaScript
- JavaScript语法基础

■ JavaScript 是一种脚本语言，广泛应用于服务器、PC 客户端和移动客户端。在 Web 2.0 时代的富互联网应用（RIA）中，JavaScript 扮演了重要的角色。JavaScript 代码可直接嵌入到 HTML 文档，由浏览器负责解释执行，为静态的 Web 页面添加动态效果。

1.1 JavaScript 简介

JavaScript 简介

JavaScript 是一种轻量、解释型脚本编程语言，并具有面向对象的特点。Internet Explorer、Firefox、Chrome 等各种常用 Web 浏览器均支持 JavaScript，其在 Web 应用中得到广泛使用。

嵌入到 HTML 文档的 JavaScript 可称为客户端的 JavaScript，这也是通常所说的 JavaScript。当然，JavaScript 并不局限于浏览器客户端脚本编写，也可用于服务器、PC 客户端和移动客户端。

本书主要介绍客户端的 JavaScript，所有实例均嵌入 HTML 文档，在浏览器中执行。

1.1.1 JavaScript 版本

JavaScript 最初由 NetScape 公司的 Brendan Eich 研发，早期的名称为 LiveScript，并在 Navigator 浏览器中得到实现。NetScape 公司与 Sun 公司合作后，对 LiveScript 进行了升级，并将其更名为 JavaScript，也就是 JavaScript 1.0。实现了 JavaScript 1.0 的 Navigator 2.0 几乎垄断了当时的浏览器市场。

因为 JavaScript 1.0 的巨大成功，NetScape 公司在 Navigator 3.0 中实现了 JavaScript 1.1。Microsoft 公司在进军浏览器市场后，在 Internet Explorer 3.0 中实现了一个 JavaScript 的克隆版本，并命名为 JScript。

在 Microsoft 加入后，有 3 种不同的 JavaScript 版本同时存在：Navigator 中的 JavaScript、IE 中的 JScript 以及 CEnvi 中的 ScriptEase。这 3 种 JavaScript 的语法和特性并没有统一。

1997 年，JavaScript 1.1 作为一个草案提交给欧洲计算机制造商协会（ECMA）。其后，由来自 NetScape、Sun、Microsoft、Borland 和其他一些对脚本语言感兴趣的程序员组成的 TC39 推出了 JavaScript 的“ECMA-262 标准”，该标准将脚本语言名称定义为 ECMAScript。该标准也被国际标准化组织及国际电工委员会（ISO/IEC）采纳，作为各种浏览器的 JavaScript 语言标准规范。所以，JavaScript 成了事实上的名称，ECMAScript 则代表了语言标准。

早期的各种浏览器均未做到全面支持 ECMAScript 标准规范，在编写 JavaScript 脚本时，需考虑浏览器的兼容性。现在，JavaScript 语言标准已经稳定，几乎被所有主流浏览器完整地实现，故可以不用再考虑版本号和浏览器的兼容性。

1.1.2 JavaScript 特点

JavaScript 具有下列主要特点。

- 解释性：浏览器内置了 JavaScript 解释器。在浏览器中打开 HTML 文档时，其中的 JavaScript 代码直接被解释执行。
- 支持对象：JavaScript 可自定义对象，也可使用各种内置对象。
- 事件驱动：事件驱动使 JavaScript 能够响应用户操作，而不需要 Web 服务器端处理。例如，当用户输入 E-mail 地址时，可在输入事件处理函数中检查输入的合法性。
- 跨平台：JavaScript 脚本运行于 JavaScript 解释器，配置了 JavaScript 解释器的平台均能执行 JavaScript 脚本。
- 安全性：JavaScript 不允许访问本地磁盘，不能将数据写入服务器，也不能对网络文档进行修改和删除，只能通过浏览器实现信息的浏览和动态展示。

1.2 JavaScript 编程工具

JavaScript 脚本需要嵌入到 HTML 文档，所以可使用各种工具来编写 JavaScript。最简单的工具是 Windows

的记事本。常用的集成 Web 开发工具有 Visual Studio、Dreamweaver、Eclipse 和 IntelliJ IDEA 等。集成开发工具通常具有语法高亮、自动完成、错误检测等功能。本书使用 Visual Studio Community 2017，它是 Microsoft 推出的免费集成开发工具。

1.2.1 下载安装 Visual Studio Community 2017

Microsoft 在其官网提供了 Visual Studio Community 2017 的下载地址，下载页面如图 1-1 所示。

图 1-1　Visual Studio Community 2017 下载页面

将鼠标指针指向页面中的“下载 Visual Studio”按钮，展开下载菜单，然后选择“Community 2017”命令，下载 Visual Studio Community 2017 安装程序。

下载完成后，启动安装程序，首先会打开许可条款对话框，如图 1-2 所示。单击“继续”按钮，打开组件选择对话框，如图 1-3 所示。

图 1-2　Visual Studio 许可条款对话框

在组件选择对话框中可根据要开发的不同应用选择需要的开发工具。本书需要使用 Visual Studio 来编写 HTML 和 JavaScript 代码，所以要选中“ASP.NET 和 Web 开发”选项。在右侧的“摘要”列表框中可查看具体安装的组件。对本书而言，可取消所有可选组件。最后，单击“安装”按钮执行安装操作。

安装向导通过网络下载所需组件，所以在安装过程中应保持网络连接。安装完成后，显示图 1-4 所示的对话框。在对话框中，单击“修改”按钮，可以添加或删除组件。单击“启动”按钮，可启动 Visual Studio。

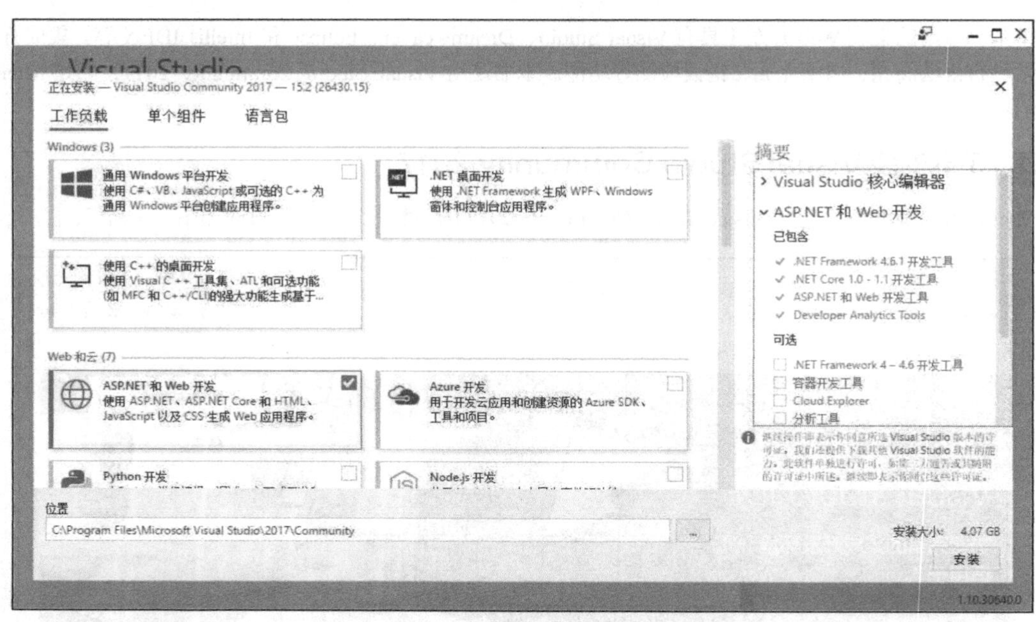

图 1-3　组件选择对话框

图 1-4　安装完成对话框

1.2.2　使用 Visual Studio

首次启动 Visual Studio 时，会显示欢迎对话框，如图 1-5 所示。

如果注册了 Microsoft 账号，可单击“登录”按钮登录。用户也可单击“注册”链接注册新账号，还可以不使用账号，单击“以后再说”链接，打开开发环境设置对话框，如图 1-6 所示。

在“开发设置”下拉列表中选中“Web 开发”选项。用户可选择喜欢的主题颜色。最后，单击“启动 Visual Studio”按钮，启动 Visual Studio。Visual Studio 首次启动后的界面如图 1-7 所示。

图 1-5　Visual Studio 欢迎对话框

图 1-6　开发环境设置对话框

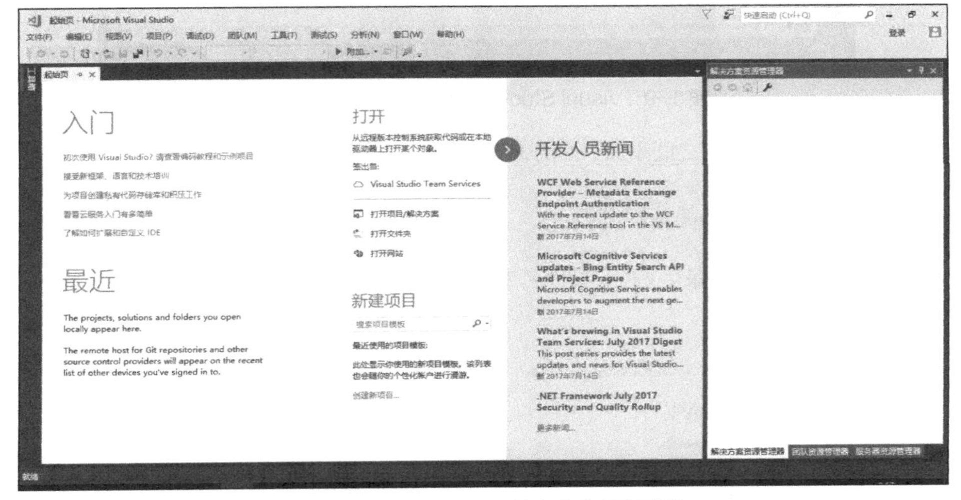

图 1-7　Visual Studio 首次启动后的界面

下面的例 1-1 说明了如何在 Visual Studio 中创建 HTML 文件。

【例 1-1】 创建一个 HTML 文档，使用 JavaScript 代码在页面中输出“JavaScript 欢迎你!”。源文件：01\test1-1.html。

具体操作步骤如下。

（1）选择“文件\新建\文件”命令，打开“新建文件”对话框，如图 1-8 所示。

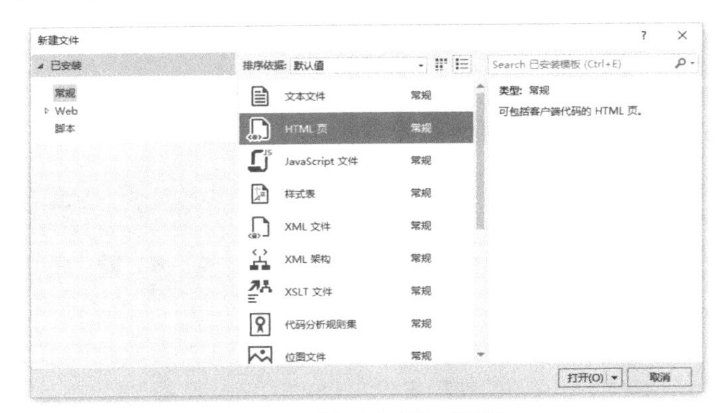

图 1-8　“新建文件”对话框

（2）在文件类型列表中选中“HTML 页”，单击“打开”按钮，Visual Studio 使用默认 HTML 模板创建新的 HTML 文件，代码如图 1-9 所示。

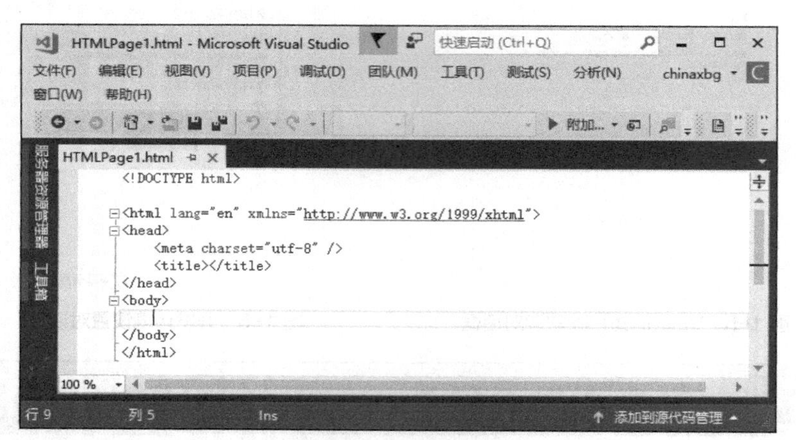

图 1-9　Visual Studio 创建的新 HTML 文件代码

（3）在<body>和</body>标记之间添加下面的 JavaScript 脚本代码。

```
<script>
    document.write("JavaScript欢迎你！")
</script>
```

（4）单击工具栏中的按钮保存文件，文件名为 test1-1，如图 1-10 所示。

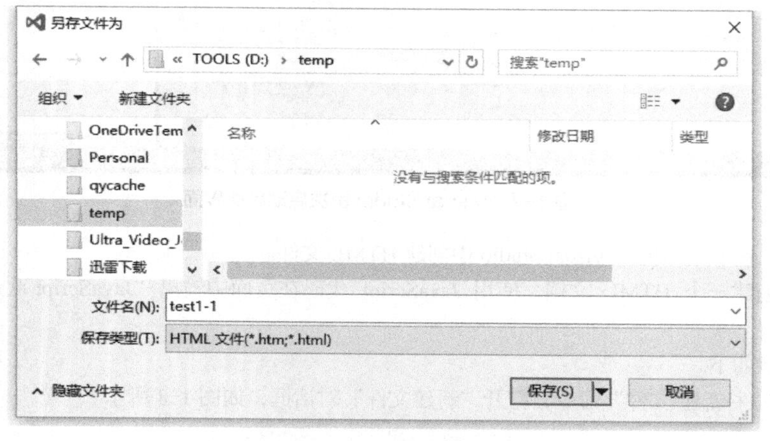

图 1-10　保存文件

（5）单击工具栏中的“在浏览器中查看”按钮，或者选择“文件\在浏览器中查看”命令，Visual Studio 打开系统默认浏览器来查看 HTML 文件，如图 1-11 所示。

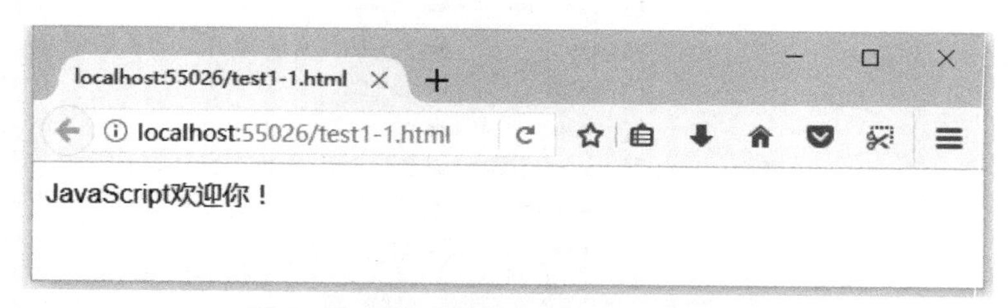

图 1-11　浏览器中的 HTML 文件显示结果

Visual Studio 在打开浏览器查看 HTML 文件的显示结果时，注意浏览器地址栏中的 URL 地址：http://localhost:55026/test1-1.html。localhost:55026 说明 Visual Studio 使用自带的 IIS Express 作为 Web 服务器。通常，测试 HTML 文件并不需要 Web 服务器，在 Windows 资源管理器中双击 HTML 文件也可打开浏览器查看其结果。需要执行服务器脚本时，则必须使用 Web 服务器。

1.2.3 使用浏览器开发人员工具

目前的各种浏览器几乎都提供了开发人员工具。在 Firefox 浏览器中，单击工具栏最右侧的“打开菜单”按钮☰，打开菜单。在其中选择“Web 开发者”选项，打开 Web 开发者菜单，在菜单中列出了打开各种开发工具的命令。在菜单中选择“Web 控制台”命令，可打开浏览器开发人员工具窗口，并显示控制台，如图 1-12 所示。

在大多数浏览器中，按【F12】键可直接打开开发人员工具窗口。

在控制台最下方的命令输入框中输入 JavaScript 语句，按【Enter】键即可立即执行该语句。控制台输入支持自动完成功能，可提示 JavaScript 关键字，用分号分隔，可一次输入多条语句执行。

开发人员工具窗口以选项卡的方式列出了各个开发工具，包括查看器、控制台、调试器和样式编辑器等。查看器可用于查看 HTML 文档的 DOM 结构，如图 1-13 所示。

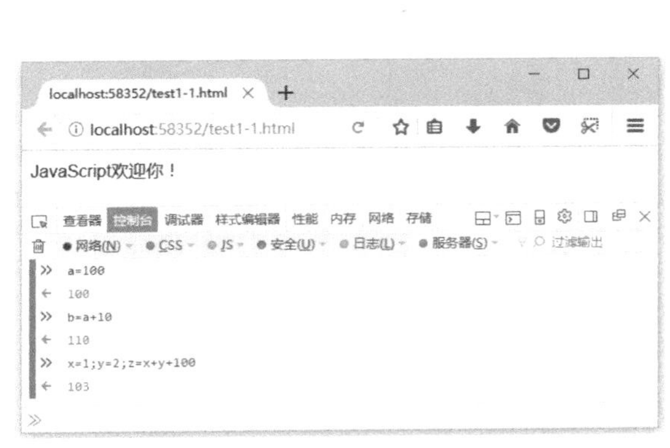

图 1-12 浏览器的开发人员工具窗口

图 1-13 在查看器中查看 HTML 文档的 DOM 结构

简单的 JavaScript 语句可在浏览器控制台中执行测试，不必创建 HTML 文件。

浏览器开发人员工具中的“调试器”可调试当前 HTML 文件中的 JavaScript 脚本，如图 1-14 所示。

基本调试技巧如下。

- 设置断点：可为 JavaScript 脚本设置断点。在 HTML 代码窗口中，单击脚本所在行的左侧行号，可设置或者取消断点。设置断点后，刷新浏览器，脚本执行到第 1 个断点位置。
- 在监视窗口中可添加监视，观察变量或表达式在代码执行过程中的变化。
- 执行到断点位置后，再单击工具栏中（跨越，快捷键【F10】）、（步进，快捷键【F11】）或者（步出，快捷键【Shift+F11】）等按钮可逐条执行语句。跨越操作会将函数调用视为一条语句，步进操作可转到函数内部逐条语句执行，步出操作执行到函数结束。

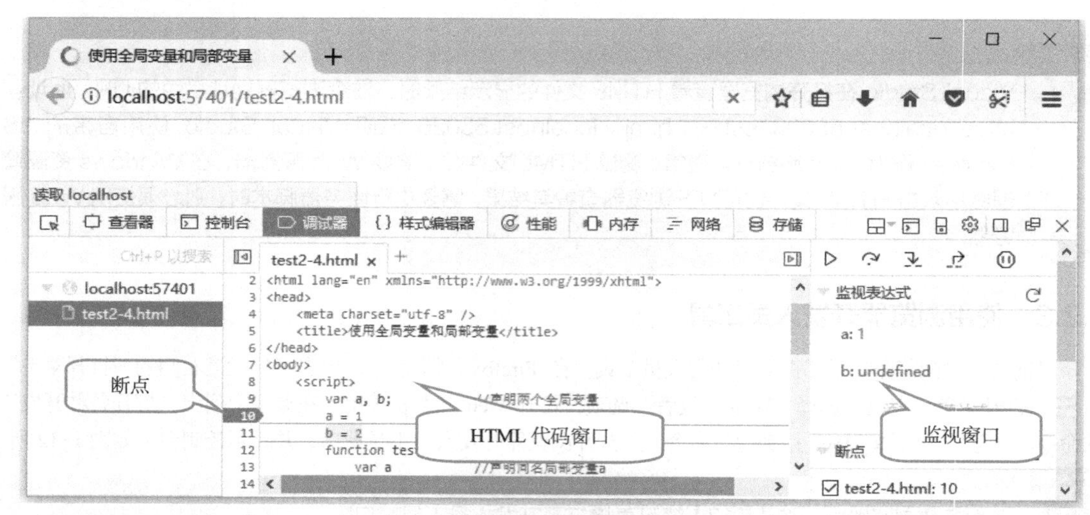

图 1-14　使用“调试器”调试脚本

JavaScript 实现输出

1.3　在 HTML 中使用 JavaScript

通常，JavaScript 脚本需要嵌入到 HTML 文件。可使用多种方法在 HTML 文件中插入 JavaScript 脚本。

- 使用<script>标记嵌入脚本。
- 使用<script>标记链接脚本。
- 作为事件处理程序。
- 作为 URL。

1.3.1　使用<script>标记嵌入脚本

通常，HTML 文件中的 JavaScript 脚本放在<script>和</script>标记之间。【例 1-1】就采用了这种方法，其完整 HTML 代码如下。

```
<!DOCTYPE html>
<html lang="en" xmlns="http://www.w3.org/1999/xhtml">
<head>
    <meta charset="utf-8" />
    <title></title>
</head>
<body>
    <script>
        document.write("JavaScript欢迎你！")
    </script>
</body>
</html>
```

代码中的 document.write()方法用于在页面中输出一个字符串。

通常，<script>标记放在 HTML 文件的<head>或<body>部分，当然也可放在其他位置。<script>标记内可包括任意多条 JavaScript 语句，语句按照先后顺序依次执行，语句的执行过程也是浏览器加载 HTML 文件过程的一部分。除了函数内部的代码外，浏览器在扫描到 JavaScript 语句时就会立即执行该语句。函数内部的代码在调用函数时执行。

一个 HTML 文件可以包含任意多个<script>标记，<script>不能嵌套和交叉。不管有多少个<script>标记，对 HTML 文件而言，它们包含的 JavaScript 语句组成一个 JavaScript 程序。所以，在一个<script>标记中定义的变量和函数，可在后继的<script>标记中使用。

1. 关于脚本语言

<script>标记的 language 和 type 属性（前者已被后者取代）可用于指定脚本使用的编程语言及其版本号。例如：

```
<script language="javascript"></script>
<script language="javascript 1.5"></script>
<script type="text/vbscript"></script>
```

指定了脚本语言及其版本号后，如果浏览器不支持，则会忽略<script>标记内的脚本代码。

早期的脚本语言除了 JavaScript 外，还有 VBScript。虽然 VBScript 是 Microsoft 推出的脚本语言，但在其 IE 11 浏览器中已经取消了对 VBScript 的支持。目前，绝大多数新的浏览器不再支持 VBScript。JavaScript 已成为事实上的唯一客户端 HTML 脚本编程语言。所以在本书的所有实例中，不再在<script>标记中设置脚本语言。

2. 关于</script>

</script>标记表示一段脚本的结束。不管</script>标记出现在何处，浏览器均将其视为脚本的结束标记。

【例 1-2】 在页面中输出 JavaScript 脚本。源文件：01\test1-2.html。

```
<!DOCTYPE html>
<html lang="en" xmlns="http://www.w3.org/1999/xhtml">
<head>
    <meta charset="utf-8" />
    <title></title>
</head>
<body>
    <script>
        document.write("<script>")
        document.write("document.write('页面中输出脚本')")
        document.write("</script>")
    </script>
</body>
</html>
```

在输入上述代码时，Visual Studio 会在最后一个</script>标记处显示波浪线，提示该处有错。鼠标指针指向该处时，会显示具体的错误提示信息，如图 1-15 所示。

图 1-15 Visual Studio 提示脚本错误

要更正该错误，可将字符串中的“</script>”进行拆分。例如：

```
document.write("</sc"+"ript>")
```

或者使用转义字符“\”。例如：

```
document.write("<\script>")
```

3. defer 属性

在<script>标记中使用 defer 属性时，文档加载完成后浏览器才执行脚本。例如：

```
<script defer></script>
```

当然，如果在脚本中有内容输出到页面，defer 属性会被忽略，脚本立即执行。

1.3.2 使用<script>标记链接脚本

<script>标记的 src 属性用于指定链接的外部脚本文件。通常，因为下列原因会将 JavaScript 脚本放在外部文件中。

- 脚本代码较长，移出 HTML 文件后，可简化 HTML 文件。
- 脚本中的代码和函数需要在多个 HTML 文件间共享。将共享代码放在单个脚本文件中可节约磁盘空间，利于代码维护。
- 多个 HTML 文件共享使用单个文件中的函数时，在第 1 个调用函数的 HTML 文件加载时，该函数被缓存。后继 HTML 文件可直接使用缓存中的函数，加快网页加载速度。
- src 属性值可以是任意的 URL。这意味着可使用来自 Web 服务器的 JavaScript 脚本文件，或者是由服务器脚本动态输出的脚本。

独立的 JavaScript 脚本文件扩展名通常为.js，.js 文件只包含 JavaScript 代码，没有<script>和 HTML 标记。浏览器会将文件中的代码插入到<script>和</script>标记之间。

【例 1-3】在 HTML 页面使用外部 JavaScript 脚本。源文件：01\test1-3.html，test1-3.js。

具体操作步骤如下。

（1）在 Visual Studio 中选择“文件\新建\文件”命令，打开“新建文件”对话框，如图 1-16 所示。

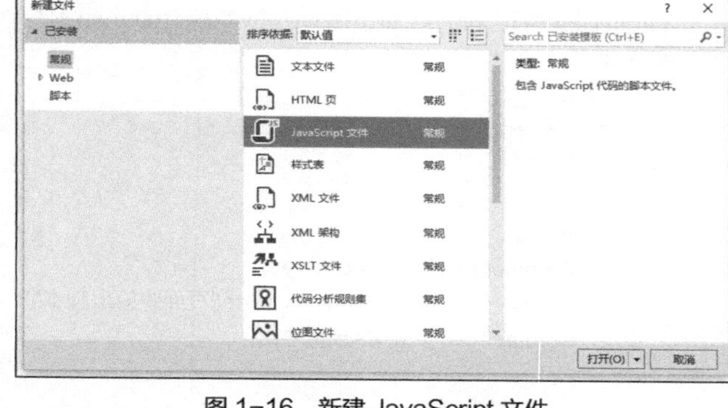

图 1-16　新建 JavaScript 文件

（2）在文件类型列表中选中“JavaScript 文件”，然后单击“打开”按钮，打开 JavaScript 脚本编辑窗口，如图 1-17 所示。

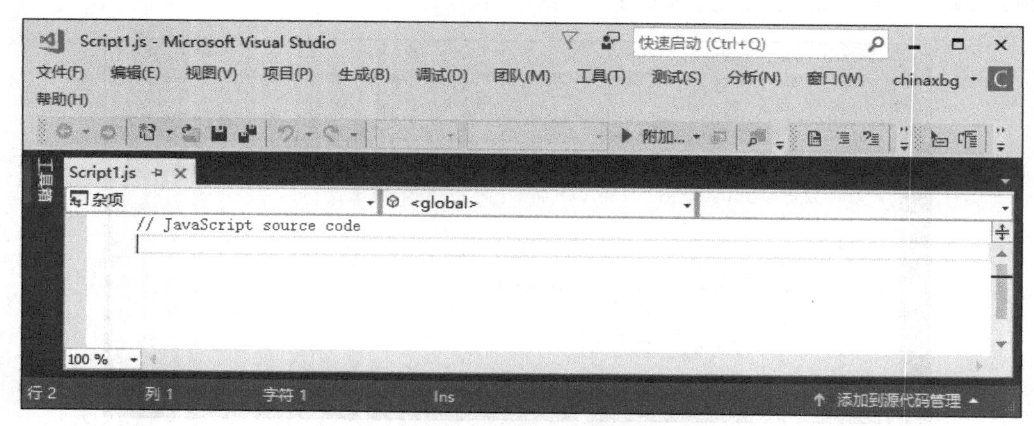

图 1-17　JavaScript 脚本编辑窗口

（3）输入下面的 JavaScript 语句。

```
document.write("使用外部JavaScript脚本")
```

（4）按【Ctrl+S】组合键打开“另存文件为”对话框。如图 1-18 所示，在“文件名”输入框中输入 test1-3.js 作为文件名，单击“保存”按钮完成保存操作。

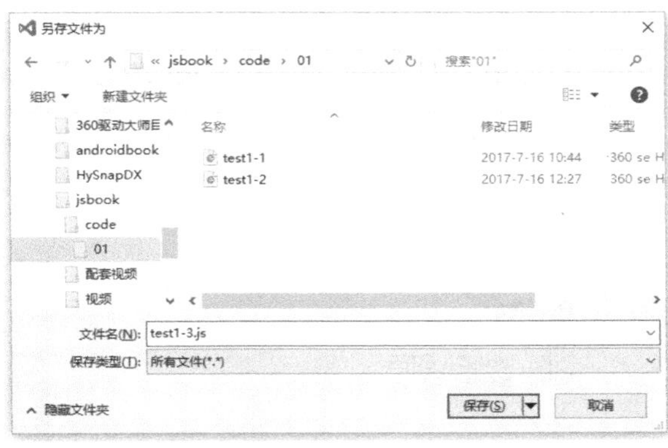

图 1-18 保存 JavaScript 脚本文件

（5）选择“文件\新建\文件”命令，新建一个 HTML 文件，代码如下。

```
<!DOCTYPE html>
<html lang="en" xmlns="http://www.w3.org/1999/xhtml">
<head>
    <meta charset="utf-8" />
    <title></title>
</head>
<body>
    <script src="test1-3.js"></script>
</body>
</html>
```

（6）按【Ctrl+S】组合键保存 HTML 文件，文件名为 test1-3.html。

（7）按【Ctrl+Shift+W】组合键，打开浏览器，查看 HTML 文件显示结果，如图 1-19 所示。

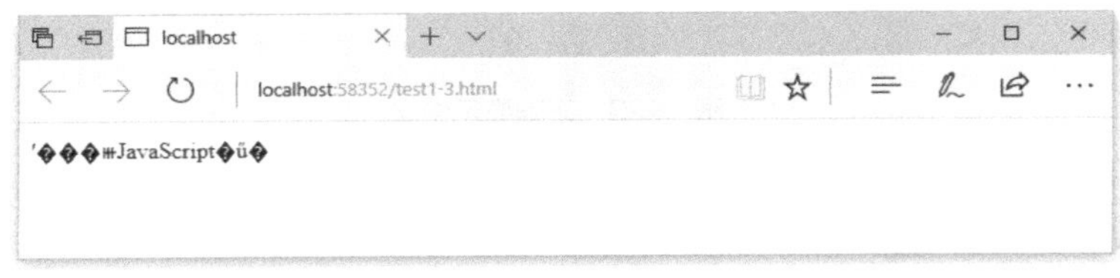

图 1-19 出现中文乱码

出现中文乱码是因为在 Visual Studio 中，HTML 文件的默认编码为 UTF-8，而 JavaScript 文件的默认编码为 GB 2312。两者虽然都支持中文，但不一致，所以出现了中文乱码。

（8）在 Visual Studio 中切换到 test1-3.js 脚本编辑窗口，再选择“文件\test1-3.js 另存为”命令，打开“另存文件为”对话框。单击“保存”按钮右侧的箭头按钮，展开保存命令菜单，如图 1-20 所示。

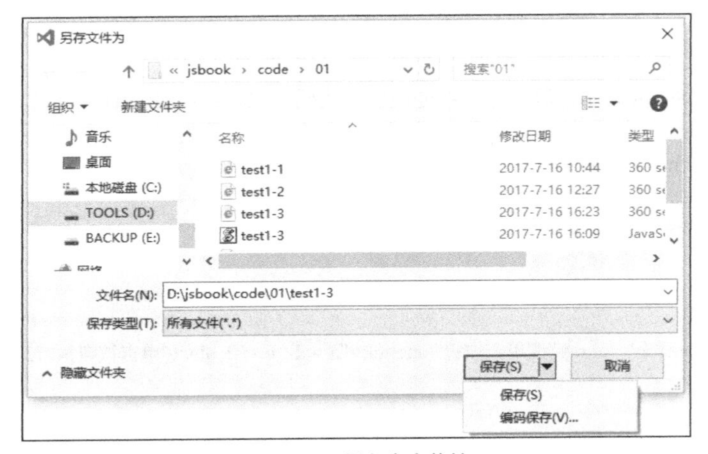

图 1-20 保存命令菜单

（9）选择“编码保存”命令，打开“确认另存为”对话框，如图 1-21 所示。

（10）单击“是”按钮，打开“高级保存选项”对话框，如图 1-22 所示。

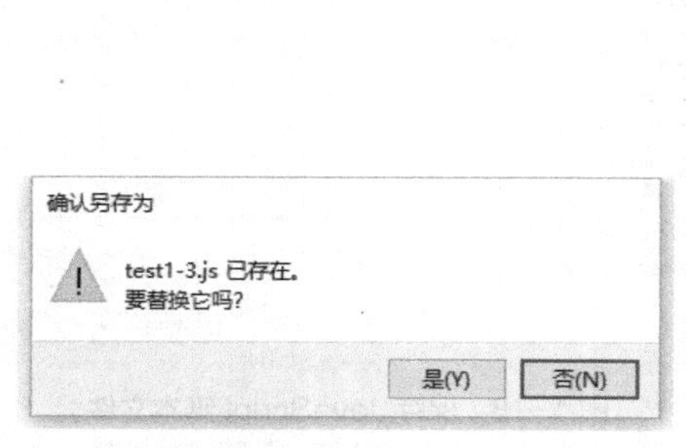

图 1-21 “确认另存为”对话框

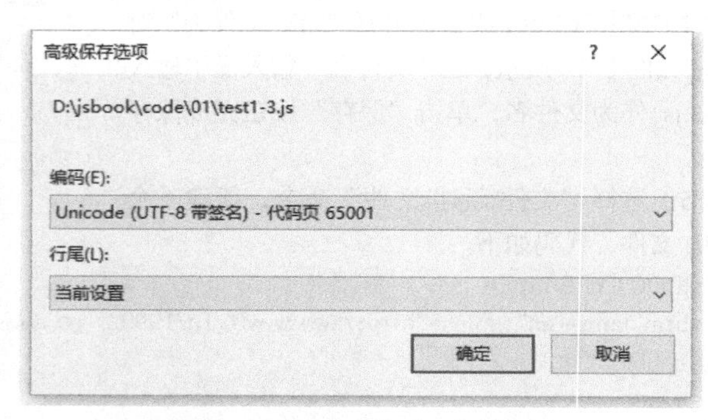

图 1-22 “高级保存选项”对话框

（11）在“编码”下拉列表中选中“Unicode(UTF-8 带签名)-代码页 65001”选项，单击“确定”按钮，完成编码保存操作。这样，就将 JavaScript 文件编码更改为 UTF-8，与 HTML 文件一致。

（12）切换到浏览器，单击“刷新”按钮刷新页面，可看到中文正确显示了，如图 1-23 所示。

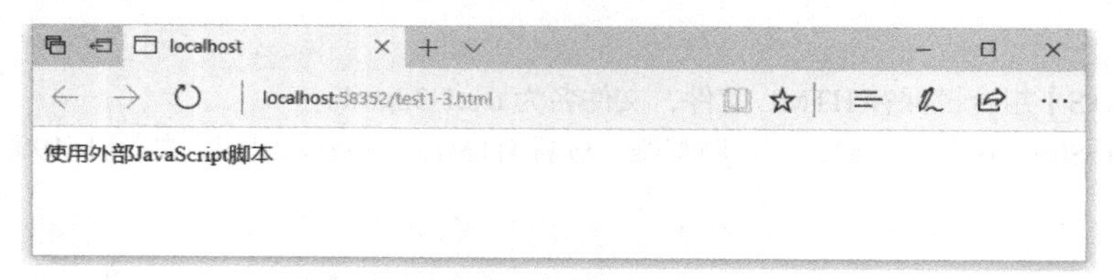

图 1-23 正确显示中文

有读者可能会问：HTML 文件和 JavaScript 文件编码不一致导致了中文乱码，为什么更改 JavaScript 文件编码，而不是 HTML 文件编码呢?

事实上，只要求 HTML 文件和 JavaScript 文件中文编码一致，即可解决中文乱码问题。所以，也可使用 Visual Studio 的“编码保存”功能将 HTML 文件编码修改为 GB 2312，来匹配 JavaScript 文件编码。此时，需要将 HTML 文件中的“<meta charset="utf-8" />”修改为“<meta charset="gb2312" />”，即 HTML 文件保存的编码格式和 charset 指定的编码保持一致。

1.3.3 作为事件处理程序

JavaScript 支持事件，关于事件处理的详细内容将在后面的章节中进行详细讲解。JavaScript 脚本代码可直接作为事件处理程序代码。

【例 1-4】 将 JavaScript 脚本代码作为事件处理程序代码。源文件：01\test1-4.html。

```
<!DOCTYPE html>
<html lang="en" xmlns="http://www.w3.org/1999/xhtml">
<head>
    <meta charset="utf-8" />
    <title></title>
</head>
<body>
    <input type="button" value="请单击按钮" onclick="a = 1; b = 2;alert('单击按钮执行JavaScript语句弹出对话框\na+b='+(a+b))"/>
</body>
</html>
```

HTML 按钮的 onclick 属性通常设置为处理事件的函数名称，本例中放置了 3 条 JavaScript 语句。在浏览器中打开页面后，单击“请单击按钮”按钮，可打开一个对话框，如图 1-24 所示。

图 1-24 将 JavaScript 代码作为事件处理程序代码

1.3.4 作为 URL

在 HTML 文件中，使用“javascript”作为协议名称，即可将 JavaScript 语句直接放在 URL 中。在访问该 URL 时，JavaScript 语句被执行。

【例 1-5】 将 JavaScript 脚本作为超级链接地址。源文件：01\test1-5.html。

```
<!DOCTYPE html>
<html lang="en" xmlns="http://www.w3.org/1999/xhtml">
<head>
    <meta charset="utf-8" />
    <title></title>
</head>
<body>
    <a href="javascript:a = 1; b = 2;alert('单击链接执行JavaScript语句弹出对话框\na+b='+(a+b))">
        请单击此链接
    </a>
</body>
</html>
```

在页面中单击“请单击此链接”链接时，会打开对话框，如图 1-25 所示。

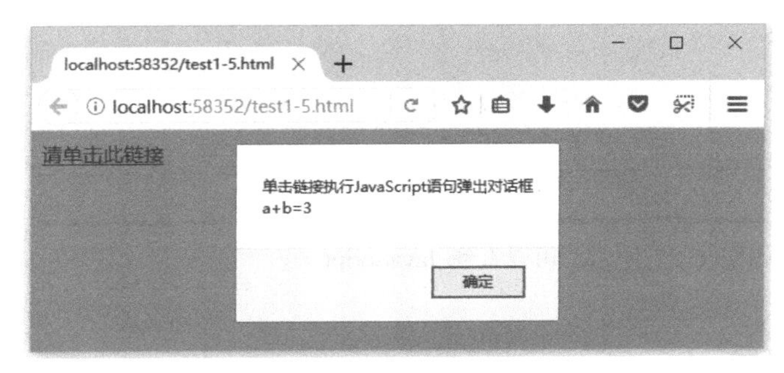

图 1-25 将 JavaScript 脚本作为 URL

1.4 JavaScript 基本语法

JavaScript 基本语法

本节介绍 JavaScript 语言最基本的语法规则。

1.4.1 大小写敏感

JavaScript 对大小写敏感，即严格区别关键字、变量、函数以及其他标识符的大小写。

【例 1-6】 测试 JavaScript 是否区分变量大小写。源文件：01\test1-6.html。

```
<!DOCTYPE html>
<html lang="en" xmlns="http://www.w3.org/1999/xhtml">
<head>
    <script>
        a = 100
```

```
            A = 200
            document.write(a)
            document.write("<br>")
            document.write(A )
        </script>
    </head>
    <body>
    </body>
    </html>
```

浏览器的输出结果如图 1-26 所示。从输出结果可以看到，脚本中的变量 a 和 A 是两个不同的变量。

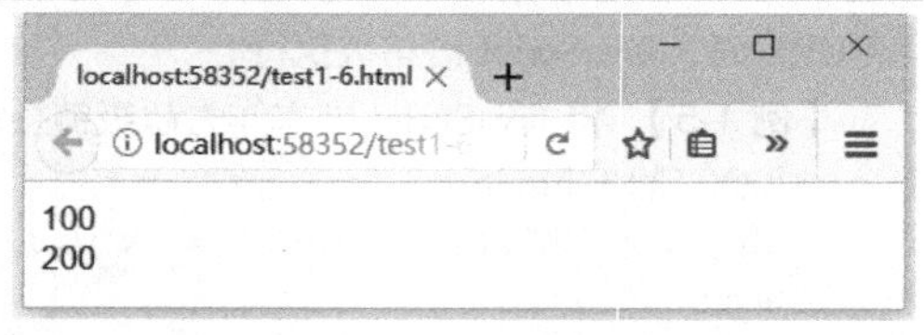

图 1-26　JavaScript 区别变量大小写

1.4.2　空格、换行符和制表符

JavaScript 会忽略代码中不属于字符串的空格、换行符和制表符。通常，空格、换行符和制表符用于帮助代码排版，方便阅读程序。

【例 1-7】 将 JavaScript 语句分行书写。源文件：01\test1-7.html。

```
<!DOCTYPE html>
<html lang="en" xmlns="http://www.w3.org/1999/xhtml">
<head>
    <script>
        a =
            100
        document.
            write(a)
    </script>
</head>
<body>
</body>
</html>
```

浏览器的输出结果如图 1-27 所示，可以看到 JavaScript 允许将语句分行书写。

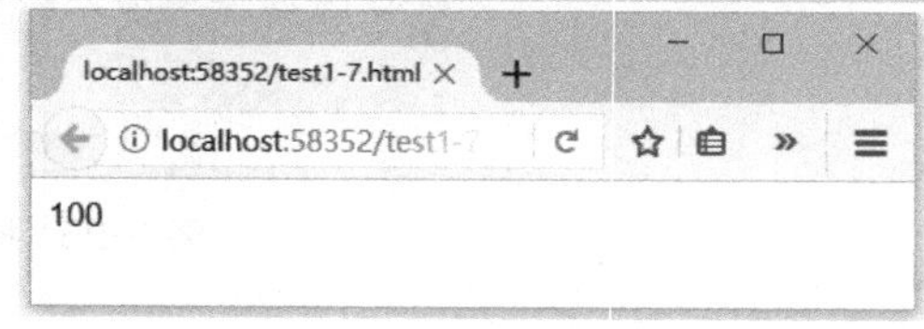

图 1-27　分行书写的 JavaScript 脚本被正确执行

1.4.3　语句结束符号

JavaScript 并不强制要求语句末尾必须使用分号（;）来作为语句结束符号。JavaScript 解释器可自动识别语句结束。

在某些时候，可使用分号将多条语句写在一行。例如：

```
<script>
    a =100; document.write(a)
</script>
```

1.4.4　注释

注释是程序中的说明信息，帮助理解代码。脚本执行时，注释内容被忽略。JavaScript 提供两种注释。

- //：单行注释。//之后的内容为注释。
- /*……*/：多行注释。在“/*”和“*/”之间的内容为注释，可以占据多个语句行。

【例 1-8】 在 JavaScript 脚本中使用注释。源文件：01\test1-8.html。

```
<!DOCTYPE html>
```

```
<html lang="en" xmlns="http://www.w3.org/1999/xhtml">
<head>
    <script>
        /*
         【例1-8】 在JavaScript脚本中使用注释
         下面的代码用于说明JavaScript对大小写敏感
        */
        a = 100                         //变量赋值
        A = 200                         //变量赋值
        document.write(a)               //将变量值输出到页面
        document.write("<br>")          //在页面中输出一个换行标记，将两个变量值分开
        document.write(A)               //将变量值输出到页面
    </script>
</head>
<body>
</body>
</html>
```

这里在例1-6的基础上添加了多个注释，这些注释不会影响脚本的输出结果。

1.4.5 标识符命名规则

标识符用于命名JavaScript中的变量、函数或其他的对象。JavaScript标识符命名规则与Java相同，第1个字符必须是字母、下划线、美元符号或者汉字，之后可以是字母、数字、下划线或者汉字。JavaScript使用Unicode字符串，所以允许使用包含中文在内的各国语言字符。

例如，下面都是合法的标识符。

```
A
_data
$price
var1
价格
```

1.5 编程实践：Hello,JavaScript

本节综合应用本章所学知识，使用JavaScript代码，在Web页面中输出“Hello,JavaScript”，如图1-28所示。

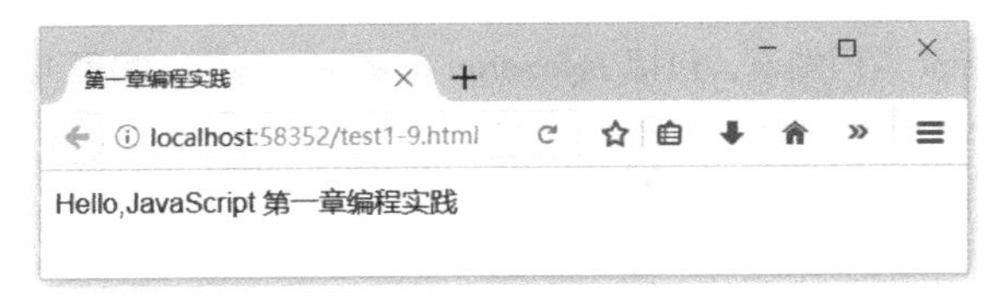

图1-28 编程实践浏览器输出结果

具体操作步骤如下。

（1）选择“文件\新建\文件”命令，打开“新建文件”对话框，如图1-29所示。

（2）在文件类型列表中选中“HTML页”，单击“打开”按钮，创建一个新的HTML文件。

（3）修改HTML文件，代码如下。

```
<!DOCTYPE html>
<html lang="en" xmlns="http://www.w3.org/1999/xhtml">
<head>
    <meta charset="utf-8" />
```

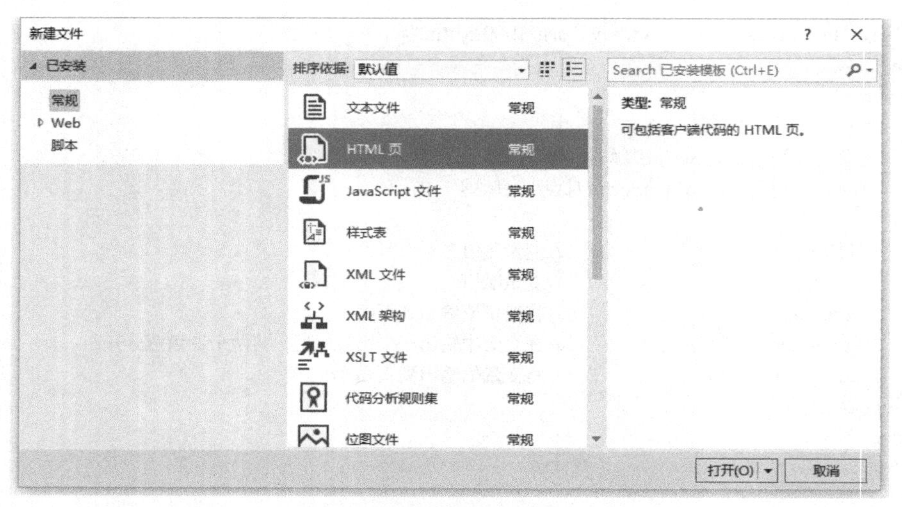

图 1-29　新建 HTML 文件

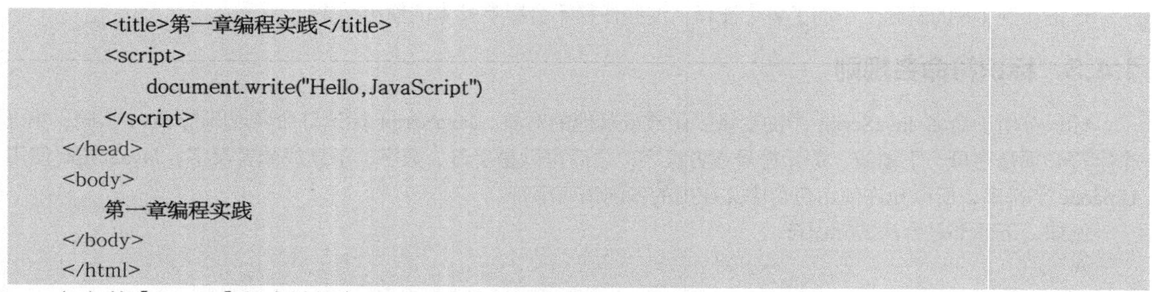

```
        <title>第一章编程实践</title>
        <script>
            document.write("Hello,JavaScript")
        </script>
    </head>
    <body>
        第一章编程实践
    </body>
</html>
```

（4）按【Ctrl+S】组合键保存 HTML 文件，文件名为 test1-9.html。

（5）按【Ctrl+Shift+W】组合键，打开浏览器，查看 HTML 文件显示结果。

从本例的浏览器输出结果可以看到，放在 HTML 文件的<head>部分的 JavaScript 脚本先执行，所以其中输出的“Hello,JavaScript”显示在<body>内容的前面。读者可尝试将 JavaScript 脚本移动到文档末尾，这样“Hello,JavaScript”会在<body>内容之后显示。

1.6 小结

本章主要介绍了 JavaScript 入门知识，包括 JavaScript 的版本、特点、编程工具、如何在 HTML 文件中使用 JavaScript 脚本及 JavaScript 的基本语法等内容。本章还讲解了如何使用 Visual Studio 创建 HTML 文件、编写 JavaScript 脚本和使用浏览器查看 HTML 文件输出结果的内容。

1.7 习题

1. 简述 JavaScript 有哪些不同版本。
2. 简述 JavaScript 的特点。
3. 如何在 HTML 文件中使用 JavaScript 脚本？

PART02

第2章

JavaScript核心语法基础

重点知识：

- 数据类型
- 变量
- 运算符和表达式
- 流程控制语句

■ JavaScript 是如何存储和处理脚本中的数据的？数据是如何进行运算的？语句都是按顺序从上到下执行的吗？本章将为你解答这些问题，让你具备使用 JavaScript 编写具有一定逻辑脚本的能力。

数据类型和变量

2.1 数据类型和变量

程序中最基础的元素就是数据和变量。数据类型决定了程序如何存储和处理数据，变量则是数据的“存储仓库”。

2.1.1 数据类型

JavaScript 有 3 种基本数据类型：数值类型（number）、字符串类型（string）和布尔类型（boolean）。

1. 数值型常量

数值型常量可分为整型常量和实型常量。

整数可使用十进制、八进制和十六进制表示。

十进制是人们常用的计数进制，使用 0～9 之间的数码表示数值。

八进制整数以数字 0 开头，使用 0～7 之间的数码表示数值，例如 05、010、017。

十六进制数以 0x 或 0X 开头，使用 0～9、a～f、A～F 之间的数码表示数值，例如 0x5、0x1F。

在 Firefox 浏览器控制台中输入各种进制数据，输出为对应的十进制数，如图 2-1 所示。

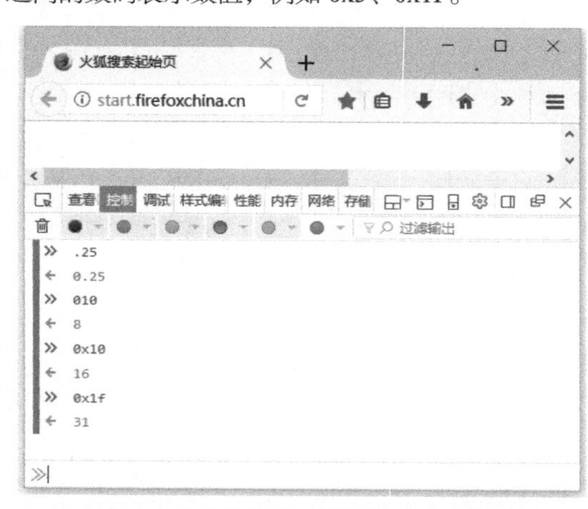

图 2-1 在浏览器控制台输入各种进制数据

实型常量指包含小数的数值，例如 2.25、1.7。如果整数部分为 0，JavaScript 允许省略小数点前面的 0，如 0.25 可书写为.25。

可用科学计数法表示实数，如 1.25e-3、2.5E2。

JavaScript 有几个特殊的数值。

- Infinity：Infinity 表示正无穷大，-Infinity 表示负无穷大。在数值除以 0 时就会出现无穷大。当一个值超出 JavaScript 的表示范围时，其结果就是无穷大。
- NaN：意思为“非数字”——Not a Number，表示数值运算时出现了错误或者未知结果。例如，0 除以 0 的结果为 NaN。
- Number.MAX_VALUE：最大数值。
- Number.MIN_VALUE：最小数值。
- Number.NaN：NaN。
- Number.POSITIVE_INFINITY：Infinity。
- Number.NEGATIVE_INFINITY：-Infinity。

【例 2-1】 输出各种数值常量。源文件：02\test2-1.html。

```
…
<body>
    <script>
        document.write("输出整数常量：<br>")
        document.write("十进制100：")
        document.write(100)
        document.write("<br>八进制0100：")
        document.write(0100)
        document.write("<br>十六进制0x100：")
        document.write(0x100)
        document.write("<p>输出浮点数常量：<br>")
        document.write(125.25)
```

```
        document.write("<br>1.2e5: ")
        document.write(1.2e5)
        document.write("<br>1.2E-5: ")
        document.write(1.2E-5)
        document.write("<p>输出特殊常量: ")
        document.write("<br>1/0: ")
        document.write(1/0)
        document.write("<br>-1/0: ")
        document.write(-1/0)
        document.write("<br>0/0: ")
        document.write(0 / 0)
        document.write("<br>Number.MAX_VALUE: ")
        document.write(Number.MAX_VALUE)
        document.write("<br>Number.MIN_VALUE: ")
        document.write(Number.MIN_VALUE)
        document.write("<br>Number.NaN: ")
        document.write(Number.NaN)
        document.write("<br>POSITIVE_INFINITY: ")
        document.write(Number.POSITIVE_INFINITY)
        document.write("<br>Number.NEGATIVE_INFINITY: ")
        document.write(Number.NEGATIVE_INFINITY)
    </script>
</body>
</html>
```

浏览器中的输出结果如图 2-2 所示。

图 2-2　输出数值常量

2. 字符串常量

字符串常量指用英文的双引号（"）或单引号（'）括起来的一串字符，如"Java"、'15246'。

只能成对使用单引号或双引号作为字符串定界符，不能一个单引号一个双引号。如果需要在字符串中包含单引号或双引号，则应用另一个作为字符串定界符或者使用转义字符。例如，"I like 'JavaScript'"。

字符串中可以使用转义字符，转义字符以“\”开始。例如，“\n”表示换行符，“\r”表示回车符。表 2-1 列出了 JavaScript 中的转义字符。

表 2-1　JavaScript 中的转义字符

转义字符	说明
\0	空字符，ASCII 码为 0
\b	退格符
\n	换行符
\r	回车符
\t	制表符
\"	双引号
\'	单引号
\\	\
\XXX	XXX 为 3 位八进制数，表示字符的 ASCII 码，如\101 表示字符 A
\xXX	XX 为两位十六进制数，表示字符的 ASCII 码，如\x41 表示字符 A
\uXXXX	XXXX 为 4 位十六进制数，表示字符的 Unicode 码，如\u0041 表示字符 A

在浏览器中，退格符、换行符、回车符和制表符等控制字符起不到应有的作用。例如，HTML 的
标记才能在浏览器中起到换行作用。

【例 2-2】 输出各种字符串。源文件：02\test2-2.html。

```
…
<body>
    <script>
        document.write("输出字符串：<br>")
        document.write("开始学'JavaScript'<br>")
        document.write("开始学\"JavaScript\"<br>")
        document.write("<br>八进制字符\\101：\101")
        document.write("<br>十六进制字符\\x45：\x45")
        document.write("<br>十六进制字符\\u0045：\u0045")
    </script>
</body>
</html>
```

浏览器中的输出结果如图 2-3 所示。

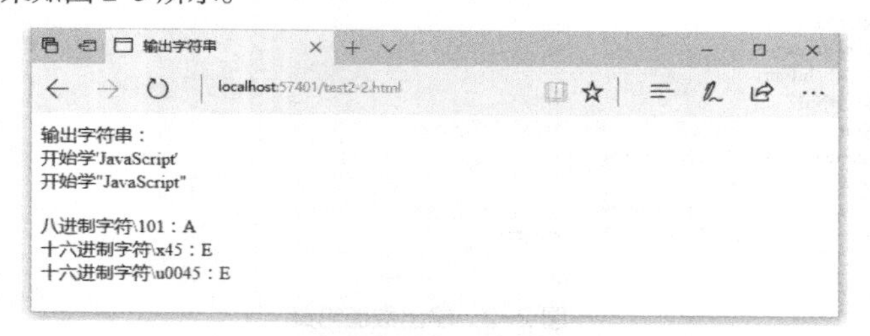

图 2-3　输出字符串

3. 布尔型常量

布尔型常量只有两个：true 和 false（注意必须小写）。

4. null

null 在 JavaScript 中表示空值、什么也没有。

5. undifined

用 var 声明一个变量后，其默认值为 undifined。例如：

```
var a
document.write(a)    //输出结果为undifined
```

在浏览器控制台中测试输出，如图 2-4 所示。

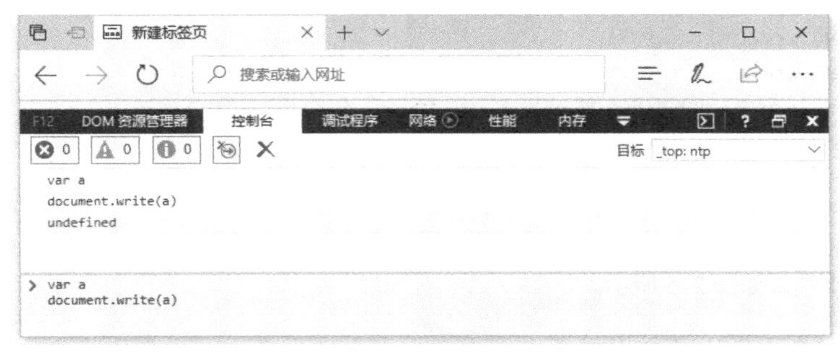

图 2-4　输出 undifined

2.1.2　变量

变量用于在程序中存储数据，具有数据类型和作用范围。

1. 变量声明

JavaScript 要求变量在使用之前必须进行声明（也可称为定义）。例如：

```
var a,b
```

该语句声明了两个变量 a 和 b。

可以在声明的同时给变量赋值。例如：

```
var a =100,b=200
```

“=” 表示赋值。

一种特殊情况是直接给一个未声明的变量进行赋值。例如：

```
ab = 100
```

此时，JavaScript 会隐式地对变量 ab 进行声明。

JavaScript 允许重复声明变量。例如：

```
var a = 100
var a = "abc"
```

重复声明时，如果没有为变量赋值，则变量的值不变。例如：

```
var a = 100
var a        //a的值还是100
```

2. 变量的数据类型

JavaScript 是一种弱类型语言，即不强制变量的数据类型。存入变量的数据决定其数据类型。可以给一个变量赋不同类型的值。

【例 2-3】 为变量赋值不同类型的数据，测试变量数据类型。源文件：02\test2-3.html。

```
…
<body>
    <script>
        var x = 123                        //将数值存入x
        document.write("x = ")
        document.write(x)
        document.write("   x的数据类型：")
        document.write(typeof (x))
        x = "abc"                          //将字符串存入x
        document.write("<br>x = ")
```

```
        document.write(x)
        document.write("  x的数据类型：")
        document.write(typeof (x))
        x = true                                    //将布尔值存入x
        document.write("<br>x = ")
        document.write(x)
        document.write("  x的数据类型：")
        document.write(typeof (x))
    </script>
</body>
</html>
```

浏览器中的输出结果如图 2-5 所示。

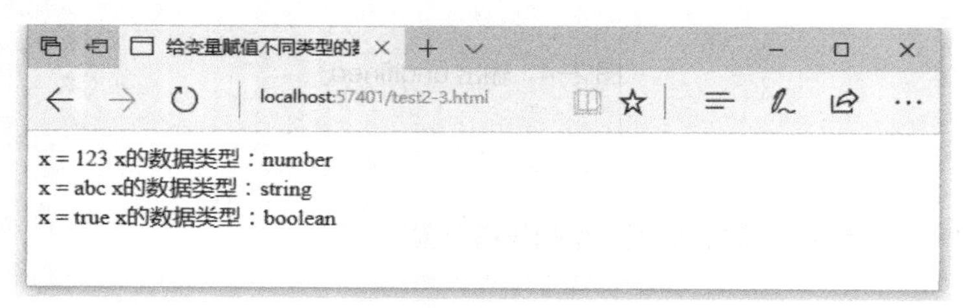

图 2-5　给变量赋值不同类型的数据

局部变量和全局变量

3. 变量的作用范围

作用范围是变量可使用的范围。根据作用范围可将变量分为两种：全局变量和局部变量。

全局变量指在所有函数外部声明的变量，可在当前文档中的所有脚本中使用。局部变量则是在函数内部声明的变量，只能在函数内部使用。函数参数也是一种局部变量。

如果一个局部变量和全局变量同名，则函数内部的局部变量将屏蔽全局变量。

给未声明的变量赋值时，JavaScript 默认将其声明为全局变量。即使变量在函数内部使用，只要没有使用 var 声明，JavaScript 也会将其声明为全局变量。

【例 2-4】 使用全局变量和局部变量。源文件：02\test2-4.html。

```
…
<body>
    <script>
        var a, b;                                       //声明两个全局变量
        a = 1
        b = 2
        function test() {
            var a                                       //声明同名局部变量a
            document.write("在函数中输出各个变量值：")
            document.write("<br>a = " + a)              //输出局部变量a，此时a还未赋值
            document.write("<br>b = " + b)              //输出全局变量b
            a = 100                                     //为局部变量a赋值
            b = 200                                     //为全局变量b赋值
            c = 300                                     //为声明的变量赋值，c为全局变量
        }
        test()                                          //调用函数
        document.write("<p>调用函数后输出各个变量值：")
        document.write("<br>a = " + a)                  //输出全局变量a
        document.write("<br>b = " + b)                  //输出全局变量b
```

```
        document.write("<br>c = " + c)            //输出全局变量c
    </script>
</body>
</html>
```

浏览器中的输出结果如图 2-6 所示。

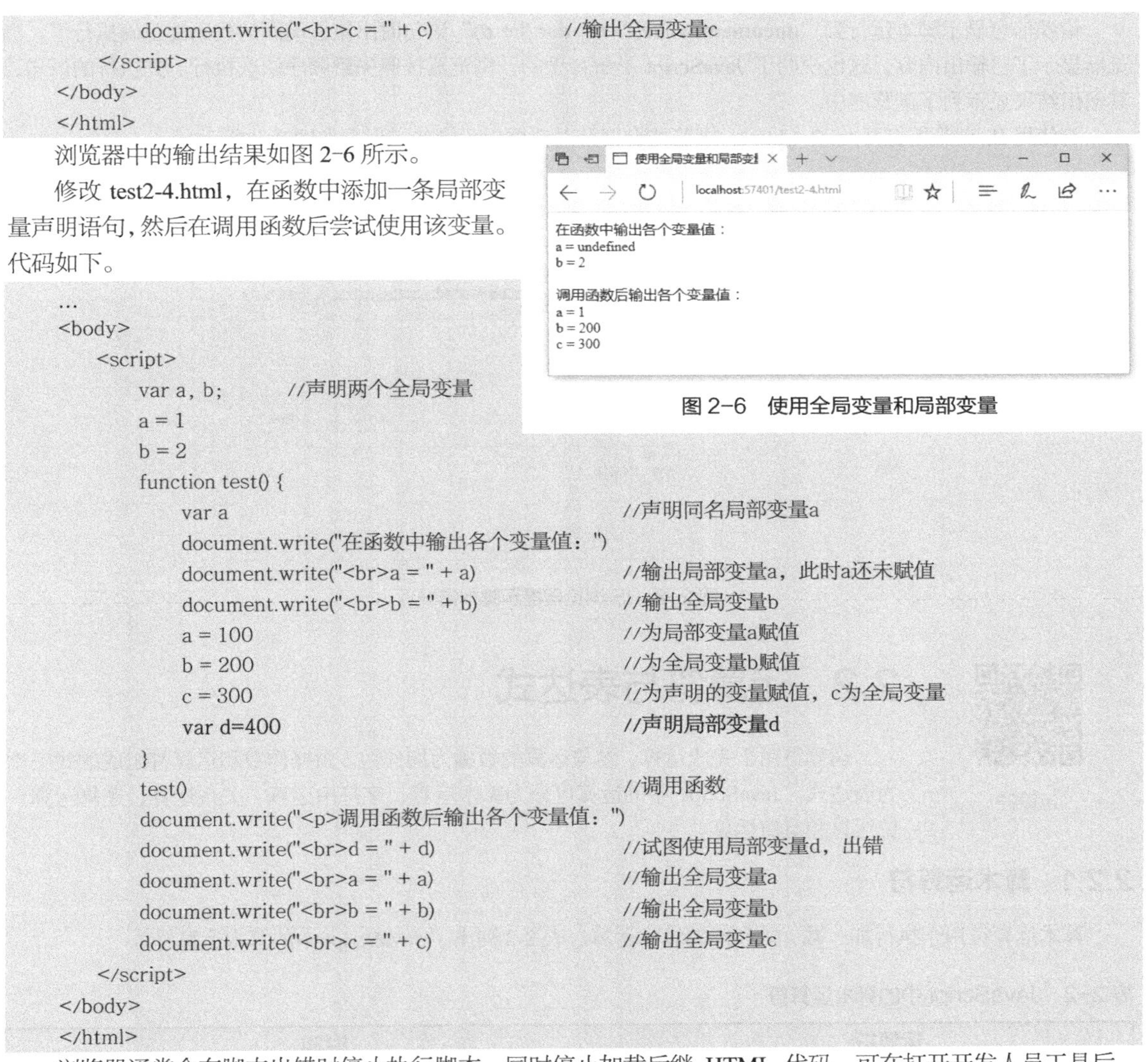

图 2-6　使用全局变量和局部变量

修改 test2-4.html，在函数中添加一条局部变量声明语句，然后在调用函数后尝试使用该变量。代码如下。

```
...
<body>
    <script>
        var a, b;        //声明两个全局变量
        a = 1
        b = 2
        function test() {
            var a                                         //声明同名局部变量a
            document.write("在函数中输出各个变量值：")
            document.write("<br>a = " + a)               //输出局部变量a，此时a还未赋值
            document.write("<br>b = " + b)               //输出全局变量b
            a = 100                                       //为局部变量a赋值
            b = 200                                       //为全局变量b赋值
            c = 300                                       //为声明的变量赋值，c为全局变量
            var d=400                                     //声明局部变量d
        }
        test()                                            //调用函数
        document.write("<p>调用函数后输出各个变量值：")
        document.write("<br>d = " + d)                   //试图使用局部变量d，出错
        document.write("<br>a = " + a)                   //输出全局变量a
        document.write("<br>b = " + b)                   //输出全局变量b
        document.write("<br>c = " + c)                   //输出全局变量c
    </script>
</body>
</html>
```

浏览器通常会在脚本出错时停止执行脚本，同时停止加载后继 HTML 代码。可在打开开发人员工具后，刷新页面，在控制台窗口中查看脚本错误信息，如图 2-7 所示。

图 2-7　在控制台窗口中查看脚本错误信息

错误信息显示脚本运行到“**document.write("
d = " + d)**”语句时出错，前面的代码都正确执行了，浏览器显示了已输出内容。这也说明了 JavaScript 是解释型的，浏览器按照先后顺序依次执行。先执行的语句，其输出结果显示到了浏览器中。

若使用 IE 浏览器打开 test2-4.html，浏览器会打开对话框提示脚本错误，如图 2-8 所示。

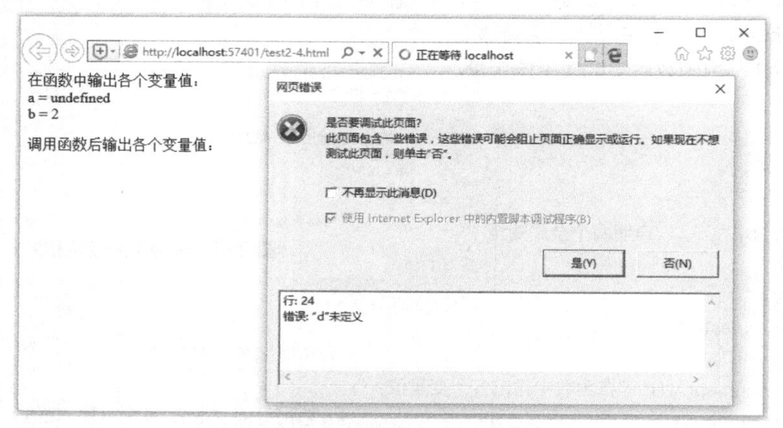

图 2-8　IE 浏览器提示脚本错误

运算符

2.2　运算符与表达式

运算符用于完成运算，参与运算的数称为操作数。由操作数和运算符组成的式子称为表达式。JavaScript 中的运算可分为算术运算、字符串运算、关系运算、逻辑运算、位运算和赋值运算。

2.2.1　算术运算符

算术运算符用于执行加、减、乘和除等算术运算。表 2-2 列出了 JavaScript 中的算术运算符。

表 2-2　JavaScript 中的算术运算符

运算符	说明
++	变量自加。例如：++x、x++
--	变量自减。例如：--x、x--
*	乘法。例如：3*5
/	除法。例如：3/5
%	求余。例如：5%3。小数求余时，结果为小数
+	加法。例如：5+3
−	减法。例如：5+3

只使用算术运算符构成的表达式称为算术表达式。

【例 2-5】 使用算数运算符。源文件：02\test2-5.html。

```
…
<body>
    <script>
        x = 5
```

```
        y = ++x                                    //等价于x=x+1;y=x
        document.write("执行<br>x = 5<br>y = ++x")
        document.write("<br>x = " + x)
        document.write("<br>y = " + y)
        z = x++                                    //等价于y=x;x=x+1
        document.write("<br>执行<br>z = x++")
        document.write("<br>x = " + x)
        document.write("<br>z = " + z)
        a = --x                                    //等价于x=x-1; a=x
        document.write("<br>执行<br>a = --x")
        document.write("<br>x = " + x)
        document.write("<br>a = " + a)
        b = x--                                    //等价于b=x; x=x-1
        document.write("<br>执行<br>b = x--")
        document.write("<br>x = " + x)
        document.write("<br>b = " + b)
        document.write("<br>5 % 2 = " + (5 % 2))
        document.write("<br>5 % -2 = " + (5 % -2))
        document.write("<br>-5 % 2 = " + (-5 % 2))
        document.write("<br>-5 % -2 = " + (-5 % -2))
        document.write("<br>5 % 2.4 = " + (5 % 2.4))
    </script>
</body>
</html>
```

浏览器中的输出结果如图 2-9 所示。

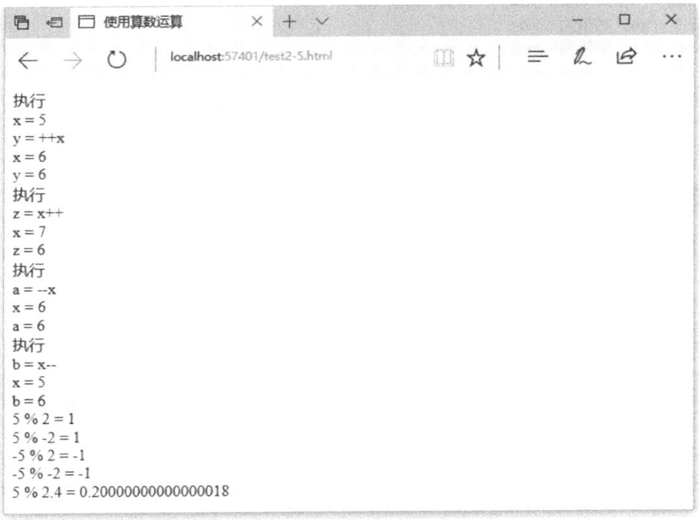

使用算数运算

localhost:57401/test2-5.html

执行
x = 5
y = ++x
x = 6
y = 6
执行
z = x++
x = 7
z = 6
执行
a = --x
x = 6
a = 6
执行
b = x--
x = 5
b = 6
5 % 2 = 1
5 % -2 = 1
-5 % 2 = -1
-5 % -2 = -1
5 % 2.4 = 0.20000000000000018

图 2-9　使用算术运算符的输出结果

2.2.2　字符串运算符

可使用加号（+）将两个字符串连接成一个字符串。例如：

```
x="I like " + "JavaScript"                //x中的值为"I like JavaScript"
```

加号既可表示加法，也可表示字符串连接，所以在使用时应注意。例如：

```
x=2+3+"abc"
```

在该语句中，按照从左到右的顺序，先计算 2+3，再计算 5+"abc"，结果为"5abc"。

```
x="abc"+2+3
```

在该语句中，按照从左到右的顺序，先计算"abc"+2，再计算"abc2"+3，结果为"abc23"。

所以，当加号两侧都是数值时执行加法运算。如果有一个操作数为字符串，加号执行字符串连接。

【例 2-6】 使用字符串运算符。源文件：02\test2-6.html。

```
…
<body>
    <script>
        x = "I like " + "JavaScript"
        document.write('"I like " + "JavaScript" ')
        document.write(" 结果为：" + x)
        x = 2 + 3 + "abc"
        document.write('<br>2 + 3 + "abc" ')
        document.write(" 结果为：" + x)
        x = "abc" + 2 + 3
        document.write('<br>"abc" + 2 + 3 ')
        document.write(" 结果为：" + x)
    </script>
</body>
</html>
```

浏览器中的输出结果如图 2-10 所示。

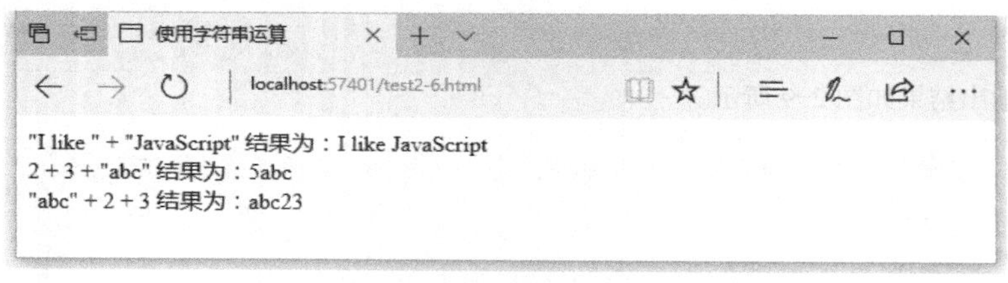

图 2-10 使用字符串运算符的输出结果

2.2.3 关系运算符

关系运算符用于比较操作数的大小关系，运算结果为布尔值 true 或 false。表 2-3 列出了 JavaScript 中的关系运算符。

表 2-3 JavaScript 中的关系运算符

运算符	说明
>	大于
<	小于
>=	大于等于
<=	小于等于
==	相等
!=	不等
===	绝对相等
!==	绝对不等

由算术运算符和关系运算符（至少包含关系运算符）构成的表达式称为关系表达式。

相等运算符用于测试两个表达式的值是否相等。例如，3==5 结果为 false。一种特殊情况是，字符串和数值会被认为相等。例如，"5"==5 结果为 true。

如果使用绝对相等运算符，只有在两个数的数据类型和值都相同时结果才为 true。例如，"5"===5 结果为 false。

关系运算符也可用于字符串比较。当两个字符串进行比较时，JavaScript 首先比较两个字符串的第 1 个字符的 ASCII 码。若 ASCII 码相同，则继续比较下一个字符，否则根据 ASCII 码大小给出两个字符串的大小。若两个字符串的字符完全相同，则两个字符串相等。若一个字符串中的字符已经比较完，则另一个还有未比较字符的字符串更大。

【例 2-7】 使用关系运算符。源文件：02\test2-7.html。

```
...
<body>
    <script>
        var x = 5, y = 3
        document.write('x = 5 , y = 3')
        document.write("<br>x < y 结果为：" + (x < y))
        document.write("<br>x > y 结果为：" + (x > y))
        document.write("<br>x <= y 结果为：" + (x <= y))
        document.write("<br>x >= y 结果为：" + (x >= y))
        document.write("<br>x == 5 结果为：" + (x == 5))
        document.write('<br>x == "5" 结果为：' + (x == "5"))
        document.write("<br>x === 5 结果为：" + (x === 5))
        document.write('<br>x === "5" 结果为：' + (x === "5"))
        document.write('<br>x != "5" 结果为：' + (x != "5"))
        document.write('<br>x !== "5" 结果为：' + (x !== "5"))
        var x = "abc", y = "cba"
        document.write('<br>x = "abc" , y = "cba"')
        document.write("<br>x < y 结果为：" + (x < y))
        document.write("<br>x > y 结果为：" + (x > y))
        document.write("<br>x <= y 结果为：" + (x <= y))
        document.write("<br>x >= y 结果为：" + (x >= y))
        document.write("<br>x == y 结果为：" + (x == y))
        document.write("<br>x > 'ab' 结果为：" + (x > 'ab'))
    </script>
</body>
</html>
```

浏览器中的输出结果如图 2-11 所示。

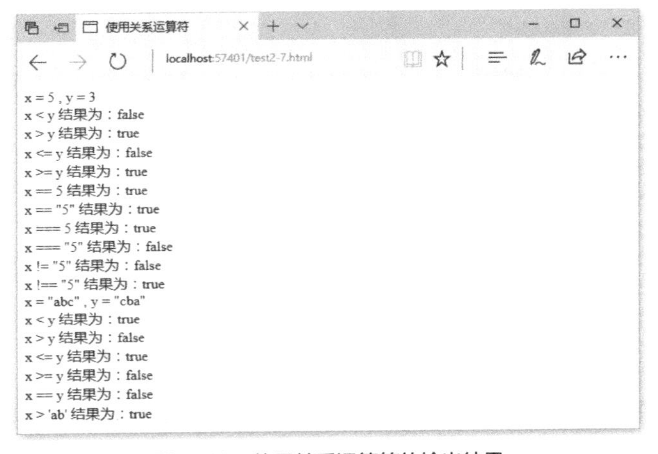

图 2-11　使用关系运算符的输出结果

2.2.4 逻辑运算符

逻辑运算符用于对布尔型值执行运算。表 2-4 列出了 JavaScript 中的逻辑运算符。

表 2-4 JavaScript 中的逻辑运算符

运算符	说明
!	取反，!true 为 false，!false 为 true
&&	逻辑与，如 x && y，只有在 x 和 y 均为 true 时结果为 true
||	逻辑或，如 x || y，只有在 x 和 y 均为 false 时结果才为 false

【例 2-8】 使用逻辑运算符。源文件：02\test2-8.html。

```
…
<body>
    <script>
        /**
         * 闰年的判断条件为能被400整除，或者能被4整除但不能被100整除
         * 判断闰年的逻辑表达式为( x % 4 == 0 && x % 100 != 0 ) || x % 400 == 0
         */
        var x=1900
        document.write('1900年是闰年？ ')
        document.write((x % 4 == 0 && x % 100 != 0)|| x % 400 == 0 )
        x = 2000
        document.write('<br>2000年是闰年？ ')
        document.write((x % 4 == 0 && x % 100 != 0)|| x % 400 == 0 )
        x = 2002
        document.write('<br>2002年是闰年？ ')
        document.write((x % 4 == 0 && x % 100 != 0) || x % 400 == 0)
        x = 2004
        document.write('<br>2004年是闰年？ ')
        document.write((x % 4 == 0 && x % 100 != 0) || x % 400 == 0)
    </script>
</body>
</html>
```

浏览器中的输出结果如图 2-12 所示。

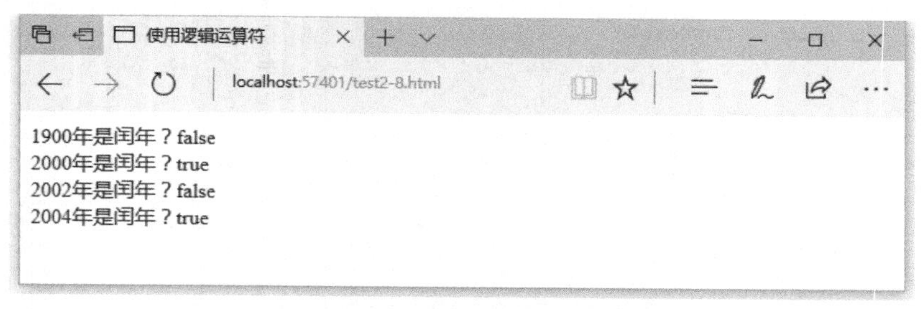

图 2-12 使用逻辑运算符的输出结果

2.2.5 位运算符

位运算符用于对操作数按二进制位执行运算。表 2-5 列出了 JavaScript 中的位运算符。

表 2-5　JavaScript 位运算符

运算符	说明
~	按位取反。例如：~5 结果为-6
&	按位与。例如：5 & -6 结果为 0
|	按位或。例如：5 | -6 结果为-1
^	按位异或。例如：5 ^ 6 结果为-1
<<	左移，末尾加 0。例如：5<<2（5 左移两位）结果为 20
>>	右移，符号位不变。例如：-5>>2（-5 右移两位）结果为-2
>>>	算术右移，高位加 0。例如：-5>>>2（-5 右移两位）结果为 1073741822

【例 2-9】 使用位运算符。源文件：02\test2-9.html。

```
…
<body>
    <script>
        document.write('<br>~5 结果为：' + (~5))
        document.write('<br>5 & -6 结果为：' + (5 & -6))
        document.write('<br>5 | -6 结果为：' + (5 | -6))
        document.write('<br>5 << 2 结果为：' + (5 << 2))
        document.write('<br>-5 >> 2 结果为：' + (-5 >> 2))
        document.write('<br>-5 >>> 2 结果为：' + (-5 >>> 2))
    </script>
</body>
</html>
```

浏览器中的输出结果如图 2-13 所示。

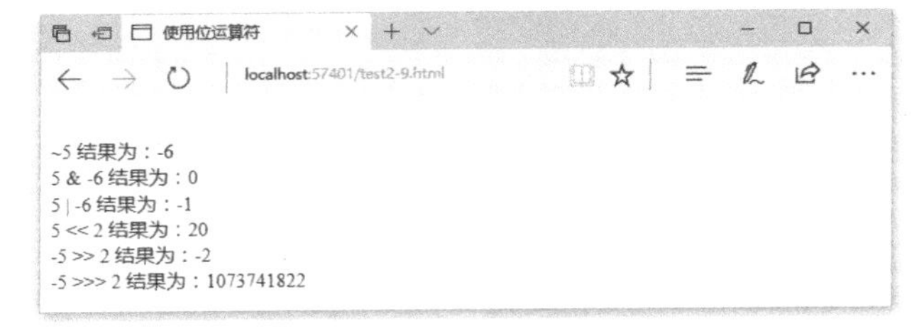

图 2-13　使用位运算符的输出结果

2.2.6　赋值运算符

“=”是 JavaScript 中的赋值运算符号，用于将其右侧表达式的值赋给左边的变量。例如：

```
x=5;
y=x*x+2;
```

赋值运算符可以和算术运算符以及位运算符组成复合赋值运算符，包括*=、/=、%=、+=、-=、<<=、>>=、>>>=、&=、|=和^=。复合赋值运算符首先计算变量和右侧表达式，然后将结果赋给变量。例如：

```
x+=5;                    //等价于x=x+5
```

赋值运算表达式可出现在任何表达式出现的位置。例如：

```
x=(y=5)+3;               //等价于y=5;x=y+3;
```

【例 2-10】 使用赋值运算符。源文件：02\test2-10.html。

```
…
<body>
    <script>
```

```
        var x = 5
        document.write('<br>x = 5')
        x += 10
        document.write('<br>执行 x += 10 后 x = ' + x)
        x -= 10
        document.write('<br>执行 x -= 10 后 x = ' + x)
        x *= 10
        document.write('<br>执行 x *= 10 后 x = ' + x)
        x /= 10
        document.write('<br>执行 x /= 10 后 x = ' + x)
        x %= 2
        document.write('<br>执行 x %= 2 后 x = ' + x)
    </script>
</body>
</html>
```

浏览器中的输出结果如图 2-14 所示。

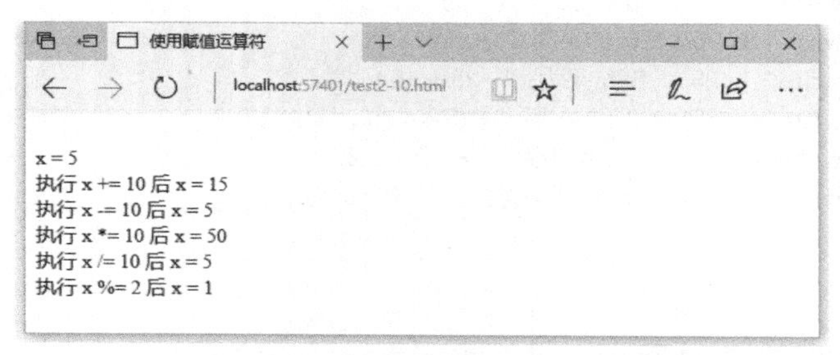

图 2-14 使用赋值运算符的输出结果

2.2.7 特殊运算符

JavaScript 还提供了一些特殊的运算符，包括条件运算符、逗号运算符、数据类型运算符及 new 运算符等。

1. 条件运算符

条件运算符基本格式如下。

```
表达式1 ? 表达式2 : 表达式3
```

若表达式 1 的值为 true，则条件运算结果为表达式 2 的值，否则为表达式 3 的值。例如，下面的代码输出两个数中的较大的值。

```
var a =2, b = 3, c
c = a > b ? a : b
document.write(c)        //输出3
```

2. 逗号运算符

逗号可以将多个表达式放到一起，整个表达式的值为其中最后一个表达式的值。例如：

```
c = (a = 5, b = 6, a + b)
document.write(c)        //输出11
```

3. 数据类型运算符

typeof 运算符可返回操作数的数据类型，其基本格式如下。

```
typeof 操作数
```

例如：

```
a = 100
document.write(typeof a)        //输出number
```

表 2-6 列出了各种数据的 typeof 数据类型名称。

表 2-6　各种数据的 typeof 数据类型名称

数据	typeof 数据类型名称
数值	number
字符串	string
逻辑值	boolean
undefined	undefined
null	object
对象	object
函数	function

4. new 运算符

new 用于创建对象实例。例如：

```
a = new Array()        //创建一个数组对象
```

【例 2-11】 使用特殊运算符。源文件：02\test2-11.html。

```
...
<body>
    <script>
        var a =2, b = 3, c
        c = a > b ? a : b
        document.write("a =2, b = 3 较大值为" + c)
        c = (a = 5, b = 6, a + b)
        document.write("<br>表达式：(a = 5, b = 6, a + b) 的值为" + c)
        document.write("<br>100 的数据类型为：" + typeof 100)
        document.write("<br>1.5 的数据类型为：" + typeof 1.5)
        document.write("<br>'abc' 的数据类型为：" + typeof 'abc')
        document.write("<br>true 的数据类型为：" + typeof true)
        var x
        document.write("<br>"+ x + " 的数据类型为：" + typeof x)
        document.write("<br>null 的数据类型为：" + typeof null)
        a = new Array()        //创建一个数组对象
        document.write("<br>数组的数据类型为：" + typeof a)
        function test() { }             //定义一个函数
        document.write("<br>函数的数据类型为：" + typeof test)
    </script>
</body>
</html>
```

浏览器中的输出结果如图 2-15 所示。

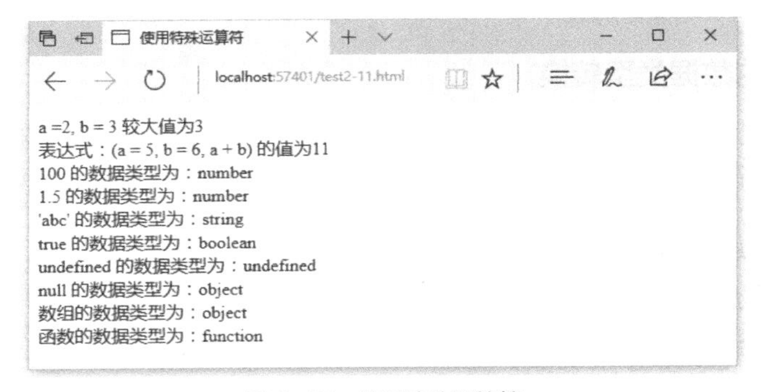

图 2-15　使用特殊运算符

2.2.8 运算符的优先级

JavaScript 的运算符具有明确的优先级，优先级高的运算符将优先计算，同级的运算符按照从左到右的顺序依次计算。

表 2-7 按照从高低的顺序列出了 JavaScript 运算符的优先级。

表 2-7 JavaScript 运算符的优先级

运算符	说明
. [ ] ( )	字段访问、数组索引、函数调用和表达式分组
++ -- - ~ ! new delete typeof void	一元运算符 创建对象、删除对象、返回数据类型、未定义的值
* / %	相乘、相除、求余数
+ - +	相加、相减、字符串串联
<< >> >>>	移位
< <= > >= instanceof	小于、小于或等于、大于、大于或等于、是否为特定类的实例
== != === !==	相等、不相等、全等，不全等
&	按位“与”
^	按位“异或”
|	按位“或”
&&	逻辑“与”
||	逻辑“或”
?:	条件运算
= OP=	赋值、赋值运算（如 += 和 &=）
,	多个计算

例如，表达式 x % 4 == 0 && x % 100 != 0 || x % 400 == 0 按从左到右的顺序进行计算，过程如下。

（1）%优先级高于==，所以先计算 x % 4，结果为 0。表达式变为 0 == 0 && x % 100 != 0 || x % 400 == 0。

（2）==优先级高于&&，所以先计算 0==0，结果为 true。表达式变为 true && x % 100 != 0 || x % 400 == 0。

（3）&&、%和!=中，%优先级最高，所以先计算 x % 100，结果为 0。表达式变为 true && 0 != 0 || x % 400 == 0。

（4）&&、!=和||中，!=优先级最高，所以先计算 0 != 0，结果为 false。表达式变为 true && false || x % 400 == 0。

（5）&&比||优先级高，所以先计算 true && false，结果为 false。表达式变为 false || x % 400 == 0。

（6）||、%和==中，%优先级最高，所以先计算 x % 400，结果为 300。表达式变为 false || 300 == 0。

（7）||比==优先级低，所以先计算 300 == 0，结果为 false。表达式变为 false || false。

（8）计算 false || false，结果为 false。

2.2.9 表达式中的数据类型转换

运算符要求操作数具有相应的数据类型。算术运算符要求操作数都是数值类型，字符串运算符要求操作数都是字符串，逻辑运算符要求操作数都是逻辑值。JavaScript 在计算表达式时，会根据运算符自动转换不匹配的数据类型。

1. 其他类型转换为数值类型

其他类型转换为数值类型时，遵循下面的规则。

- 字符串：若内容为数字，则转换为对应数值，否则转换为 NaN。
- 逻辑值：true 转换为 1，false 转换为 0。
- undefined：转换为 NaN。

- null：转换为 0。
- 其他对象：转换为 NaN。

2. 其他类型转换为字符串类型

其他类型转换为字符串类型，遵循下面的规则。

- 数值：转换为对应数字的字符串。
- 逻辑值：true 转换为"true"，false 转换为"false"。
- undefined：转换为"undefined"。
- null：转换为"null"。
- 其他对象：若对象存在 tostring()方法，则转换为该方法返回值，否则转换为"undefined"。

3. 其他类型转换为逻辑值

其他类型转换为逻辑值，遵循下面的规则。

- 字符串：长度为 0 的字符串转换为 false，否则转换为 true。
- 数值：值为 0 和 NaN 时，转换为 false，否则转换为 true。
- undefined：转换为 false。
- null：转换为 false。
- 其他对象：转换为 true。

【例 2-12】 测试数据类型转换。源文件：02\test2-12.html。

```
…
<body>
    <script>
        document.write("其他类型转换为数值：")
        x=1 *"abc"
        document.write('<br>"abc" 转换为：' + x)
        x = 1 * "125"
        document.write('<br>"125" 转换为：' + x)
        x = 1 * true
        document.write('<br>true 转换为：' + x)
        x =1 * false
        document.write('<br>false 转换为：' + x)
        x = 1 * null
        document.write('<br>null 转换为：' + x)
        a = new Date()
        x = 1 * a
        document.write('<br>Date对象 转换为：' + x)
        document.write("<p>其他类型转换为字符串：")
        document.write('<br>123.45 转换为："' + 123.45 + '"')
        document.write('<br>true 转换为："' + true + '"')
        document.write('<br>false 转换为："' + false + '"')
        document.write('<br>null 转换为："' + null + '"')
        var a1
        document.write('<br>' + a1 + ' 转换为："' + a1 + '"')
        a = new Date()
        document.write('<br>Date对象 转换为："' + a + '"')
        document.write("<p>其他类型转换为逻辑值：")
        x = "abc" ? true : false
        document.write('<br>"abc" 转换为：' + x)
        x = "" ? true : false
        document.write('<br>空字符串"" 转换为：' + x)
```

```
        x = 0 ? true : false
        document.write('<br>0 转换为：' + x)
        x = (1 * "abc") ? true : false
        document.write('<br>NaN 转换为：' + x)
        x = 123 ? true : false
        document.write('<br>123 转换为：' + x)
        var abc
        x = abc ? true : false
        document.write('<br>' + abc + ' 转换为：' + x)
        x = null ? true : false
        document.write('<br>null 转换为：' + x)
        a = new Date()
        x = a ? true : false
        document.write('<br>Date对象 转换为：' + x)
    </script>
</body>
</html>
```

浏览器中的输出结果如图 2-16 所示。

图 2-16　测试数据类型转换

2.3　流程控制语句

if 语句

JavaScript 流程控制语句包括 if 语句、switch 语句、for 循环、while 循环、do/while 循环、continue 语句和 break 语句等。

2.3.1　if 语句

if 语句用于实现分支选择，根据条件成立与否，执行不同的代码段。if 语句有 3 种格式。

1. 格式一

```
if(条件表达式){
    代码段
}
```

如果条件表达式计算结果为 true，则执行大括号中的代码段，否则跳过 if 语句，执行后继代码。如果代码段中只有一条语句，可省略大括号。例如：

```
if (x%2==0)
    document.write(x+"是偶数");
```

2. 格式二

```
if(条件表达式){
    代码段1
}else{
    代码段2
}
```

如果条件表达式计算结果为 true，则执行代码段 1 中的语句，否则执行代码 2 中的语句。例如：

```
if(x%2==0)
    document.write(x+"是偶数");
else
    document.write(x+"是奇数");
```

3. 格式三

```
if(条件1){
    代码段1
}else if(条件2) {
    代码段2
}
...
else if(条件n) {
    代码段n
} else {
    代码段n+1
}
```

JavaScript 依次判断各个条件，只有在前一个条件表达式计算结果为 false 时，才计算下一个条件。当某个条件表达式计算结果为 true 时，执行对应的代码段。对应代码段中的语句执行完后，if 语句结束。只有在所有条件表达式的计算结果均为 false 时，才会执行 else 部分的代码段。else 部分可以省略。

例如：

```
if(x<60)
    document.write(x+"分，不及格！");
else if(x<70)
    document.write(x+"分，及格！");
else if(x<90)
    document.write(x+"分，中等！");
else
    document.write(x+"分，优秀！");
```

【例 2-13】 使用 if 语句，根据页面中的输入给出评语。源文件：02\test2-13.html。

```
<!DOCTYPE html>
<html lang="en" xmlns="http://www.w3.org/1999/xhtml">
<head>
    <meta charset="utf-8" />
    <title>使用if语句</title>
```

```
    <script>
        function rate() {
            x = document.getElementById("score").value;
            if (x < 0 || x > 100)
                y = "无效成绩！"
            else if (x < 60)
                y = "不及格！";
            else if (x < 70)
                y = "及格！";
            else if (x < 90)
                y = "中等！";
            else
                y = "优秀！";
            document.getElementById("out").innerText = y;
        }
    </script>
</head>
<body>
    <form>
        请输入分：<input type="text" id="score" value="0" size="5" />
        <input type="button" value="显示评语" onclick="rate()" />
        <br>评语：<span id="out" />
    </form>
</body>
</html>
```

脚本中定义了一个 rate()函数，该函数根据输入输出不同的评语。rate()函数名作为按钮的 onclick 属性值，在单击按钮时调用。在浏览器中打开 HTML 文件后，输入不同的分数，单击“显示评语”按钮显示评语，如图 2-17 所示。

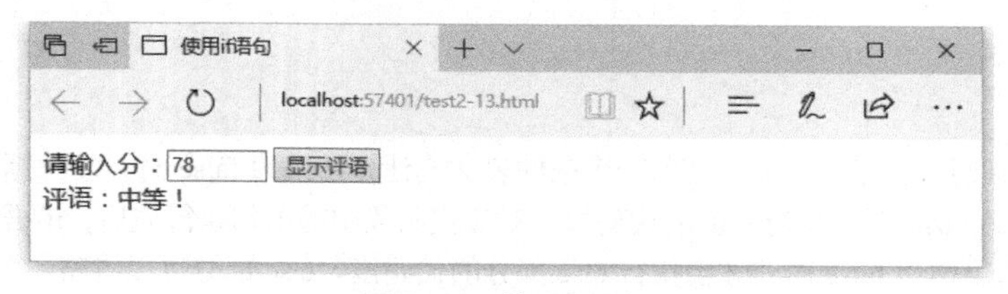

图 2-17　使用 if 语句

switch 语句

2.3.2　switch 语句

switch 语句用于实现多分支选择，其基本格式如下。

```
switch(n){
    case 标号1:
        代码段1
        break;
    case 标号2:
        代码段2
        break;
    …
    case 标号n:
        代码段n
```

```
        break;
    default:
        代码段n+1
    }
```

每个case关键字定义一个标号，标号不区别大小。default部分可以省略。switch语句执行时，首先计算*n*的值，然后依次测试case标号是否与*n*值匹配，如果匹配则执行对应的代码段中的语句，否则测试下一个case标号是否匹配。只要有一个case标号匹配，JavaScript就不会再测试是否还有匹配标号。如果所有标号均不匹配，则执行default部分的语句块（如果有的话）。

每个case块末尾的break用于跳出switch语句。break不是必需的。如果没有break，JavaScript会在该case块中的语句执行结束后，继续执行后继case块，直到遇到break或switch语句结束。

【例2-14】 使用switch语句改造例2-13。源文件：02\test2-14.html。

```
<!DOCTYPE html>
<html lang="en" xmlns="http://www.w3.org/1999/xhtml">
<head>
    <meta charset="utf-8" />
    <title>使用switch语句</title>
    <script>
        function rate() {
            x = document.getElementById("score").value;
            x = Math.floor(x / 10);                    //x除以10后取整数部分
            switch (x) {
                case 0:
                case 1:
                case 2:
                case 3:
                case 4:
                case 5:
                    y = "不及格！";
                    break;
                case 6:
                    y = "及格！";
                    break;
                case 7:
                case 8:
                    y = "中等！";
                    break;
                case 9:
                case 10:
                    y = "优秀！";
                    break;
                default:
                    y = "无效成绩！";
            }
            document.getElementById("out").innerText = y;
        }
    </script>
</head>
<body>
    <form>
        请输入分：<input type="text" id="score" value="0" size="5" />
```

```
        <input type="button" value="显示评语" onclick="rate()" />
        <br>评语：<span id="out" />
    </form>
</body>
</html>
```

浏览器中的运行结果如图 2-18 所示。

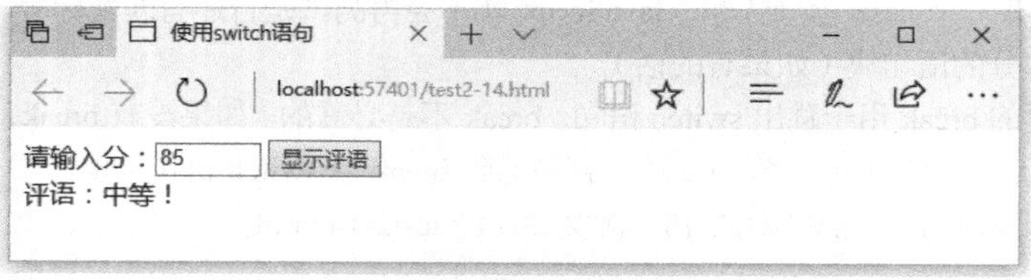

图 2-18　使用 switch 语句

switch 语句的 case 标号除了可以用数值外，也可使用字符串。

【例 2-15】 使用 switch 语句实现颜色选择。源文件：02\test2-15.html。

```
<!DOCTYPE html>
<html lang="en" xmlns="http://www.w3.org/1999/xhtml">
<head>
    <meta charset="utf-8" />
    <title>使用switch语句实现颜色选择</title>
    <script>
        function changecolor(){
            x = document.getElementById("getcolor").value;
            switch(x){
                case "red":
                    y="#FF0000";
                    break;
                case "green":
                    y="#00FF00";
                    break;
                case "blue":
                    y="#0000FF";
            }
            document.getElementById("show").style.color=y;
        }
    </script>
</head>
<body>
    <span id="show" style="{color:#000000}">请选择颜色：</span>
    <select id="getcolor" onchange="changecolor()">
        <option value="red">红色</option>
        <option value="green">绿色</option>
        <option value="blue">蓝色</option>
    </select>
</body>
</html>
```

浏览器中的运行结果如图 2-19 所示。下拉列表框用于颜色选择，并在下拉列表框的 onchange 事件中调用函数完成颜色修改。下拉列表框返回值为字符串，在函数中用 switch 语句实现分支选择，确定应使用的颜色。

图 2-19　使用 switch 语句实现颜色选择

2.3.3　for 循环

for 循环

for 循环基本语法格式如下。

```
for(初始化;条件;增量){
    循环体
}
```

for 循环执行步骤如下。

（1）执行初始化。

（2）计算条件，若结果为 true，则执行第（3）步，否则结束循环。

（3）执行循环体。

（4）执行增量操作，转到第（2）步。

初始化操作可以放在 for 循环前面完成，增量部分可放在循环体内完成。条件表达式应有计算结果为 false 的机会，否则会构成“死循环”。

【例 2-16】 使用 for 循环计算 1+2+3+…+100。源文件：02\test2-16.html。

```
…
<body>
    <script>
        var s = 0
        for (var n = 1; n <= 100; n++) {
            s+=n
        }
        document.write("1+2+3+…+100 = " + s)
    </script>
</body>
</html>
```

浏览器中的运行结果如图 2-20 所示。

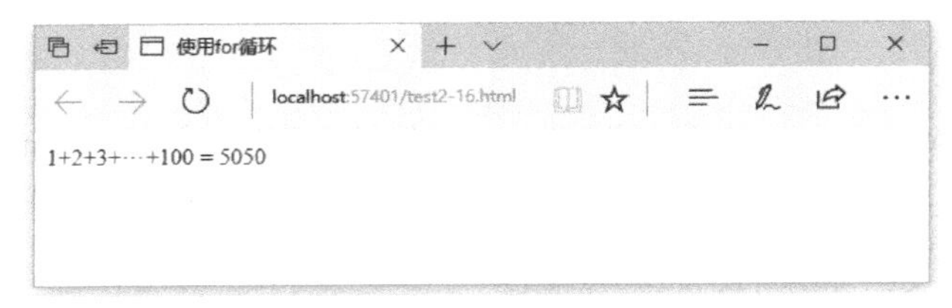

图 2-20　使用 for 循环

2.3.4　while 循环

while 循环

while 循环基本语法格式如下。

```
while(条件){
    循环体
}
```

while 循环执行时首先计算条件，若结果为 true，则执行循环体，否则结束循环。每次执行完循环体后，重新计算条件。

【例 2-17】 使用 while 循环计算阶乘。源文件：02\test2-17.html。

```
…
<body>
    <script>
        var s = 1, n = 1, x = 5, y = 10
        while (n <= x) {
            s *= n
            n++
        }
        document.write(x + "! = " + s)
        n=1
        while (n <= y) {
            s *= n
            n++
        }
        document.write("<br>"+y + "! = " + s)
    </script>
</body>
</html>
```

浏览器中的运行结果如图 2-21 所示。

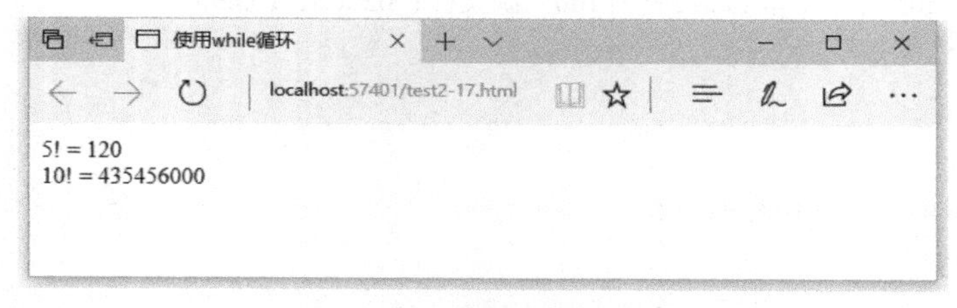

图 2-21　使用 while 循环

2.3.5　do/while 循环

do/while 循环是 while 循环的变体，其基本格式如下。

```
do{
    循环体
}while(条件);
```

do/while 循环与 while 循环类似，都是在条件为 true 时执行循环体。区别是，while 循环在一开始就测试条件，如果条件不为 true，则一次也不执行循环。do/while 循环在执行一次循环体后才测试条件，所以至少执行一次循环。

【例 2-18】 使用 do/while 循环计算阶乘。源文件：02\test2-18.html。

```
…
<body>
    <script>
        var s = 1, n = 1, x = 6, y = 11
         do{
            s *= n
            n++
        } while (n <= x)
```

```
        document.write(x + "! = " + s)
        n=1
        do {
            s *= n
            n++
        } while (n <= y)
        document.write("<br>"+y + "! = " + s)
    </script>
</body>
</html>
```

浏览器中的运行结果如图 2-22 所示。

图 2-22　使用 do/while 循环

2.3.6　continue 语句

跳转语句

continue 语句用于终止本次循环，开始下一次循环。continue 语句只能放在循环内部，在其他位置使用会出错。

continue 语句语法格式如下。

```
continue
continue 标号
```

不带标号的 continue 只作用于当前所在的循环，带标号时作用于标号处的循环。

【例 2-19】 使用 continue。源文件：02\test2-19.html。

```
…
<body>
    <script>
        outloop:
        for (var i = 1; i < 10; i++) {
            for (var j = 1; j < 10; j++) {
                document.write(i + "×" + j + "=" + i * j + " ")
                if (j >= i) {
                    document.write("<br>")
                    continue outloop
                }
            }
        }
    </script>
</body>
</html>
```

浏览器中的运行结果如图 2-23 所示。

脚本中的“continue outloop”语句表示开始下一次 outloop 标号处的外层循环，该语句等价于 break。如果去掉语句中的标号，则开始当前循环的下一次内层循环，将会得到不同的结果。

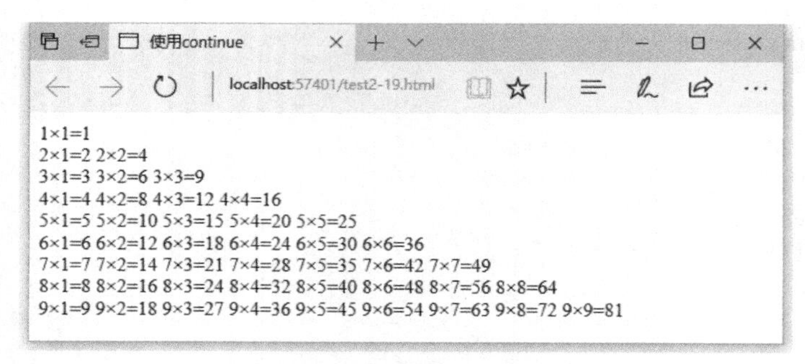

图 2-23　使用 continue 语句

当 continue 用在 while 或 do/while 循环中时会转移到条件计算，然后在条件为 true 时开始下一次循环，否则结束循环。

for 循环中的 continue 会转移到增量部分，执行增量操作后再计算循环条件。

2.3.7　break 语句

break 语句的第一种格式如下。

```
break
```

这种格式的 break 语句用于跳出循环或 switch 语句，并且必须放在循环或 switch 语句内部，否则会出错。

break 语句的第二种格式如下。

```
break 标号
```

这种格式中的标号标示的必须是一个封闭语句或代码块，例如循环、if 语句或大括号括起来的代码块等。带标号的 break 语句用于跳出封闭语句或代码块，让程序流程转移到其后的语句。

【例 2-20】 输出 100 以内的素数。源文件：02\test2-20.html。

素数指不能被除数 1 和它本身之外的数整除的数。例如，3、5、7 都是素数。判断素数的程序基本结构如下。

```
for(x=2;x<n;n++){
    if(n%x==0) break;
}
if(x==n){
    …//n是素数
}else{
    …//n不是素数
}
```

HTML 代码如下。

```
…
<body>
    <script>
        document.write("100以内的素数：<br>")
        var count = 0, s = ""
        for (y = 2; y < 100; y++) {
            for (x = 2; x < y; x++) {
                if (y % x == 0) break;
            }
            if (x == y) {
                s = s + "  " + y;  //将素数连接成字符串
                count++;                     //统计素数个数
                if (count % 10 == 0)
                    s = s + "<br>";//添加换行符号
```

```
            }
        }
        document.write(s)
    </script>
</body>
</html>
```

浏览器中的运行结果如图 2-24 所示。

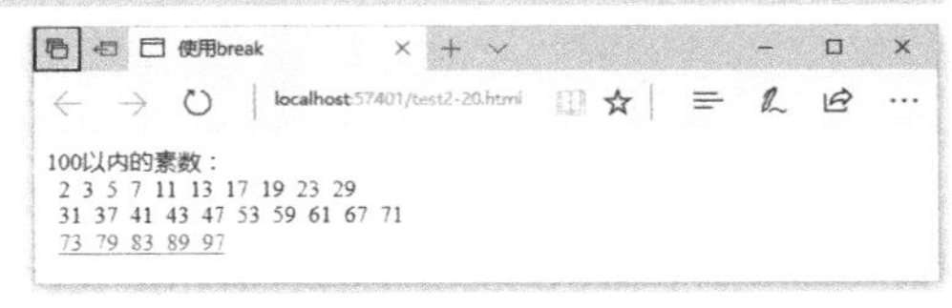

图 2-24　输出 100 以内的素数

2.4　编程实践：输出数字图形

本节综合应用本章所学知识，在浏览器中输出图 2-25 所示的数字图形。

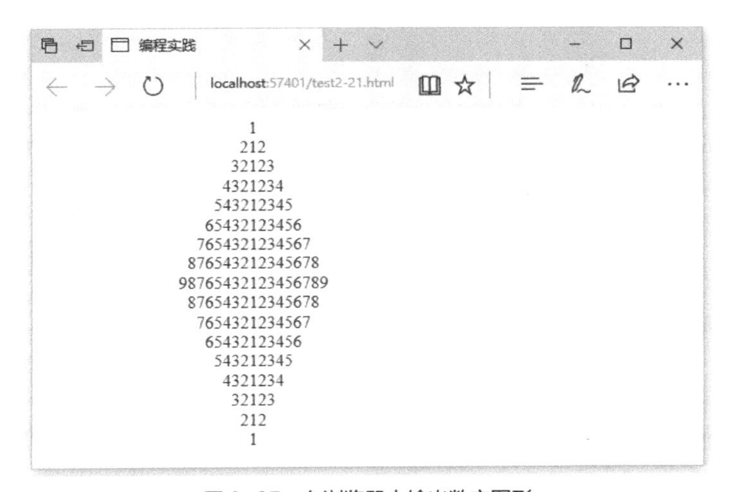

图 2-25　在浏览器中输出数字图形

具体操作步骤如下。

（1）在 Visual Studio 中选择“文件\新建\文件”命令，创建一个新的 HTML 文件。

（2）修改 HTML 文件，代码如下。

```
…
<body>
    <script>
        for (i = 1; i <= 9; i++) {
            //输出每行前面的空格，空格用“ ”表示，避免被浏览器忽略
            for (j = 1; j < 50 - i*2; j++)
                document.write(" ")
            //输出每行中的数字
            for (j = i ; j > 1; j--)
                document.write(j)
            for (j = 1; j <= i; j++)
                document.write(j)
            document.write("<br>")
        }
        for (i = 8; i >= 1; i--) {
            for (j = 1; j < 50 - i * 2; j++)
                document.write(" ")
```

```
            for (j = i; j > 1; j--)
                document.write(j)
            for (j = 1; j <= i; j++)
                document.write(j)
            document.write("<br>")
        }

    </script>
</body>
</html>
```

（3）按【Ctrl+S】组合键保存 HTML 文件，文件名为 test2-21.html。

（4）按【Ctrl+Shift+W】组合键，打开浏览器，查看 HTML 文件显示结果。

2.5 小结

本章主要介绍了 JavaScript 核心语法中的基础部分，包括数据类型、变量、运算符、表达式，以及流程控制语句——if 语句、switch 语句、for 循环、while 循环、do/while 循环、continue 语句和 break 语句。这些内容是使用 JavaScript 进行脚本设计的必备基础。

2.6 习题

1. JavaScript 的基本数据类型有哪些？
2. 什么是常量？什么是变量？两者有何区别？
3. JavaScript 的变量有何特点？
4. 编写一个 JavaScript 脚本，在浏览器中输出 100 以内所有偶数的和，如图 2-26 所示。

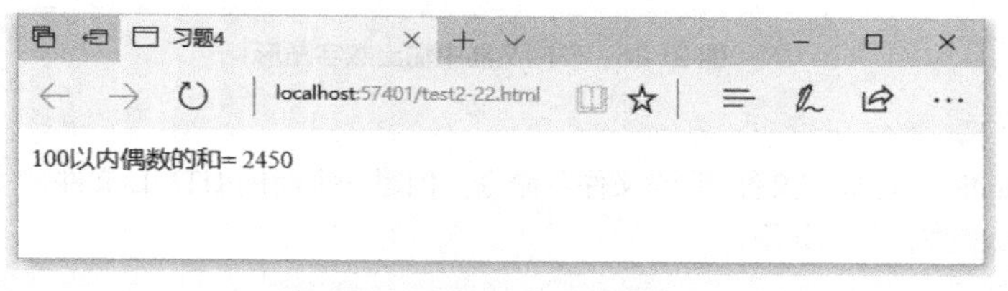

图 2-26　100 以内所有偶数的和

5. 编写一个 JavaScript 脚本，在浏览器中输出 3 位整数中的所有对称数（个位和百位相同），如图 2-27 所示。

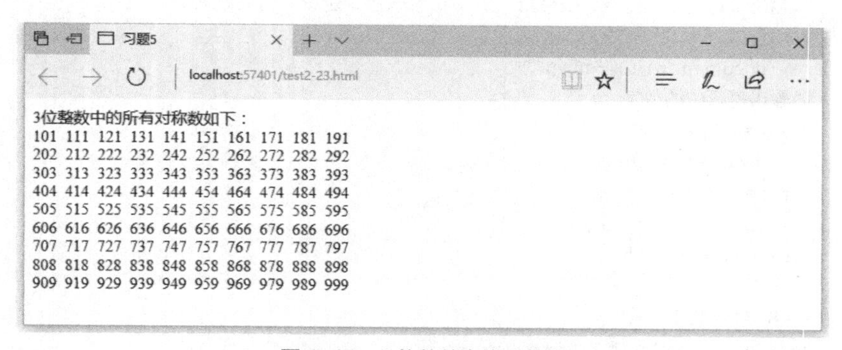

图 2-27　3 位整数中的对称数

PART03

第3章

数组和函数

重点知识：

数组 ■
函数 ■
内置函数 ■

■ 数组（Array）是一组数据的集合，用来存储连续的多个数据，以便对数据做统一处理。当某一段代码需要重复使用时，就可以将其定义为函数。JavaScript 提供了大量特定功能的内置函数用于处理特定类型的数据。本章将介绍这些内容。

数组

3.1 数组

数组用于保存一组相关的数据。数组中的数据项称为数组元素。数组元素在数组中的位置称为下标。JavaScript 数组下标最小值为 0。数组元素用数组名和下标来表示。例如，假设 a 数组中有 3 个数组元素，这 3 个元素可表示为 a[0]、a[1]和 a[2]。

JavaScript 是弱类型的，所以数组中的各个数组元素可存放各种不同类型的数据，甚至可以是对象或数组。JavaScript 不支持多维数组，但可通过在数组元素中保存数组来模拟多维数组。

JavaScript 的数组本质上也是一种对象。用 typeof 函数测试数组，其返回值为 object。

3.1.1 创建数组

JavaScript 提供了两种创建数组的方法。

1. 使用直接量创建数组

可将“[”和“]”括起来的一组数据（用逗号分隔）赋值给变量来创建数组。例如：

```
var a=[]                              //创建一个空数组
var b=[1,2,3]                         //b[0]=1、b[1]=2、b[2]=3
var c=["abc",true,100]                //c[0]="abc"、c[1]=true、c[2]=100
```

数组元素也可以是一个数组。例如：

```
var a=[[1,2],[3,4,5]]                 //a[0][0]=1、a[0][1]=2、a[1][0]=3、a[1][1]=4、a[1][2]=5
```

2. 使用 Array 构造函数创建数组

数组对象的构造函数为 Array()，可用它来创建数组。例如：

```
var a=new Array()                     //创建一个空数组
var b=new Array(1,true,"abc")         //b[0]=1、b[1]=true、b[2]= "abc"
```

关键字 new 用于调用构造函数，创建新对象。

一种特殊情况是，在用一个整数作为 Array 构造函数参数时，该整数作为数组的大小。例如：

```
var a=new Array(3)                    //创建一个包含3个元素的数组
```

3.1.2 使用数组

1. 使用数组元素

数组元素通过数组名和下标进行引用。一个数组元素等同一个变量。可以为数组元素赋值，或将其用于各种运算。

【例 3-1】 使用数组元素。源文件：03\test3-1.html。

```
…
<body>
    <script>
        var a = new Array(3)                      //创建数组
        a[0] = 1                                  //为数组元素赋值
        a[1] = 2
        a[2] = a[1] + a[0]                        //将数组元素用于计算
        document.write('a[0]=')
        document.write(a[0])                      //直接输出数组元素
        document.write('<br>a[1]=' + a[1])        //数组元素用于字符串连接
        document.write('<br>a[2]=' + a[2])
        document.write('<br>a=' + a)              //数组用于字符串连接
    </script>
</body>
</html>
```

在浏览器中的运行结果如图 3-1 所示。

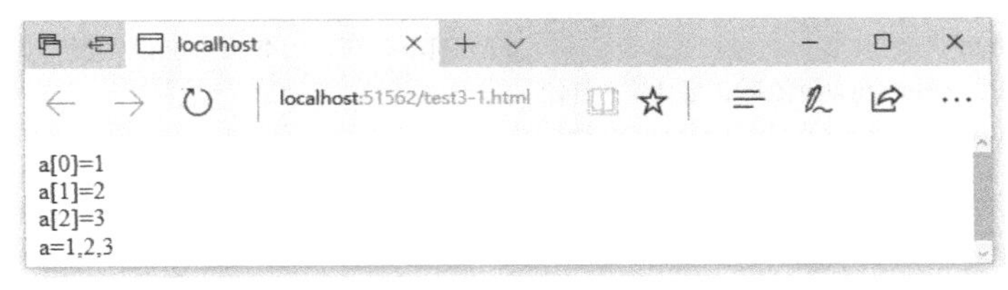

图 3-1　使用数组元素

在将数组用于字符串操作时，JavaScript 会调用数组对象的 toString()方法将其转为字符串。JavaScript 的大多数内置对象均有 toString()方法，用于将对象转换为字符串。

2. 关于多维数组

JavaScript 没有多维数组的概念，但可在数组元素中保存一个数组。

【例 3-2】 在数组元素中存放数组。源文件：03\test3-2.html。

```
…
<body>
    <script>
        var a = new Array(3)
        a[0] = 1
        a[1] = new Array(1,2)                    //将数组存入数组元素
        a[2] = new Array('ab', 'cd', 'ef')
        document.write('a[0]=' + a[0] + " 其数据类型为：" + typeof a[0])
        document.write('<br>a[1]=' + a[1] + " 其数据类型为：" + typeof a[1])
        document.write('<br>a[2]=' + a[2] + " 其数据类型为：" + typeof a[2])
    </script>
</body>
</html>
```

在浏览器中的运行结果如图 3-2 所示。

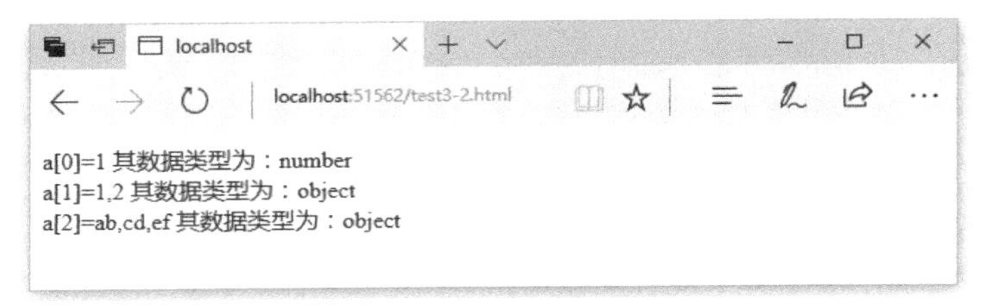

图 3-2　在数组元素中存放数组

3. 关于数组下标范围

在 JavaScript 中，数组下标最小值为 0，最大值为数组长度减 1。JavaScript 没有数组下标超出范围的概念。当使用了超出范围的下标时，JavaScript 不会报错，引用的数组元素相当于未声明的变量，其值为 undefined。对超出范围的下标引用的数组元素赋值时，会为数组添加数组元素。

【例 3-3】 使用下标超出范围的数组元素。源文件：03\test3-3.html。

```
…
<body>
    <script>
        var a = new Array(1,2,3)
        document.write('数组a=' + a + '<br>')
        document.write('a[4]=' + a[4]+'<br>')    //a[4]不存在，下标超出了范围
```

```
        x = a[4] + 100                              //计算undefinded + 100
        document.write('a[4] + 100=' + x)
        a[4] = "abcd"                               // a[4]不存在，为数组添加该元素
        document.write('<br>赋值后，a[4]=' + a[4])
        document.write('<br>数组a=' + a + '<br>')
    </script>
</body>
</html>
```

在浏览器中的运行结果如图 3-3 所示。

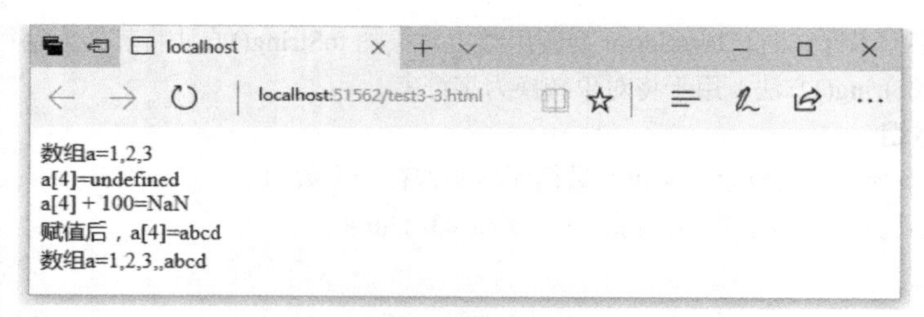

图 3-3　使用下标超出范围的数组元素

4. 数组赋值

JavaScript 允许将数组赋值给另一个变量。如果将一个存放了数组的变量赋值给另一个变量，则这两个变量引用的是同一个数组。通过其中任意一个变量对数组进行操作，另一个变量立即反映其变化（因为引用的是同一个数组）。

将一个数组直接赋值给变量时，会覆盖其以前存放的数组。

【例 3-4】 使用数组赋值。源文件：03\test3-4.html。

```
...
<body>
    <script>
        var a = new Array(1, 2, 3)
        var b=a
        document.write('数组a=' + a + '<br>')
        document.write('数组b=' + b + '<br>')
        b[0] = 100
        document.write('数组a=' + a + '<br>')
        document.write('数组b=' + b + '<br>')
        a = ['ab', 'cd']
        document.write('数组a=' + a + '<br>')
        document.write('数组b=' + b + '<br>')
        document.write('a[2]=' + a[2])          //a[2]的值为undefined，说明原来的数组已被覆盖
    </script>
</body>
</html>
```

在浏览器中的运行结果如图 3-4 所示。

localhost:58966/test3-4.html
数组a=1,2,3
数组b=1,2,3
数组a=100,2,3
数组b=100,2,3
数组a=ab,cd
数组b=100,2,3
a[2]=undefined

图 3-4　使用数组赋值

5. 添加、删除数组元素

JavaScript 中的数组长度是不固定的，对不存在的数组元素赋值时，会将其添加到数组中。例如：

```
var a = new Array()             //创建一个空数组
a[0] = 1                        //添加数组元素
a[1] = 2
```

delete 关键字可用于删除数组元素。例如：

```
delete a[1]                    //删除a[1]
```

需注意的是，delete 的实质是删除变量所引用的内存单元。使用 delete 删除一个数组元素后，数组的大小不会改变。引用一个被删除的数组元素，得到的值为 undefined。

【例 3-5】 添加、删除数组元素。源文件：03\test3-5.html。

```
...
<body>
    <script>
        var a = new Array()                                   //创建一个空数组
        a[0] = 1                                              //添加数组元素
        a[1] = 2
        a[2] = 3
        document.write('数组长度为：' + a.length)
        for (i = 0; i < 3; i++)
            document.write("<br>a[" + i + "]=" + a[i])         //输出数组元素
        delete a[1]                                           //删除a[1]
        document.write('<br>delete a[1]后，数组长度为：' + a.length)
        for (i = 0; i < 3; i++)
            document.write("<br>a[" + i + "]=" + a[i])         //输出数组元素
    </script>
</body>
</html>
```

在浏览器中的运行结果如图 3-5 所示。

图 3-5 添加、删除数组元素

6. 数组迭代

数组通常结合循环实现数组迭代（或者叫数组元素遍历）。因为数组下标最小值为 0，最大值为数组长度减 1。一般情况下，对数组 a 用 for 循环 “for (var i = 0; i < a.length; i++)” 即可实现数组迭代。如果数组元素已经使用 delete 被删除，或者通过赋值语句给一个下标较大的不存在的数组元素赋值，就会导致数组包含一些不存在的元素。使用 for/in 循环可忽略不存在的元素。

【例 3-6】 数组迭代操作。源文件：03\test3-6.html。

```
...
<body>
    <script>
        var a = new Array(100, 200, 300, 400, 500)
        for (i = 0, len = a.length; i < len; i++)
            a[i] += 10                                        //每个数组元素加上10
        document.write('<br>标准for循环遍历数组元素：')
        for (i = 0, len = a.length; i < len; i++)
            document.write(a[i] + "  ")              //输出数组元素
```

```
            for (x in a)
                a[x] += 20                                          //每个数组元素加上20
            document.write('<br>for/in循环遍历数组元素：')
            for (x in a)
                document.write(a[x] + "  ")               //输出数组元素下标
            delete a[1]                                             //a[1]被删除，不存在了
            a[7] = 700                                              //a[5]、a[6]不存在
            document.write('<br>标准for循环遍历数组元素：')
            for (i = 0, len = a.length; i < len; i++)
                document.write(a[i] + "  ")               //输出数组元素
            document.write('<br>for/in循环遍历数组元素：')
            for (x in a)
                document.write(a[x] + "  ")               //输出数组元素下标
        </script>
    </body>
</html>
```

在浏览器中的运行结果如图 3-6 所示。

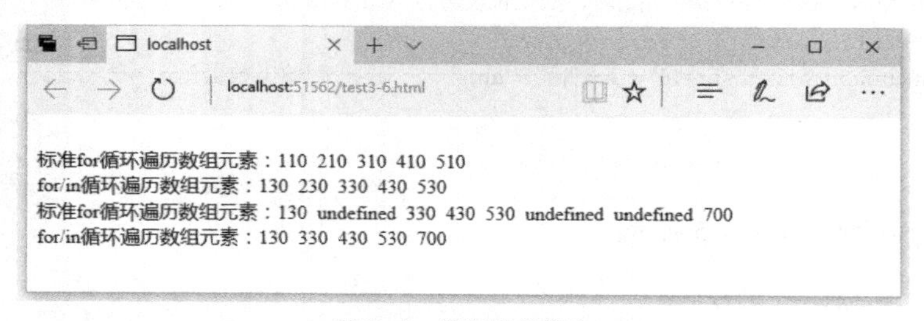

图 3-6 数组迭代操作

脚本中使用了两种 for 循环。标准的 for 循环“for (i = 0, len = a.length; i < len; i++)”中，循环变量 i 用来迭代数组下标。注意，这里的“len = a.length”只执行一次。如果将 for 循环改为“for (i = 0; i < a.length; i++)”，则每次循环都会查询数组的长度，效率降低了。

for/in 循环通常用于迭代对象的属性，在本例的“for (x in a)”中，x 用于迭代数组 a 的有效下标。

3.1.3 数组的属性

1. length

数组的 length 属性用于获得数组长度。例如，a.length 获得数组 a 的长度。JavaScript 数组的长度是可变的，通过为不存在的数组元素赋值的方式添加数组元素时，数组的长度也随之变化。例如：

```
var a = new Array(1, 2, 3)          //创建数组，数组长度为3
a[5] = 10                           //添加一个数组元素，数组长度变为6
```

数组 a 的原长度为 3，执行“a[5] = 10”后，其长度变为 6。因为数组的长度始终为最后一个元素的下标加 1。数组中没有赋值的元素的值为 undefined。

数组长度为数组中元素的个数。因为数组元素下标从 0 开始，所以数组下标范围为 0 到长度-1。

JavaScript 允许修改 length 属性。例如：

```
a.length=5
```

上面的语句将数组 a 的长度修改为 5。如果修改后的长度小于原来长度，超出新长度的数组元素丢失。如果新长度超出原长度，增加的数组元素初始值为 undefined。

【例 3-7】 使用数组的 length 属性。源文件：03\test3-7.html。

```
...
<body>
```

```
    <script>
        var a = new Array(1,2)
        document.write('数组长度为：' + a.length)
        a.length = 3
        document.write('<br>修改后，数组长度为：' + a.length)
        for (var i = 0; i < a.length;i++)
            document.write(" a[" + i + "]=" + a[i] + '  ')
        a[2] = 3
        a[3] = 4                                    //添加数组元素
        document.write('<br>数组长度为：' + a.length)
        for (var i = 0; i < a.length; i++)
            document.write(" a[" + i + "]=" + a[i] + '  ')
        a.length = 2                                //减小数组长度，超出范围的数组元素被删除
        document.write('<br>数组长度为：' + a.length)
        for (var i = 0; i < a.length; i++)
            document.write(" a[" + i + "]=" + a[i] + '  ')
        a.length = 5                                //减小数组长度，超出范围的数组元素被删除
        document.write('<br>数组长度为：' + a.length)
        for (var i = 0; i < a.length; i++)
            document.write(" a[" + i + "]=" + a[i] + '  ')
    </script>
</body>
</html>
```

在浏览器中的运行结果如图 3-7 所示。

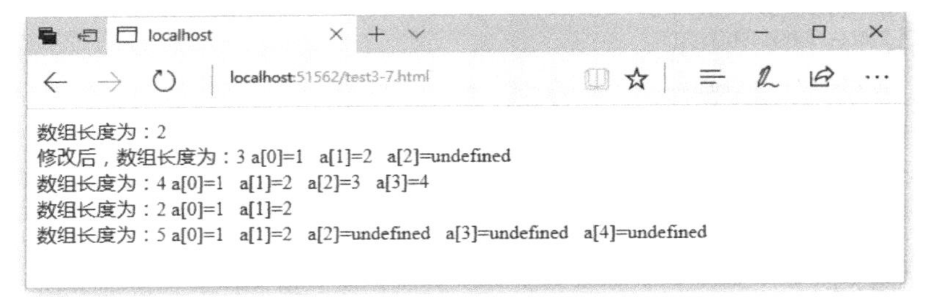

图 3-7 使用数组的 length 属性

2. prototype 属性

对象的 prototype 属性用于为对象添加自定义的属性或方法。为数组添加自定义属性或方法的基本语法格式如下。

```
Array.prototype.name = value
```

其中，name 为自定义的属性或方法名称，value 为表达式或者函数。自定义属性和方法对当前页面中的所有数组有效。

【例 3-8】 为数组添加自定义属性和方法。源文件：03\test3-8.html。

```
…
<body>
    <script>
        Array.prototype.tag="test3-8.html"          //添加自定义属性
        Array.prototype.sum = function () {         //添加自定义方法，对数组中的所有元素求和
            var s = 0
            for (var i = 0; i < this.length;i++)
                s += this[i]
```

```
            return s
        }
        Array.prototype.print = function () {            //添加自定义方法，将数组中的所有元素输出到浏览器
            for (var i = 0; i < this.length; i++)
                document.write(this[i] +"  ")
        }
        var a = new Array(1, 2, 3, 4, 5)
        document.write('当前环境：' + a.tag)
        document.write('<br>数组a中的数据为：')
        a.print()
        document.write('<br>数组a中的数据的和为：' + a.sum())
        var b = new Array(2,4,6)
        document.write('<br><br>当前环境：' + b.tag)
        document.write('<br>数组b中的数据为：')
        b.print()
        document.write('<br>数组b中的数据的和为：' + b.sum())
    </script>
</body>
</html>
```

在浏览器中的运行结果如图 3-8 所示。

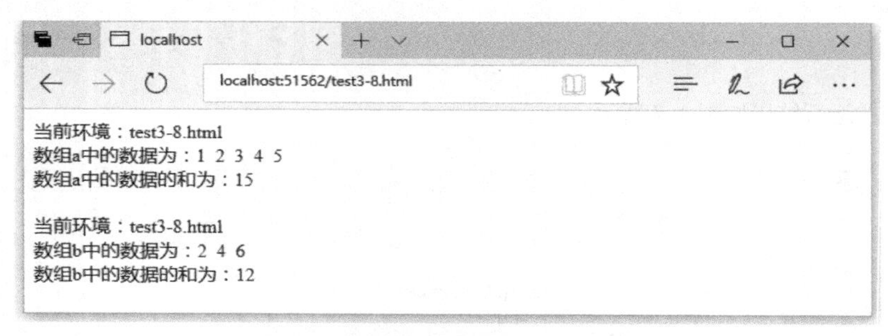

图 3-8　为数组添加自定义属性和方法

3.1.4　数组的方法

JavaScript 内置的 Array 类提供了一系列方法用于操作数组。

1. 连接数组

join 方法用于将数组中的所有元素连接成一个字符串，字符串中的各个数据默认用逗号分隔。也可为 join 方法指定一个字符串作为分隔符。

基本语法格式为：

```
a.join()            //将数组a中的数据连接成逗号分隔的字符串
a.join(x)           //将数组a中的数据连接成变量x中的字符串分隔的字符串
```

【例 3-9】 使用 join 方法。源文件：03\test3-9.html。

```
…
<body>
    <script>
        var a = new Array(1, 2, 3)
        document.write(a.join())                //输出1,2,3
        document.write('<br>')
        document.write(a.join('@#'))            //输出1@#2@#3
    </script>
```

```
</body>
</html>
```

在浏览器中的运行结果如图 3-9 所示。

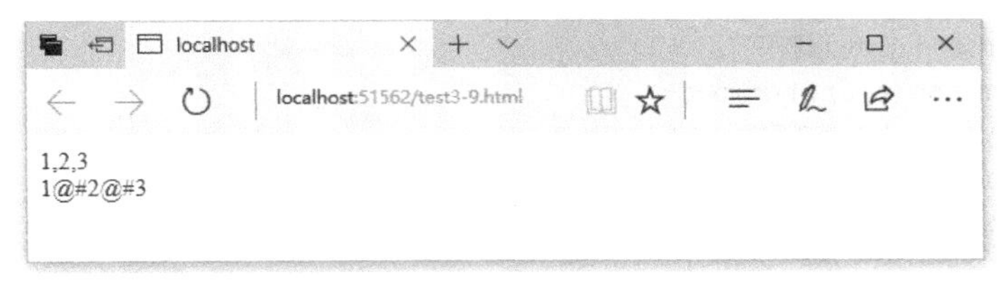

图 3-9　使用 join 方法

2. 逆转元素顺序

reverse 方法将数组元素以相反的顺序存放。基本语法格式如下。

```
a.reverse()
```

【例 3-10】 逆转元素顺序。源文件：03\test3-10.html。

```
…
<body>
    <script>
        var a = new Array(1, 2, 3)
        document.write('逆转前：' + a)
        a.reverse()
        document.write('<br>逆转后：' + a)
    </script>
</body>
</html>
```

在浏览器中的运行结果如图 3-10 所示。

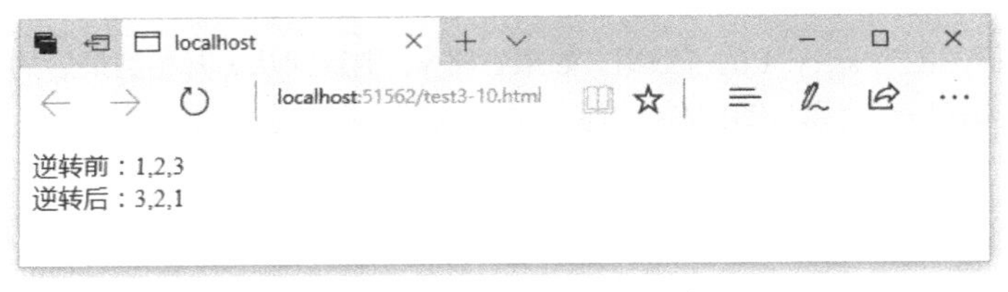

图 3-10　使用 reverse 方法

3. 数组排序

sort 方法用于对数组排序。默认情况下，数组元素按字母顺序排序，数值会转换为字符串进行排序。

可以为 sort 方法提供一个排序函数作为参数，排序函数定义排序规则。排序函数有两个参数，设为 x 和 y。若需 x 排在 y 之前，则排序函数应返回一个小于 0 的值。若需 x 排在 y 之后，则排序函数应返回一个大于 0 的值。若两个参数的位置无关紧要，比较函数返回 0。

【例 3-11】 数组排序。源文件：03\test3-11.html。

```
…
<body>
    <script>
        var b = ["One", "Two", "Three", "Four"]
        document.write('<br>排序前：' + b)
        b.sort()
        document.write('<br>排序后：' + b)
        var c = [2, 12, 3, 23]
```

```
            document.write('<br>排序前：' + c)
            c.sort()
            document.write('<br>排序后：' + c)
            var b = [2, 12, 3, 23]
            document.write('<br>排序前：' + b)
            b.sort(function (x, y) { return x - y })
            document.write('<br>排序后：' + b)
            b.sort(function (x, y) { return y - x })
            document.write('<br>排序后：' + b)
        </script>
    </body>
    </html>
```

在浏览器中的运行结果如图 3-11 所示。

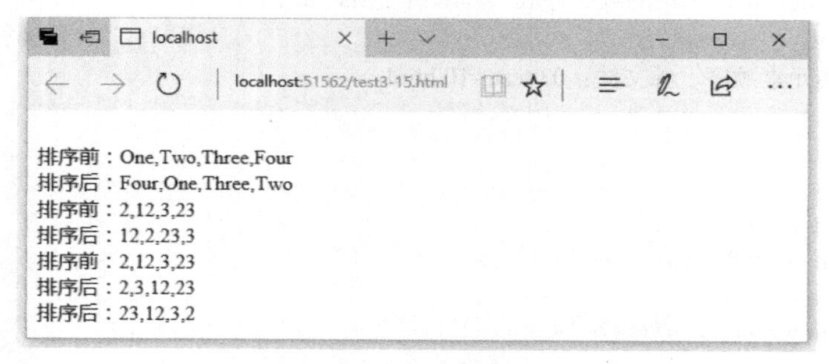

图 3-11　数组排序

4．子数组

slice 方法用于从数组中取子数组，其基本语法格式如下。

```
数组名.slice(x,y)
```

从数组中返回下标范围为 x～y-1 的子数组。如果省略 y，则返回从 x 开始到最后的全部数组元素。如果 x 或 y 为负数，则作为和最后一个元素的相对位置。

【例 3-12】 使用 slice 方法。源文件：03\test3-12.html。

```
…
<body>
    <script>
        var a = [1, 2, 3, 4, 5, 6, 7]
        document.write('<br>原数组：' + a)
        b = a.slice(1, 4)
        document.write('<br>a.slice(1, 4)=' + b)
        b = a.slice(4)
        document.write('<br>a.slice(4)=' + b)
        b = a.slice(1, -1)
        document.write('<br>a.slice(1, -1)=' + b)
        b = a.slice(-3, -1)
        document.write('<br>a.slice(-3, -1)=' + b)
    </script>
</body>
</html>
```

在浏览器中的运行结果如图 3-12 所示。

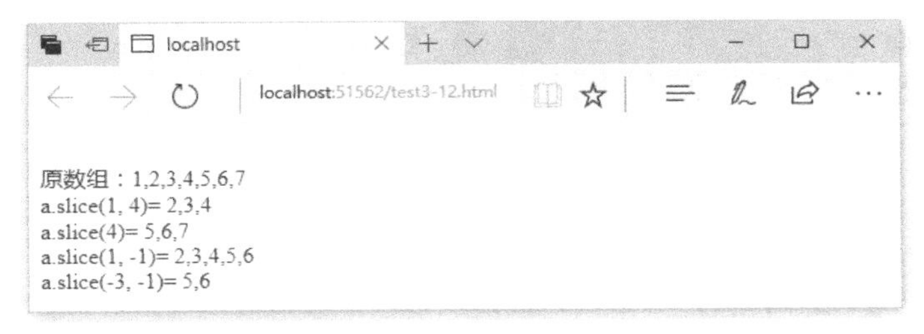

图 3-12 使用 slice 方法

5. 添加、删除数组元素

splice 方法用于添加或删除数组元素，其基本语法格式如下。

```
数组名.splice(m,n,x1,x2,…)
```

其中，m 为开始元素下标，n 为从数组中删除的元素个数。x1、x2 等是要添加到数组中的数据，可以省略。splice 方法同时会返回删除的数组元素。

【例 3-13】 添加、删除数组元素。源文件：03\test3-13.html。

```
…
<body>
    <script>
        var b = [1, 2, 3, 4, 5, 6, 7]
        document.write('<br>原数组：' + b)
        a = b.splice(3, 2)
        document.write('<br>a=' + a + " b=" + b)
        a = b.splice(2, 2, "a", "b", "c")
        document.write('<br>a=' + a + " b=" + b)
    </script>
</body>
</html>
```

在浏览器中的运行结果如图 3-13 所示。

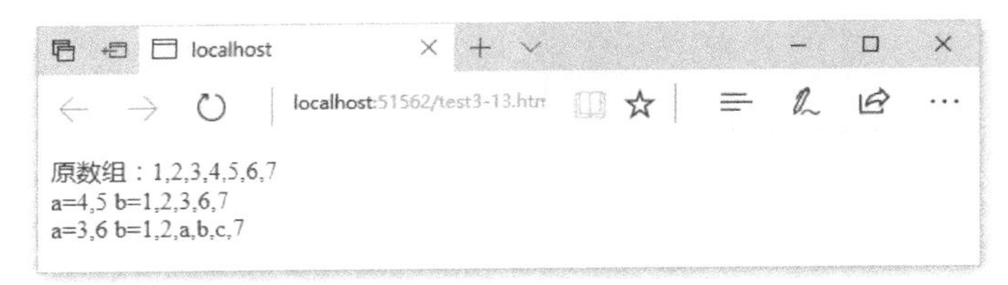

图 3-13 添加、删除数组元素

6. push 和 pop 方法

push 和 pop 方法用于实现数组的堆栈操作（先进后出）。push 方法将数据添加到数组末尾，返回数组长度。pop 方法返回数组中的最后一个元素，数组长度减 1。

【例 3-14】 数组的堆栈操作。源文件：03\test3-14.html。

```
…
<body>
    <script>
        var a = []
        n = a.push(1, 3, 5)
        document.write('n=' + n + " a=" + a)
        n = a.pop()
        document.write('<br>n=' + n + " a=" + a)
```

```
            n = a.push("abc")
            document.write('<br>n=' + n + " a=" + a)
        </script>
    </body>
</html>
```

在浏览器中的运行结果如图 3-14 所示。

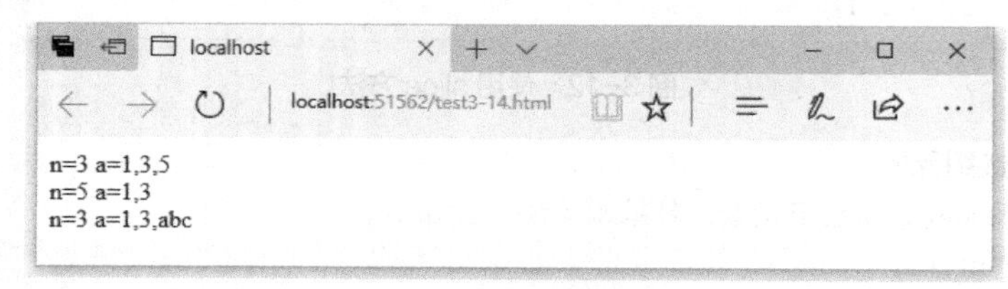

图 3-14　数组的堆栈操作

7. unshift 和 shift 方法

unshift 和 shift 方法用于实现数组的队列操作（先进先出）。unshift 方法将数据添加到数组开头，并返回新的数组长度。shift 方法返回数组中的第一个元素，所有数组元素依次前移一位，数组长度减 1。

【例 3-15】 数组的队列操作。源文件：03\test3-15.html。

```
...
<body>
    <script>
        var a = []
        n = a.unshift(1, 3, 5)
        document.write('n=' + n + " a=" + a)
        n = a.shift()
        document.write('<br>n=' + n + " a=" + a)
        n = a.unshift("abc")
        document.write('<br>n=' + n + " a=" + a)
    </script>
</body>
</html>
```

在浏览器中的运行结果如图 3-15 所示。

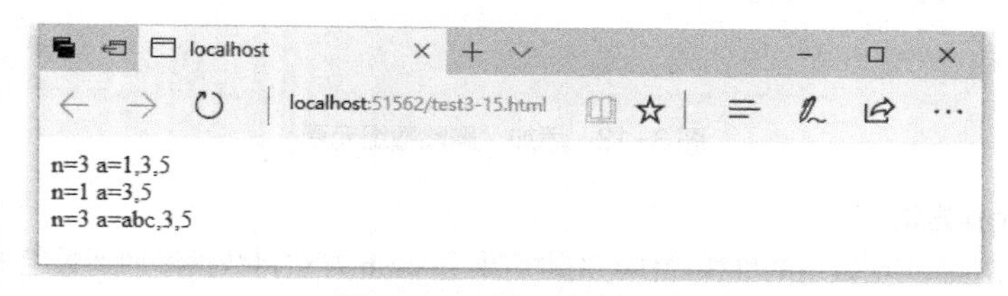

图 3-15　数组的队列操作

8. 合并数组

concat 方法用于将提供的数据合并成一个新的数组，其基本语法格式如下。

```
b = a.concat(x1,x2,x3,...)
```

其中，x1、x2、x3 等是单个的数据或者数组变量。如果是数组变量，则将其中的数据合并到新数组中。变量 b 保存合并后的新数组。

【例 3-16】 合并数组。源文件：03\test3-16.html。

```
...
<body>
```

```
        <script>
            var a = [10, 20], b = ['a', 'b']
            c = a.concat(1, 3, 5)
            document.write('<br>a=' + a + ' c=' + c)
            c = a.concat(2, 4, b)
            document.write('<br>a=' + a + ' c=' + c)
        </script>
    </body>
    </html>
```

在浏览器中的运行结果如图 3-16 所示。

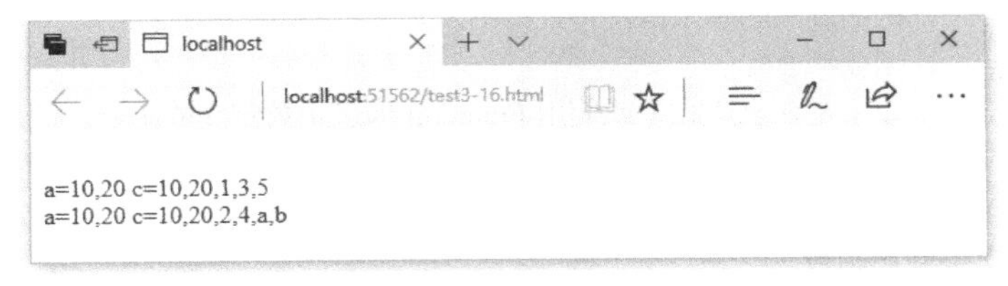

图 3-16　数组合并

3.2　函数

了解函数的用途

当某一段代码需要重复使用，或者需要对批量数据执行相同操作时，就可使用函数来完成。

3.2.1　定义函数

定义函数

1. 函数的语句定义方法

JavaScript 用 function 关键字来声明函数，基本语法格式如下。

```
function 函数名([参数1 , 参数2 , ...]){
        代码块
        [return 返回值]
}
```

在当前脚本中，函数名应该是唯一的。函数参数是可选的。多个参数之间用逗号分隔。大括号中的代码块称为函数体。在函数体中或在函数末尾，可使用 return 语句指定函数返回值。返回值可以是任意的常量、变量或者表达式。

例如，下面的函数用于计算两个数的和。

```
function sum(a, b) {
    return a + b
}
```

2. 在表达式中定义函数

JavaScript 允许在表达式中定义函数。例如，在表达式中定义求和函数。

```
var sum2 = function (a, b) {
    return a + b
}
```

3. 使用 Function 构造函数

在 JavaScript 中，函数也是一种对象。函数对象的构造函数为 Function，可用它来定义函数，其基本语法格式如下。

```
var 变量 = new Function( "参数1" , "参数2" ,..., "函数体")
```

例如：

```
var sum3 = new Function("a" , "b" , "return a+b")
```

提示 function 关键字定义了一个函数对象，这与 Function 构造函数一致。在语句定义方法中，函数名用于引用定义的函数对象。在表达式或使用 Function 构造函数定义函数时，赋值语句左侧的变量用于引用定义的函数对象。

调用函数

3.2.2 调用函数

函数调用的基本语法格式如下。

```
函数名(参数)
```

如果是在表达式中或使用 Function 构造函数定义的函数，则用变量名作为函数名。

使用 function 关键字在语句中定义函数时，函数的定义可以放在当前页面中的脚本的任意位置，即允许函数的调用出现在函数定义之前。在表达式中或使用 Function 构造函数定义函数时，只能在定义之后通过变量名来调用函数。

函数可以在脚本中调用，也可以作为 HTML 的事件处理程序或 URL。

【例 3-17】 在脚本中调用函数。源文件：03\test3-17.html。

```
…
<body>
<script>
    document.write('1 + 2 = ' + sum(1, 2))              //在函数sum的定义之前调用函数
    function sum(a, b) {
        return a + b
    }
    var sum2 = function (a, b) {
        return a + b
    }
    var sum3 = new Function("a", "b", "return a+b")
    document.write('<br>3 + 4 = ' + sum2(3, 4))         //调用表达式中定义的函数
    document.write('<br>5 + 6 = ' + sum3(6, 5))         //调用构造函数定义的函数
    document.write('<br>7 + 8 = ' + sum(7, 8))          //调用语句中定义的函数
</script>
</body>
</html>
```

浏览器中的运行结果如图 3-17 所示。

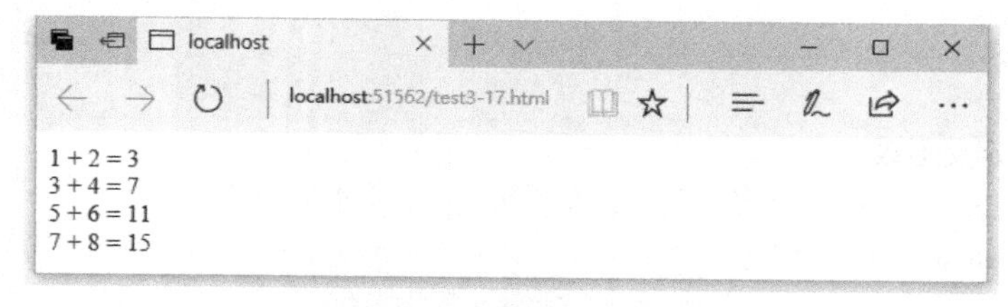

图 3-17 在脚本中调用函数

【例 3-18】 将函数作为 HTML 的事件处理程序。源文件：03\test3-18.html。

```
…
<body>
    <script>
```

```
        function test() {
            document.write("<br>调用了test()函数")
        }
        </script>
        <button onclick="test()">调用test()函数</button>
    </body>
    </html>
```

在浏览器中单击“调用 test()函数”按钮时，会打开提示对话框，如图 3-18 所示。

图 3-18　将函数作为 HTML 的事件处理程序

【例 3-19】 将函数作为 URL。源文件：03\test3-19.html。

```
...
<body>
    <script>
    function test() {
        alert("调用了test()函数")
    }
    </script>
    <a href="javascript:test()">调用test()函数</a>
</body>
</html>
```

在浏览器中单击“调用 test()函数”链接时，会打开提示对话框，如图 3-19 所示。

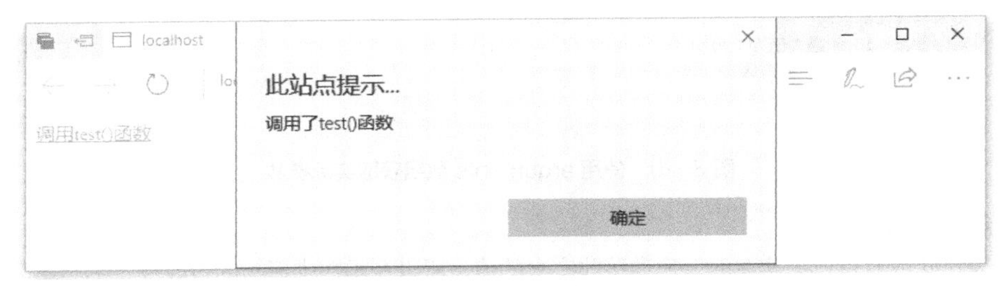

图 3-19　将函数作为 URL

3.2.3 带参数的函数

带参数的函数

函数在定义时指定的参数称为形式参数，简称形参。调用函数时指定的参数称为实际参数，简称实参。在调用函数时，实参的值按先后顺序、一一对应地传递给形参。

JavaScript 是弱类型的，形参不需要指定数据类型。JavaScript 不会检查形参和实参的数据类型，也不会检查形参和实参的个数。

1. 关于函数的参数个数

函数的 length 属性返回形参的个数。在函数内部，arguments 数组保存调用函数时传递的实参。

【例 3-20】 使用 arguments 数组获取实际参数。源文件：03\test3-20.html。

```
…
<body>
    <script>
        function getMax(a, b) {
            var max = Number.MIN_VALUE
            var len = arguments.length                //获得实际参数个数
            if (len == 0) {
                document.write("<br>没有传递实际参数!")
                return
            }
            document.write("<br>实际参数：")
            for (var i = 0; i < len; i++) {
                document.write(arguments[i] +"  ")
                if (arguments[i] > max)
                    max = arguments[i]
            }
            document.write("最大值为：" + max)
        }
        document.write("函数getMax形参个数为：" + getMax.length)
        getMax()
        getMax(10, 5)
        getMax(10, 5, 20)
    </script>
</body>
</html>
```

在浏览器中的运行结果如图 3-20 所示。

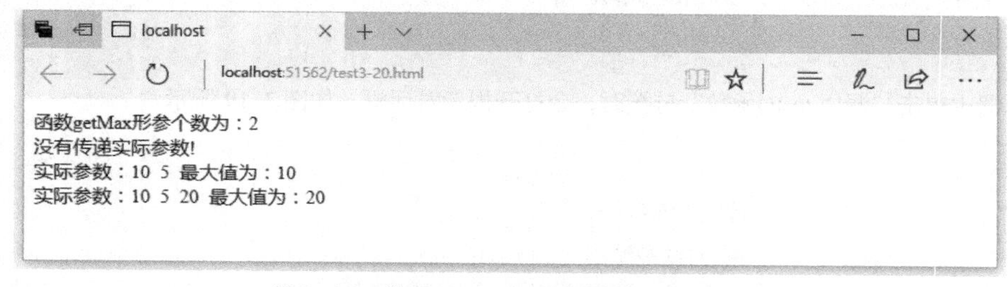

图 3-20　使用 arguments 数组获取实际参数

2. 数组作为参数

在使用表达式或变量作为实参时，形参接收实参的值，所以在函数中形参的值改变，不会影响到实参。在使用数组作为实参时，形参接收的是数组的内存地址，即形参和实参引用了同一个数组。这种情况下，改变形参数组元素的值，通过实参数组对应元素获得的是改变后的值。

【例 3-21】 使用数组作为参数。源文件：03\test3-21.html。

```
…
<body>
    <script>
        function test(x,y) {
            x[0] = "abc"
            y = 100
            document.write("<p>函数内：<br>形参x = " + x)
            document.write("<br>形参y = " + y)
        }
```

```
            var a = [1, 2], b = 10
            document.write("调用函数前：<br>实参a = " + a)
            document.write("实参b = " + b)
            test(a, b)
            document.write("<p>调用函数后：<br>实参a = " + a)
            document.write("<br>实参b = " + b)
        </script>
    </body>
    </html>
```

在浏览器中的运行结果如图 3-21 所示。

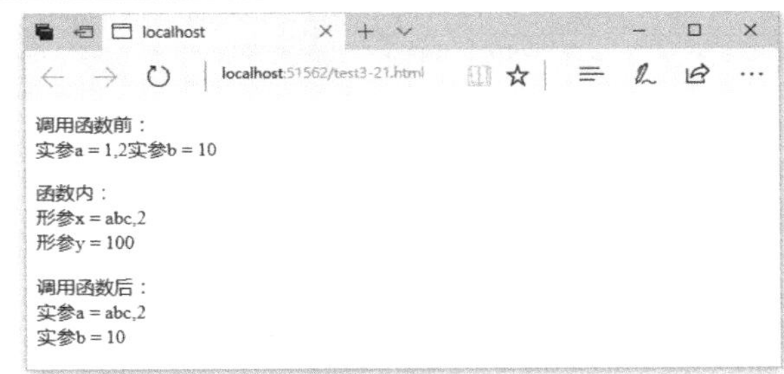

图 3-21　使用数组作为实际参数

3. 对象作为参数

对象也可作为函数参数（对象的详细内容将在后面的章节中进行介绍）。与数组类似，形参和实参引用的是同一个对象。如果在函数中修改了形参对象属性值，实参对象也会反应属性值的变化。

【例 3-22】使用对象作为参数。源文件：03\test3-22.html。

```
    …
    <body>
        <script>
            function test(args) {
                document.write("<p>函数内：<br>args.name = " + args.name)
                document.write("<br>args.age = " + args.age)
                args.name = 'Java'
                args.age=15
                document.write("<br>修改后：<br>args.name = " + args.name)
                document.write("<br>args.age = " + args.age)
            }
            var a = { name: 'JavaScript', age: 25 }
            document.write("调用函数前：<br>a.name = " + a.name)
            document.write("<br>a.age = " + a.age)
            test(a)
            document.write("<p>调用函数后：<br>a.name = " + a.name)
            document.write("<br>a.age = " + a.age)
        </script>
    </body>
    </html>
```

在浏览器中的运行结果如图 3-22 所示。

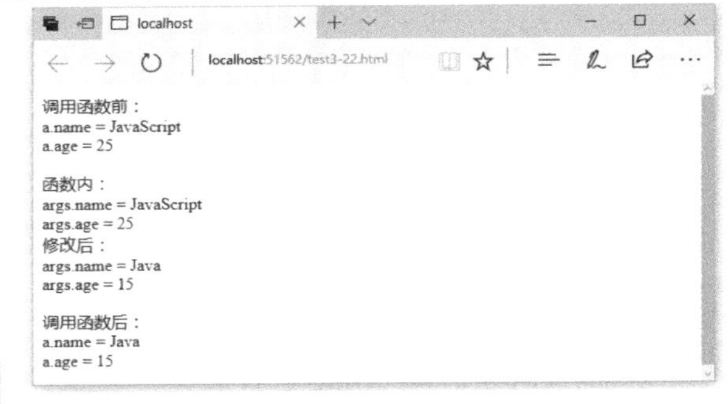

图 3-22　使用对象作为实际参数

3.2.4 函数的嵌套

JavaScript 允许在函数内部嵌套函数的定义。嵌套定义的函数只能在当前函数内部使用。

【例 3-23】 使用嵌套定义函数，实现两个数组的加法运算（对应元素相加）。源文件：03\test3-23.html。

```
    …
    <body>
        <script>
            function addArray(a, b) {
```

```
            function getMax(x, y) { return x > y ? 0 : 1 }                //返回长度较大的数组的序号
            var alen = a.length
            var blen = b.length
            var index = getMax(alen, blen)
            var temp = new Array()                                         //创建一个空数组
            for (var i = 0, len = arguments[index].length; i < len; i++)   //将较长的数组复制到临时数组中
                temp[i] = arguments[index][i]
            for (var i = 0, len = arguments[1-index].length; i < len; i++) //将较短的数组与临时数组做加法
                temp[i] += arguments[1 - index][i]                         //做加法
            return temp
        }
        var a = [1, 3, 5]
        var b = [2, 4, 6, 8, 10]
        var c = addArray(a, b)
        document.write('数组a = ' + a)
        document.write('<br>数组b = ' + b)
        document.write('<br>数组a + b = ' + c)
    </script>
</body>
</html>
```

在浏览器中的运行结果如图 3-23 所示。

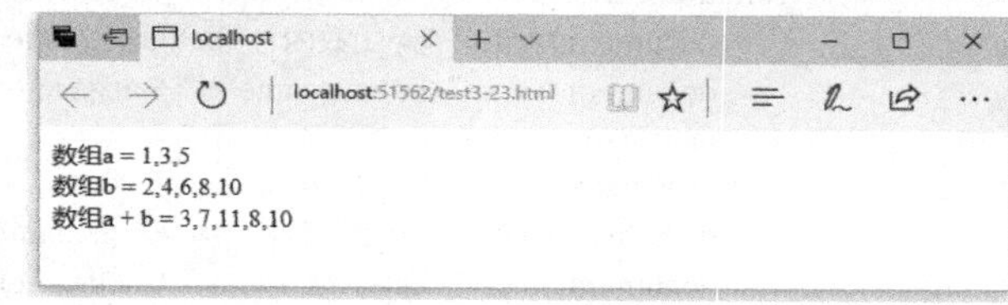

图 3-23　嵌套定义函数

3.2.5　递归函数

递归函数是指在函数的内部调用函数自身，形成递归调用。使用递归函数必须注意递归调用的结束条件。若递归调用无法停止，则会导致运行脚本的浏览器崩溃。

【例 3-24】 使用递归函数计算阶乘。源文件：03\test3-24.html。

```
…
<body>
    <script>
        function fact(n) {
            if (n <= 1)
                return 1   //递归调用结束
            return n * fact(n - 1)
        }
        for (var i = 0; i <= 10; i++){
            document.write('<br>'+i + '! = '
+ fact(i))
        }
    </script>
</body>
</html>
```

图 3-24　使用递归函数计算正整数阶乘

在浏览器中的运行结果如图 3-24 所示。

3.3 内置函数

JavaScript 提供了大量内置函数用于处理相关数据。

1. alert 函数

使用该函数会显示警告对话框，对话框包括一个“确定”按钮。

【例 3-25】 使用 alert 函数。源文件：03\test3-25.html。

```
…
<body>
    <script>
        alert("使用alert函数显示的对话框")
    </script>
</body>
</html>
```

在浏览器中运行时，会显示图 3-25 所示的对话框。

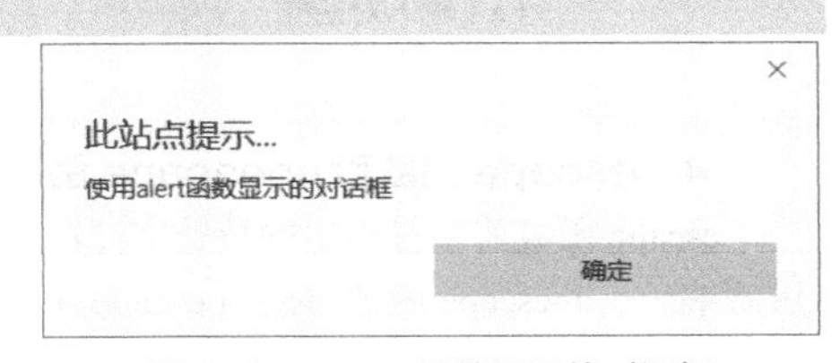

图 3-25 alert 函数显示的对话框

2. confirm 函数

使用该函数会显示确认对话框，对话框包括“确定”和“取消”按钮。单击“确定”按钮可关闭对话框，函数返回值为 true。使用其他方式关闭对话框时，函数返回值为 false。

【例 3-26】 使用 confirm 函数。源文件：03\test3-26.html。

```
…
<body>
    <script>
        var a = confirm('确认吗？ ')
        document.write(a)
    </script>
</body>
</html>
```

在浏览器中运行时，首先会显示图 3-26（a）所示的对话框。单击“确定”按钮后，浏览器中输出 true，如图 3-26（b）所示。

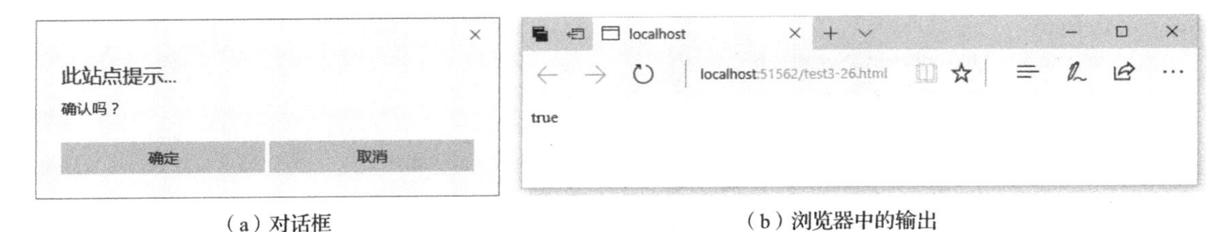

（a）对话框 （b）浏览器中的输出

图 3-26 使用 confirm 函数

3. prompt 函数

使用该函数会显示输入对话框，等待用户输入。函数的第 1 个参数为提示字符串，第 2 个参数会显示在输入框中。输入数据后，单击“确定”按钮，函数返回值为输入的数据。使用其他方式关闭对话框时，函数返回值为 null。

【例 3-27】 使用 prompt 函数输入数据。源文件：03\test3-27.html。

```
…
<body>
    <script>
```

```
            var a = prompt('请输入数据：', 'input here')
            document.write(a)
        </script>
    </body>
</html>
```

在浏览器中运行时，首先会显示图 3-27（a）所示的对话框。输入数据后，单击“确定”按钮，浏览器中输出了输入的数据，如图 3-27（b）所示。

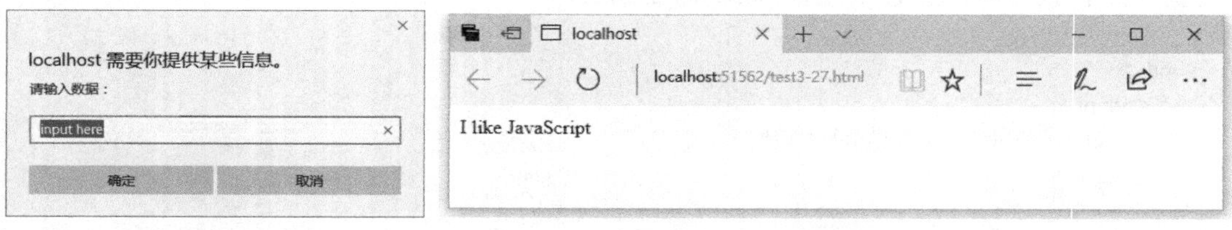

（a）输入对话框　　（b）浏览器中的输出

图 3-27　使用 prompt 函数

4. escape 函数和 unescape 函数

escape 函数将字符串中的特殊字符转换成“%××”格式的字符串，××为特殊字符 ASCII 码的 2 位十六进制编码。unescape 函数解码由 escape 函数编码的字符。

5. eval 函数

该函数用于计算表达式的结果。

6. isNaN 函数

对于 isNaN 函数，若参数是 NaN 值，返回 true，否则返回 false。

7. parseFloat 函数

该函数可将字符串转换成小数形式。

8. parseInt 函数

该函数可将字符串转换成整数数字形式，可指定进制。

【例 3-28】 使用其他内置函数。源文件：03\test3-28.html。

```
…
<body>
    <script>
        var a = 'I like <b>JavaScript</b>'
        document.write('a = ' + a)
        document.write('<br>escape(a) = ' + escape(a))
        document.write('<br>unescape(escape(a)) = ' + unescape(escape(a)))
        document.write('<br>eval("1+2+3") = ' + eval("1+2+3"))
        document.write('<br>isNaN(1 * "abcd") = ' + isNaN(1 * 'abcd'))
        document.write('<br>isNaN(1 * "123") = ' + isNaN(1 * '123'))
        document.write('<br>parseFloat("12.56") = ' + parseFloat("12.56"))
        document.write('<br>parseFloat("123") = ' + parseFloat("123"))
        document.write('<br>parseFloat("abcd") = ' + parseFloat("abcd"))
        document.write('<br>parseInt("12.56") = ' + parseInt("12.56"))
        document.write('<br>parseInt("abcd") = ' + parseInt("abcd"))
    </script>
</body>
</html>
```

在浏览器中的运行结果如图 3-28 所示。

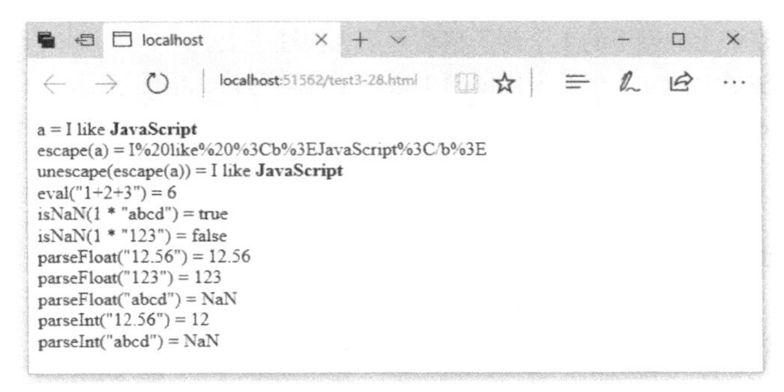

图 3-28　使用其他内置函数

3.4　编程实践：模拟汉诺塔移动

本节综合应用本章所学知识，模拟汉诺塔的移动，如图 3-29 所示。源文件：03\test3-29.html。

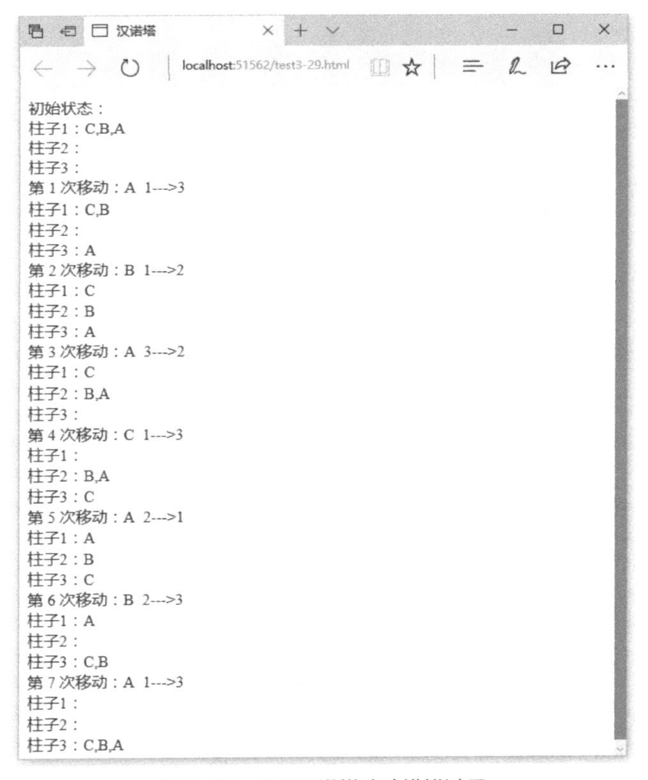

图 3-29　3 层汉诺塔移动模拟过程

汉诺塔问题描述如下：有 3 根木柱，在第 1 根柱子套了 n 个盘子，所有上面的盘子总是比下面的盘子小。借助第 2 根柱子，将所有盘子移动到第 3 根柱子上。在移动的过程中，必须保持所有上面的盘子总是比下面的盘子小。

分析：

汉诺塔问题用递归模型可描述为如下过程。

第 1 步：将第 1 根柱子上的上面 n-1 个盘子借助第 3 根柱子移动到第 2 根柱子上。

第 2 步：将第 1 根柱子上的剩下的 1 个盘子移动到第 3 根柱子上。

第 3 步：将第 2 根柱子上的 n-1 个盘子借助第 1 根柱子移动到第 3 根柱子上。

用长度为 n 的数组 data 表示要移动的盘子，3 根柱子分别用变量 from、by、to 表示，汉诺塔问题用递归函数表示为：

$$f(\text{data},\text{from},\text{by},\text{to})=\begin{cases}f(x,\text{from},\text{to},\text{by})（x\text{包含data的后}n-1\text{个元素}）\\ f(y,\text{from},\text{to}) \quad （y\text{为data的第1个元素}）\\ f(x,\text{by},\text{from},\text{to})（x\text{包含data的后}n-1\text{个元素}）\end{cases}$$

在 JavaScript 中，就可用递归函数来实现上面的汉诺塔问题求解。可用字符串数组表示当前要移动的盘子和 3 根柱子的状态。例如，对于 4 层汉诺塔，['D', 'C', 'B', 'A']表示盘子，二维数组[['D', 'C', 'B', 'A'],[],[]]则可表示柱子的初始状态。移动盘子总是在第 1 维数组的末尾用 pop()函数删除移出了盘子的数组末尾的数组元素，然后用 puch()函数将移出的盘子添加到要移入盘子的数组末尾。

具体操作步骤如下。

（1）在 Visual Studio 中选择“文件\新建\文件”命令，创建一个新的 HTML 文件。

（2）修改 HTML 文件，代码如下。

```
…
<body>
    <script>
        function hanNuoTa(data, from, by, to) {
            if (data.length==1) {
                count++
                document.write('<br>第 ' + count + ' 次移动：' + data[0] + '  ' + (from + 1) + '--->'
+ (to + 1) )
                var cc=data[0]
                //对stack执行堆栈操作，反映移动后的结果
                stack[from].pop()
                stack[to].push(data)
                document.write('<br>柱子1：' + stack[0])
                document.write('<br>柱子2：' + stack[1])
                document.write('<br>柱子3：' + stack[2])
            } else {
                var up = data.slice(1)
                var one = [data[0]]
                hanNuoTa(up, from, to, by)
                hanNuoTa(one, from, by, to)
                hanNuoTa(up, by, from, to)
            }
        }
        var count = 0
        var n = parseInt(prompt('请输入汉诺塔层数[3,10]：', '3'))
        var s = ['A', 'B', 'C', 'D', 'E', 'F', 'G', 'H', 'I', 'J', 'K', 'H']
        var h = new Array()                    //h保存当前移动的数据
        var stack = new Array()                //stack保存模拟的3根柱子的状态
        stack[0] = new Array()
        stack[1] = new Array()
        stack[2] = new Array()
        if (isNaN(n) || n<2 || n>10)
            alert('无效输入！')
        else {
```

```
                for (var i = 0; i < n; i++) {
                    h.unshift(s[i])
                    stack[0].unshift(s[i])
                }
                document.write('初始状态：<br>柱子1：' + stack[0])
                document.write('<br>柱子2：' + stack[1])
                document.write('<br>柱子3：' + stack[2])
                hanNuoTa(h, 0, 1, 2)
            }
        </script>
    </body>
</html>
```

（3）按【Ctrl+S】组合键保存 HTML 文件，文件名为 test3-29.html。

（4）按【Ctrl+Shift+W】组合键，打开浏览器，查看 HTML 文件显示结果。浏览器首先会打开一个输入对话框提示输入汉诺塔层数，如图 3-30 所示。

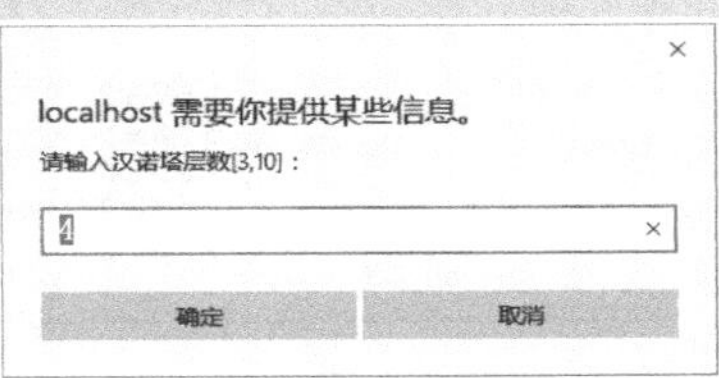

图 3-30　输入汉诺塔层数

（5）输入 4，单击“确定”按钮关闭对话框，查看 4 层汉诺塔模拟过程，如图 3-31 所示。

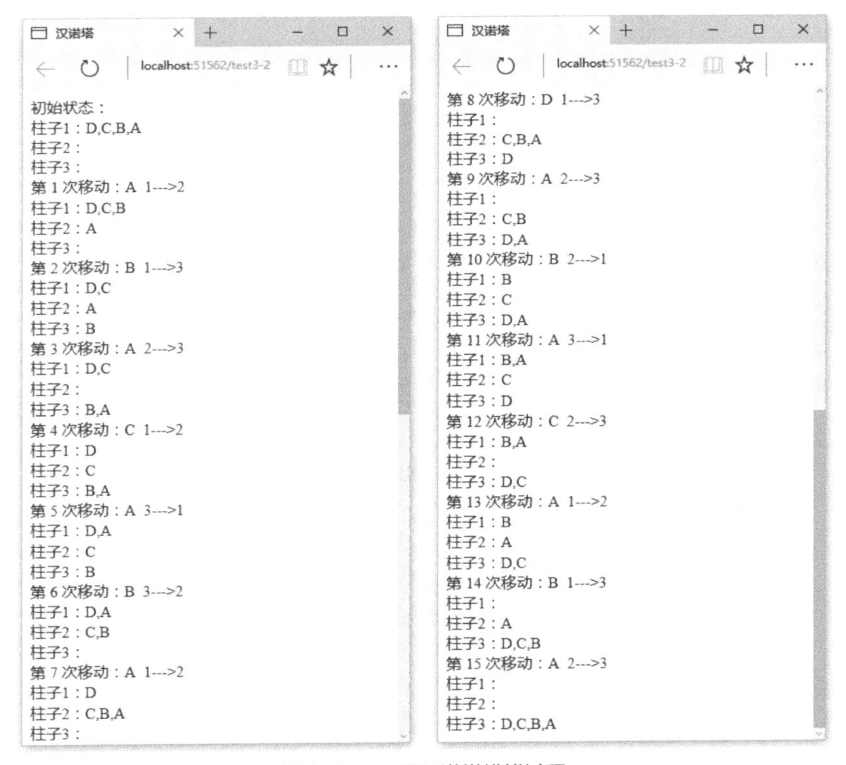

图 3-31　4 层汉诺塔模拟过程

3.5　小结

本章主要介绍了数组的创建、数组的使用、数组的属性、数组的方法，函数的定义、函数的调用、函数参数、函数的嵌套、递归函数及内置函数等内容。

3.6 习题

1. 请问可用哪些方法为数组添加元素？
2. 请问有哪些方法可为数组删除元素？
3. 请问函数内部的 arguments 对象的作用是什么？
4. 在浏览器中输出图 3-32 所示的一位正整数数字矩阵，第 1 个数字由用户输入。

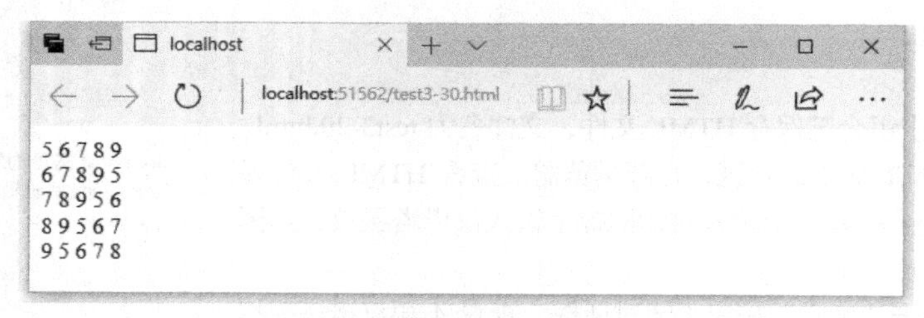

图 3-32　输出数字矩阵

5. 在浏览器中输出杨辉三角，如图 3-33 所示。杨辉三角阶数由用户输入。

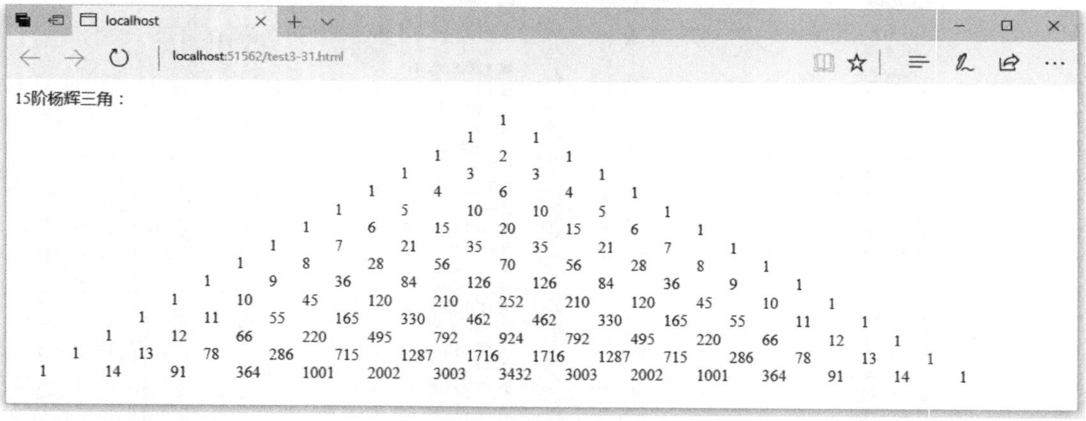

localhost
localhost:51562/test3-31.html
15阶杨辉三角：

1
1 1
1 2 1
1 3 3 1
1 4 6 4 1
1 5 10 10 5 1
1 6 15 20 15 6 1
1 7 21 35 35 21 7 1
1 8 28 56 70 56 28 8 1
1 9 36 84 126 126 84 36 9 1
1 10 45 120 210 252 210 120 45 10 1
1 11 55 165 330 462 462 330 165 55 11 1
1 12 66 220 495 792 924 792 495 220 66 12 1
1 13 78 286 715 1287 1716 1716 1287 715 286 78 13 1
1 14 91 364 1001 2002 3003 3432 3003 2002 1001 364 91 14 1

图 3-33　输出杨辉三角

PART04

第4章

异常和事件处理

重点知识：

异常处理 ■

事件处理■

■ 脚本在执行过程中，可能会因为各种原因出现错误。例如，使用了未定义的变量、关键字错误、数据不合法等。脚本执行过程中发生的错误统称为异常。对异常进行捕获和处理，可避免异常导致脚本意外终止。

当浏览器加载 HTML 文件，或用户执行某些操作，均会产生相应事件。利用事件处理可响应事件，完成相应操作。

JavaScript 异常捕获和处理

4.1 异常处理

当脚本运行发生错误时，浏览器通常会停止脚本的运行。严重的错误有可能会导致浏览器崩溃。JavaScript 利用异常处理来捕获脚本中发生的错误，以便向用户给出友好的提示。

4.1.1 捕获和处理异常

JavaScript 使用 try/catch/finally 语句来捕获和处理异常，其基本语法格式如下。

```
try {
    ...//可能发生异常的代码块
} catch (err) {
    ...//发生异常后，执行此处的处理代码块
} finally {
    ...//不管是否发生异常，均会执行的代码块
}
```

try 部分的大括号中为可能发生异常的代码块。如果发生了异常，catch 语句捕捉到该异常，局部变量 err 包含了异常信息。finally 部分的大括号中为不管是否发生异常始终都会执行的代码。

catch 和 finally 均可省略，但必须有其中的一个才能和 try 构成一个完整的语句。

【例 4-1】 使用 try/catch 语句来捕获和处理异常。源文件：04\test4-1.html。

```
...
<body>
    <script>
        try {
            var a = 10
            //var b = 20                          //该语句注释后，会发生异常
            document.write(a+b)                   //这里使用了没有定义的变量
        } catch (err) {
            document.write('<br>出错了：' + err)   //输出异常信息
        }
    </script>
</body>
</html>
```

在浏览器中的运行结果如图 4-1（a）所示。在语句“document.write(a+b)”中引用了没有定义的变量 b，所以发生了 ReferenceError 异常。取消语句“var b = 20”的注释，则不会发生异常，正确输出计算结果，如图 4-1（b）所示。

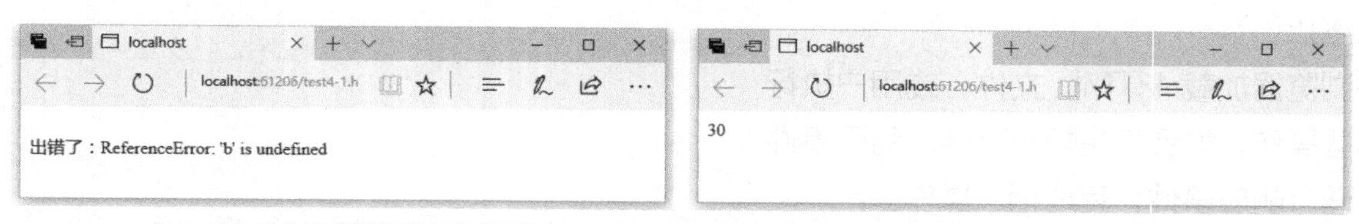

（a）catch 子句捕获到异常后输出的信息　（b）改正后正确输出了计算结果

图 4-1　使用 try/catch 语句来捕获和处理异常

finally 子句一般很少使用，但其特殊性在于：只要执行了 try 子句，不管完成了多少，finally 子句总会执行。

在不发生异常时，程序执行流程到达 try 子句末尾，然后执行 finally 子句。如果 try 子句中有 break、continue 或者 return 语句，会导致程序流程转移，则会在转移前执行 finally 子句。

如果 try 子句发生了异常，而且同时有捕捉该异常的 catch 子句，则程序流程转移到 catch 子句，catch 子句执行完后再执行 finally 子句。

如果 finally 子句中有 break、continue、return 或者 throw 语句，这些语句会导致程序流程转移。

【例 4-2】 使用 finally 子句。源文件：04\test4-2.html。

```
…
<body>
    <script>
        function test() {
            try {
                var a = 10
                //var b = 20                                //该语句注释后，会发生异常
                return a + b                                //这里使用了没有定义的变量
            } catch (err) {
                document.write('<br>出错了：' + err)        //输出异常信息
            } finally {
                document.write('<br>finally语句块已执行')
                return false                                //可注释该语句，测试函数返回值
            }
        }
        document.write('<br>test()函数返回值：'+test())
    </script>
</body>
</html>
```

在浏览器中的运行结果如图 4-2（a）所示。因为函数 test()中的“var b = 20”被注释了，所以发生异常。从运行结果可以看到发生异常后，执行了 catch 子句，输出了异常信息，然后执行了 finally 子句，最后返回函数 test()的调用位置，完成输出函数返回值。如果取消语句“var b = 20”的注释，运行结果如图 4-2（b）所示。可以看到，虽然执行了 try 子句中的“return a + b”（函数返回值应为 30），但并没有立即从函数返回，而是继续执行 finally 子句，其中的“return false”让函数的返回值变成了 false。如果注释掉“return false”，则可输出函数正常的返回值。

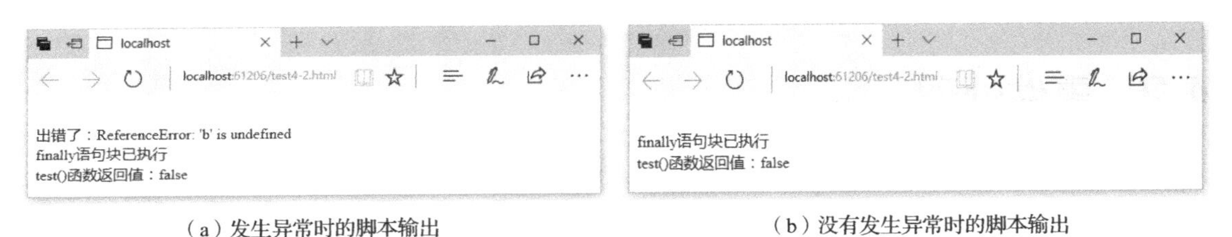

（a）发生异常时的脚本输出　　（b）没有发生异常时的脚本输出

图 4-2　使用 finally 子句

4.1.2　抛出异常

除了脚本自身发生的异常外，还可使用 throw 语句来抛出异常，其语法格式如下。

```
throw 表达式
```

表达式的值可以是任意类型，也可以是 Error 对象或 Error 子类对象。例如：

```
throw new Error('出错了！')
```

Error 构造函数的参数将作为抛出的 Error 对象的 message 属性值。

【例 4-3】 抛出异常。源文件：04\test4-3.html。

```
…
<body>
```

```
    <script>
        function fact(n) {    //求阶乘
            if (('number' != typeof n) || 0 != n % 1) {
                throw '参数 ' + n + ' 不是正整数！'
                //throw new Error('参数 ' + n + ' 不是正整数！')
            }
            if (n <= 1)
                return 1
            else
                return n * fact(n-1)
        }
        try {
            document.write('<br>5!=' + fact(5))
            document.write('<br>2.5!=' + fact(2.5))
        } catch (err) {
            document.write('<br>出错了：' + err+'<br>'+typeof err)
            //document.write('<br>出错了：' + err.message)
        }
    </script>
</body>
</html>
```

在浏览器中的运行结果如图 4-3 所示。脚本中首先使用了字符串作为 throw 语句抛出的异常信息。若要测试 Error 对象，替换为代码中对应的注释掉的语句即可，运行结果不变。

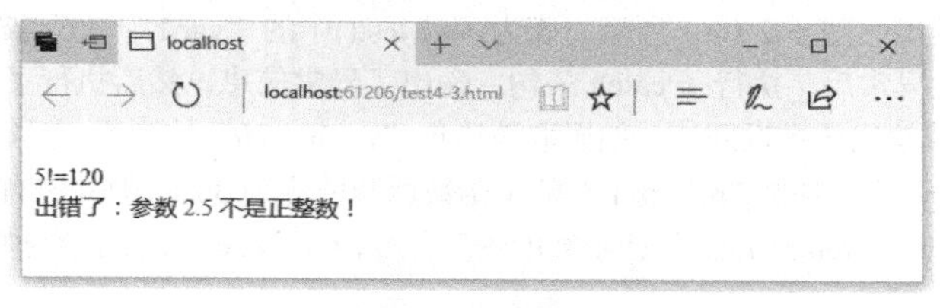

图 4-3　抛出异常

4.2　事件处理

事件驱动是 JavaScript 的重要特点。当用户在浏览器中执行操作时，产生事件，执行相应的事件处理程序来完成交互——这就是事件驱动。

理解事件

4.2.1　理解事件

JavaScript 脚本在浏览器中的执行分两个阶段：文档载入阶段和事件驱动阶段。

文档载入阶段指浏览器打开一个 Web 文档的过程。在这一过程中，非事件处理程序代码被执行。

文档载入完成后，JavaScript 脚本进入事件驱动阶段。例如，浏览器加载完成时，会产生 load 事件，此时 load 事件处理程序就会执行。当用户单击了某个按钮，产生 click 事件，按钮的 click 事件处理程序被执行。

JavaScript 事件处理的主要概念包括事件类型、事件目标、事件处理程序、事件对象和事件传播。

1. 事件类型

事件类型是说明发生何种事件的字符串，也称为事件名称。例如，click 表示鼠标单击，mousemove 表示移动鼠标。

表 4-1 列出了 JavaScript 中的常用事件和适用的 HTML 对象。

表 4-1　JavaScript 中的常用事件和适用的 HTML 对象

事件名称	触发条件	适用对象
load	文档载入	body、frameset
unload	文档卸载	body、frameset
change	元素改变	input、select、textarea
submit	表单被提交	form
reset	表单被重置	form
select	文本被选取	input、textarea
blur	标记失去焦点	button、input、label、select、textarea、body
focus	标记获得焦点	button、input、label、select、textarea、body
keydown	键盘被按下	表单标记和 body
keypress	键盘被按下后又松开	表单标记和 body
keyup	键盘被松开	表单标记和 body
click	鼠标被单击	多数标记
dblclick	鼠标被双击	多数标记
mousedown	鼠标按钮被按下	多数标记
mousemove	鼠标移动	多数标记
mouseout	鼠标移出标记	多数标记
mouseover	鼠标悬停于标记上	多数标记
mouseup	鼠标被松开	多数标记

HTML 为对象定义了相应的事件属性，用于设置事件处理程序。例如，onclick 属性用于设置 click 事件处理程序。

2. 事件目标

事件目标指发生事件的对象。例如，单击<button>标记产生 click 事件，则<button>标记为 click 事件的目标。

3. 事件处理程序

事件处理程序也称事件监听程序或者事件回调函数，它是脚本中用于处理事件的函数。为了响应特定目标的事件，首先需要定义事件处理程序，然后进行注册。特定目标发生事件时，浏览器调用事件处理程序。当对象上注册的事件处理程序被调用时，我们称浏览器“触发”或者“分派”了事件。

4. 事件对象

事件对象是与特定事件相关的对象，它包含了事件的详细信息。事件被触发时，事件对象作为参数传递给事件处理程序。全局对象 event 用于引用事件对象。

5. 事件传播

事件传播是浏览器决定由哪个对象来响应事件的过程。如果是专属于某个特定对象的事件，则不需要传播。例如，load 事件专属于 Window 对象，所以不需要传播；而 click 事件适用于多数标记，则会在 HTML 文件的 DOM 树中传播。

事件传播可分为事件捕获和事件冒泡两个过程。

【例 4-4】 分析 HTML 文件的 DOM 树。源文件：04\test4-4.html。

```
<html>
<head>
    <title>htmldom</title>
```

```
        <script>   function test() { alert('这是按钮单击响应') }
        </script>
    </head>
    <body> <div><button onclick="test()">按钮</button></div>
    </body>
    </html>
```

该文件的 DOM 树如图 4-4 所示。

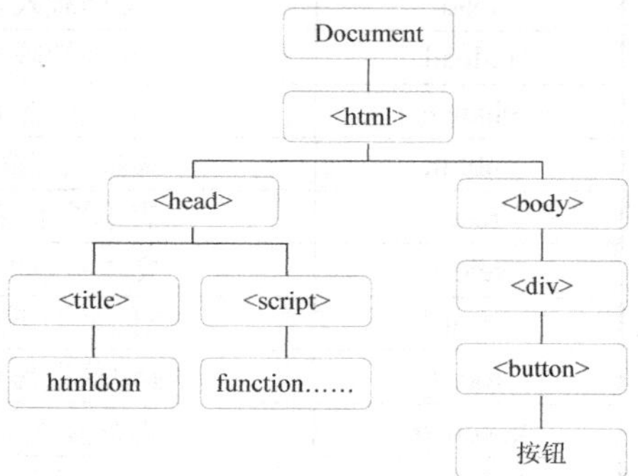

图 4-4　HTML 文件的 DOM 树

在本例中，单击<button>标记产生 click 事件，click 事件首先进入事件捕获阶段。click 事件从 Document 对象开始，沿 DOM 树向下传递，到达事件目标对象<button>标记。在事件传递过程中，若途中的对象注册了 click 事件处理程序，则会执行其事件处理程序。

事件冒泡则是指事件从目标对象沿 DOM 树向上传递，直到 Document 对象，途中会触发对象的对应事件处理程序。

所有的事件都会经历事件捕获阶段，但不是所有的事件都会冒泡。例如，click 事件允许冒泡，focus 事件不冒泡。

在事件传播过程中，调用事件对象的 stopPropagation()方法可阻止事件的传播。事件被阻止后，传播途径中的后继对象不会接收到该事件。

注册事件处理程序

4.2.2　注册事件处理程序

事件处理程序的注册就是建立函数和对象事件的关联关系。JavaScript 可通过下列方法来注册事件处理程序。

- 设置 HTML 标记属性来注册事件处理程序。
- 设置 JavaScript 对象属性来注册事件处理程序。
- 调用 addEventListener()方法来注册事件处理程序。

1. 设置 HTML 标记属性注册事件处理程序

早期的 Web 设计都通过设置 HTML 标记属性来注册事件处理程序。在例 4-4 中的 HTML 文件中的代码：

```
<div><button onclick="test()">按钮</button></div>
```

<button>标记的 onclick 属性设置的函数调用，就是为<button>标记注册 click 事件处理程序。

2. 设置 JavaScript 对象属性注册事件处理程序

在 JavaScript 脚本中，将函数设置为事件目标对象的事件属性值，也可完成事件处理程序的注册。

【例 4-5】 设置 JavaScript 对象属性注册事件处理程序。源文件：04\test4-5.html。

```
...
<body>
    <form name="form1">
        <input type="button" name="btTest" value="请单击按钮"/>
    </form>
    <script>
        function test() {alert('这是按钮单击响应') }
        document.form1.btTest.onclick = test        //注册事件处理程序
    </script>
</body>
</html>
```

在浏览器中的运行结果如图 4-5 所示。脚本中的“document.form1.btTest.onclick = test”语句完成表单 form1 中 btTest 按钮的 click 事件处理程序的注册。单击按钮时，调用 test()函数。

图 4-5 设置 JavaScript 对象属性注册事件处理程序

“document.form1.btTest.onclick = test”语句中通过 HTML 标记的 name 属性值来引用 HTML 标记。也可通过 document 对象的 getElementsByName()或 getElementById()方法来引用 HTML 标记，然后设置事件属性值。例如：

```
var btTest = document.get.getElementsByName('btTest')[0]
btTest.onclick=test
```

不管用哪种方法建立 HTML 标记的引用，事件处理程序的注册都是将函数名设置为事件目标对象的属性值。

通过设置 JavaScript 对象属性来注册事件处理程序时，应保证事件目标对象的 HTML 代码出现在执行事件注册的脚本之前，否则脚本会出现找不到事件目标对象引用的错误。

3. 使用 addEventListener()方法注册事件处理程序

事件目标对象的 addEventListener()方法用于注册事件处理程序。该方法可为事件目标对象的同一个事件注册多个事件处理程序。当事件发生时，为事件注册的所有处理程序均可执行。既然是同一个事件的处理程序，为何要注册多个事件处理程序，不合并为一个呢？这主要是基于模块化的程序设计思想的考虑。当发生事件后，需要处理两种或多种不太相关的逻辑时，将其分别用不同的函数来实现，也利于模块的独立性和程序的可维护性。

addEventListener()方法基本语法格式如下。

```
事件目标对象.addEventListener('事件名称', 函数名称, true|false)
```

方法的第 1 个参数为事件名称字符串，如 click、mousemove 等。第 2 个参数为函数名称。函数名称直接使用，不需要放在字符串中。第 3 个参数如果为 true 时，事件处理程序的调用发生在事件的捕捉阶段，即事件目标对象接收到事件时调用事件处理程序。第 3 个参数如果为 false 时，事件直接发生在事件目标对象上，或者发生在其子对象上，事件冒泡到该对象时，调用事件处理程序。

【例 4-6】 使用 addEventListener()方法注册事件处理程序。源文件：04\test4-6.html。

```
...
<body>
    <form name="form1">
        <input type="button" name="btTest" value="请单击按钮" />
    </form>
    <script>
        function test() { alert('这是按钮单击响应') }
        function test2() { alert('这是按钮单击响应2')  }
        var btTest = document.getElementsByName('btTest')[0]
        btTest.addEventListener('click', test, true)        //注册第1个click事件处理程序
        btTest.addEventListener('click', test2, true)       //注册第2个click事件处理程序
    </script>
</body>
</html>
```

在浏览器中的运行结果如图 4-6 所示。单击“请单击按钮”按钮时，两个事件处理程序 test()和 test2()都执行了。

调用 addEventListener()方法注册的事件处理程序，可调用 removeEventListener()方法将其注销。removeEventListener()方法的参数与注册时 addEventListener()方法的参数保持一致。例如：

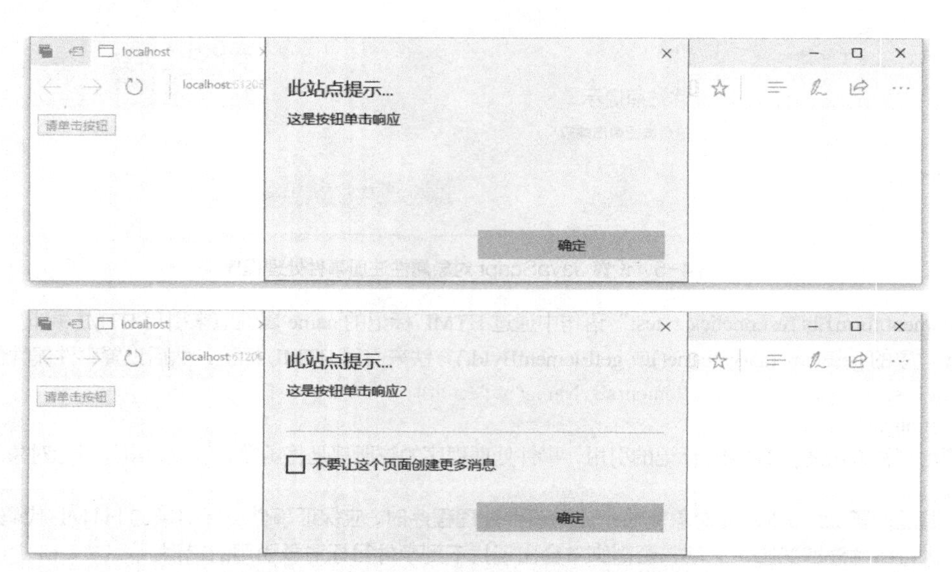

图 4-6　使用 addEventListener()方法注册事件处理程序

```
btTest.removeEventListener('click', test2, true)        //注销事件处理程序
```

IE 9 之前的 IE 浏览器不支持 addEventListener()方法和 removeEventListener()方法。IE 5 及之后的 IE 浏览器使用 attachEvent()和 detachEvent()方法来注册事件处理程序及取消注册。目前，IE 9 之前的 IE 浏览器已不常用，所以不再详细介绍这两种方法。

4.2.3　事件处理程序的调用

1. 事件处理程序的调用方式

事件处理程序的调用和函数的调用方式一致，只是时机不同。事件处理程序在目标对象发生事件时被调用，调用时间是不确定的。

也可直接调用事件处理程序。例如，在例 4-5 中，完成事件处理程序注册后，可用下面的语句直接调用事件处理程序。

```
btTest.onclick()        //直接调用事件处理程序
```

直接调用事件处理程序仅仅等同于调用函数，不能和通过事件触发事件处理程序等同。

事件对象

2. 事件处理程序的参数

事件处理程序被触发时，事件对象作为第 1 个参数传递给事件处理程序。event 变量用于在事件处理程序中引用事件对象。直接调用事件处理程序时，没有发生事件，所以没有事件对象作为参数。

常规事件对象的主要属性和方法如下。

- type 属性：事件类型的名称如 click、submit 等。
- target 属性：发生事件的 HTML 标记对象。可能与 currentTarget 不同。
- currentTarget 属性：正在执行事件处理程序的 HTML 标记对象。如果在事件传播（捕获或冒泡）过程中事件被触发，currentTarget 属性与 target 不同。
- timeStamp 属性：时间戳，表示发生事件的时间。
- bubbles 属性：逻辑值，表示事件是否冒泡。
- cancelable 属性：逻辑值，表示是否能用 preventDefault()方法取消对象的默认动作。
- preventDefault()方法：阻止对象的默认动作。例如，单击表单的提交按钮时，首先会执行表单的 submit

事件处理程序，然后执行默认动作——将表单提交给服务器。如果在 submit 事件处理程序中调用了事件对象的 preventDefault()方法，则会阻止表单提交给服务器，这与 submit 事件处理程序返回 false 的效果一样。

- stopPropagation()方法：调用该方法可阻止事件传播过程，事件传播路径中的后继结点不会再接收到该事件。

【例 4-7】 使用 event 引用事件对象。源文件：04\test4-7.html。

```
…
<body>
    <form name="form1" >
        <input type="button" name="btTest" value="请单击" onclick="test()"/>
    </form>
    <script>
        var counter=0
        function test() {
            var s='no event'
            if (event) {
                counter++
                event.currentTarget.value = '已单击' + counter + '次'
                s = 'event.type=' + event.type
                s += '\nevent.target=' + event.target.name
                s += '\nevent.currentTarget=' + event.currentTarget.name
                s += '\nevent.timeStamp='+ event.timeStamp
                s += '\nevent.bubbles='+ event.bubbles
                s += '\nevent.cancelable=' + event.cancelable
                //event.preventDefault()          //取消默认动作
                //event.stopPropagation()         //阻止事件传播
            }
            alert(s)
        }
    </script>
</body>
</html>
```

在浏览器中的运行结果如图 4-7 所示。

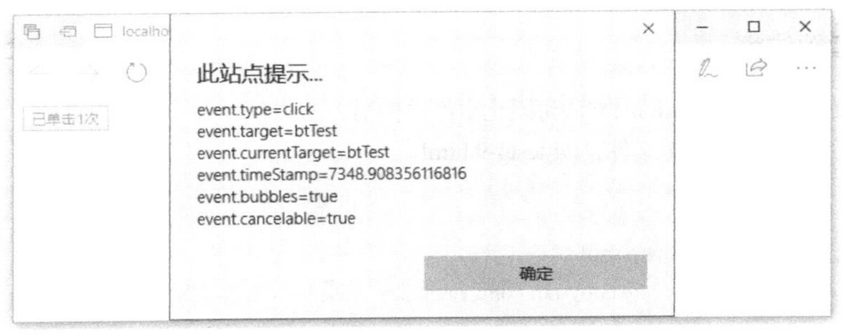

图 4-7 使用 event 引用事件对象

3. 事件处理程序的返回值

事件处理程序的返回值具有特殊意义。通常，事件处理程序返回 false 时，会阻止浏览器执行这个事件的默认动作。例如，表单的 submit 事件处理程序返回 false 时，会阻止提交表单。单击超级链接<a>时，会跳转到链接的 URL，若在其 click 事件处理程序中返回 false，则会阻止跳转。

通过 HTML 标记的属性注册事件处理程序时，如果要利用事件处理程序返回 false 以阻止默认动作，首先应在事件处理程序中使用“return false”语句返回 false，然后使用“return 事件处理程序名()”的格式设置属性注册事件处理程序。如果使用“事件处理程序名()”，即使在事件处理程序中使用了“return false”，也不会起到阻止作用。

【例 4-8】 阻止默认动作。源文件：04\test4-8.html。

```
…
<body>
    <a href="http://www.jikexueyuan.com" onclick="return test()">极客学院</a>
    <script>
        function test() {
            alert('你单击了“极客学院”链接')
            return false                        //阻止跳转
            //event.preventDefault()            //阻止跳转
        }
    </script>
</body>
</html>
```

在浏览器中的运行结果如图 4-8 所示。单击链接后，调用 test()函数，首先显示提示对话框。关闭对话框后，会发现浏览器不会跳转。如果将<a>标记的“onclick="return test()"”改为“onclick="test()"”，则会发现关闭对话框后，浏览器会跳转。

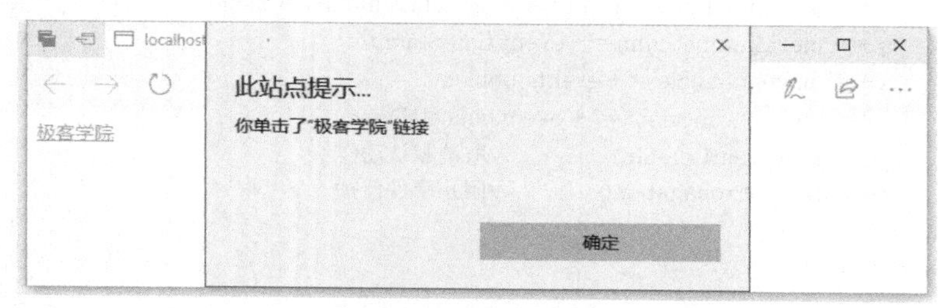

图 4-8 阻止默认动作

不管是通过设置属性，还是通过调用 addEventListener()方法注册的事件处理程序，在处理程序中调用 preventDefault()方法均可阻止事件默认动作。

在事件处理程序中，也可通过将 event.returnValue 属性设置为 false 来阻止事件默认动作。

4.2.4 阻止事件传播

调用事件对象的 stopPropagation()方法可阻止事件的传播。

【例 4-9】 阻止事件传播。源文件：04\test4-9.html。

```
…
<body>
    <div onclick="clickDiv()">请单击：
        <a href="http://www.jikexueyuan.com" onclick="clickA()">极客学院</a>
    </div>
    <script>
        function clickA() {
            alert('你单击了“极客学院”链接')
            event.preventDefault()          //阻止超级链接跳转
            //event.stopPropagation()       //阻止事件传播
        }
        function clickDiv() { alert('你单击了<div>') }
```

```
    </script>
</body>
</html>
```

在浏览器中运行时，单击“极客学院”链接，首先会显示一个对话框提示单击了链接，如图 4-9（a）所示，将其关闭后，会再弹出一个对话框提示单击了<div>，如图 4-9（b）所示。

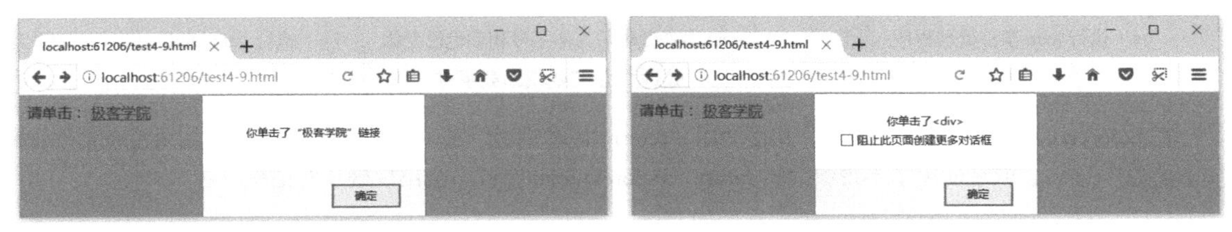

（a）提示单击了链接　　　　（b）提示单击了<div>

图 4-9　未阻止事件传播时连续打开两个对话框

若取消代码中“event.stopPropagation()”语句前的注释符号，则会在<a>的 click 事件处理程序中阻止事件传播，单击链接只会出现第一个对话框。

4.2.5　页面加载与卸载事件

浏览器在加载完一个页面时，触发 load 事件。在 load 事件处理程序中，可对页面内容设置样式或执行其他操作。在关闭当前页面或跳转到其他页面时，首先会触发 beforeunload 事件，可使用对话框确认用户是否跳转。若在 beforeunload 事件处理程序中确认了跳转，或者是没有注册 beforeunload 事件处理程序，进一步触发 unload 事件。

beforeunload/unload 过程会屏蔽所有用户交互，window.open、alert、confirm 等都无效，不能阻止 unload 过程。一般在 unload 事件处理程序中执行一些必要的清理操作，事实上只有极少的这种需求。

【例 4-10】 处理页面加载和卸载事件：在页面加载完成时显示一个对话框，然后更改字号和颜色；在单击页面链接后，跳转时进行确认。源文件：04\test4-10.html。

```
…
<body>
    <div id="show"> I like JavaScript </div>
    <a href="test4-9.html">查看实例4-9</a>
    <script>
        window.onbeforeunload = goaway
        window.onload = change
        function change() {
            alert('文档已加载完毕！ ')
            var d = document.getElementById('show')
            d.style='font-size:40px;color:red'
        }
        function goaway() { return '确认要跳转吗？ ' }
    </script>
</body>
</html>
```

在浏览器中运行时，页面加载完毕会打开提示对话框，如图 4-10（a）所示。注意，此时的文本“I like JavaScript”使用的是默认字号和颜色。关闭对话框后，在 load 事件处理程序中改变了文本“I like JavaScript”的字号和颜色，如图 4-10（b）所示。单击页面中的“查看实例 4-9”链接准备跳转时，会打开提示对话框，如图 4-10（c）所示。在对话框中单击“离开页面”按钮才会继续跳转，否则留在当前页面。

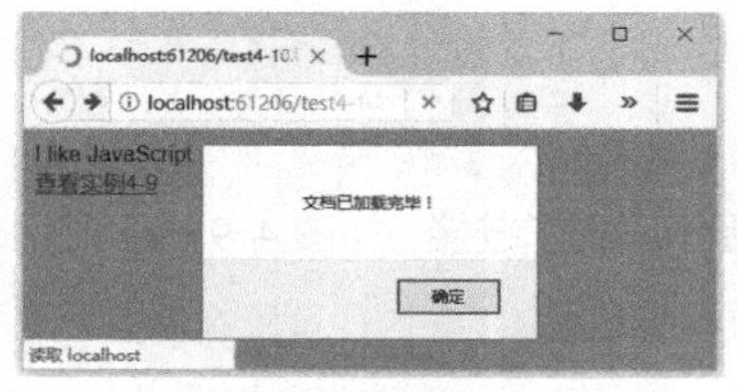

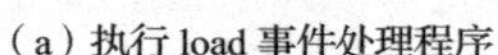
（a）执行 load 事件处理程序

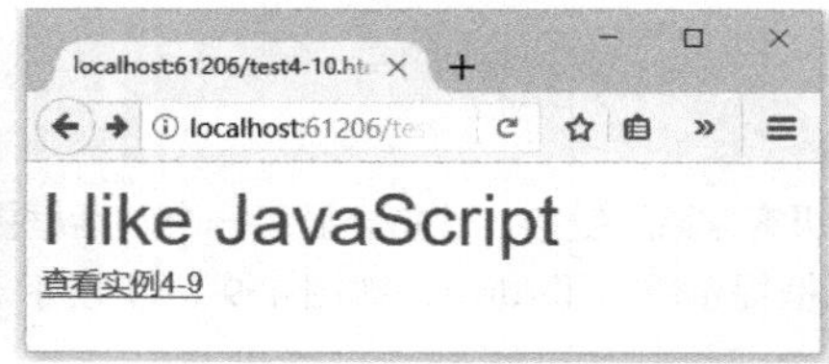

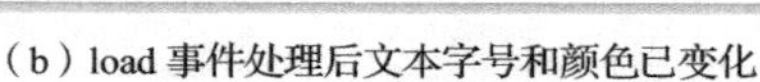
（b）load 事件处理后文本字号和颜色已变化

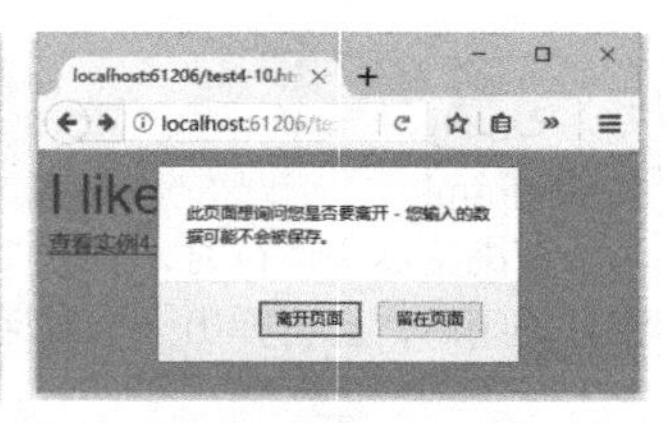

（c）执行 beforeunload 事件处理程序

图 4-10　处理页面加载和卸载事件

在 beforeunload 事件处理程序中，直接使用“return '提示消息'”即可打开确认对话框。如果没有“return '提示消息'”语句，或者使用了不带参数的 return，beforeunload 过程不会出现确认对话框。

4.2.6　鼠标事件

鼠标事件对象除了拥有常规事件对象的属性外，还有下列主要属性。

- button：数字，在 mousedown、mouseup 和 click 等事件中用于表示按下了鼠标的哪一个按键，属性值为 0 表示左键，1 表示右键，2 表示中间键。
- altKey、ctrlKey 和 shiftKey：逻辑值，表示在鼠标事件发生时，是否按下了【Alt】、【Ctrl】或【Shift】键。
- clientX、clientY：表示鼠标指针在浏览器中当前位置的 x 坐标和 y 坐标。
- screenX、screenY：表示鼠标指针在屏幕中当前位置的 x 坐标和 y 坐标。
- relatedTarget：对于 mouseover 事件，表示鼠标指针移到 HTML 标记上时，先前离开的标记对象。对于 mouseout 事件，表示鼠标指针离开 HTML 标记时，鼠标指针要进入的标记对象。

【例 4-11】 鼠标移动时，在页面中显示其坐标位置。鼠标指针在图片上移动时，改变其大小，鼠标指针移出图片时恢复其大小。源文件：04\test4-11.html。

```
…
<body>
    <div id="showtext"></div>
    <img src="img1.png" id="showimg" width="50" height="50"
        onmousemove ="changeimg()" onmouseout="resetimg()"/>
    <script>
        document.onmousemove = showpos
        function showpos() {
            var div = document.getElementById('showtext')
            var p ='鼠标当前位置：'+ event.clientX + ',' + event.clientY
            div.innerText=p
        }
        function changeimg() {
            var img = document.getElementById('showimg')
            img.width = '500'
            img.height = '380'
            //阻止mousemove事件传播，鼠标指针位于图片上方时，鼠标指针位置不更新
            event.stopPropagation()
        }
        function resetimg() {
            var img = document.getElementById('showimg')
            img.width = '50'
            img.height = '50'
        }
    </script>
```

```
</body>
</html>
```

在浏览器中运行时，鼠标指针不在图片上时，图片很小，同时页面中实时输出当前鼠标指针位置，如图 4-11（a）所示。当鼠标指针在图片上时，图片变大，鼠标指针位置不更新，如图 4-11（b）所示。脚本中的“event.stopPropagation()”语句阻止了<img>标记的 mousemove 事件的冒泡，文档对象接收不到 mousemove 事件，所以不能执行 showpos()方法更新鼠标指针位置。如果将“event.stopPropagation()”语句注释掉，则文档对象可接收到 mousemove 事件，从而执行 showpos()方法更新鼠标指针位置。

（a）鼠标指针不在图片上

（b）鼠标指针在图片上

图 4-11　处理鼠标事件

4.2.7　键盘事件

用户按下键盘按键时会产生 keydown 事件，在 keydown 事件后，还会产生 keypress 事件，释放按键时会产生 keyup 事件。keypress 事件只在按下了可打印字符时才会产生。如果按下按键的时间过长，可能会收到多个 keydown 和 keypress 事件。

在键盘事件处理程序中，可通过阻止事件默认动作的方式来取消输入。

【例 4-12】 限制只能输入数字。源文件：04\test4-12.html。

```
…
<body>
    <div id="show">实际输入：</div>
    <form name="form1">
        <input type="text" id="getText"   onkeypress="doKeyPress()" />
    </form>
    <script>
        var div = document.getElementById('show')
        function doKeyPress() {
            div.innerText += String.fromCharCode(event.keyCode)
            if (event.keyCode < 48 || event.keyCode > 57) {
                event.returnValue = false//取消输入
            }
        }
    </script>
</body>
</html>
```

在浏览器中的运行结果如图 4-12 所示。页面中显示了输入的字符，但输入框中只有数字。

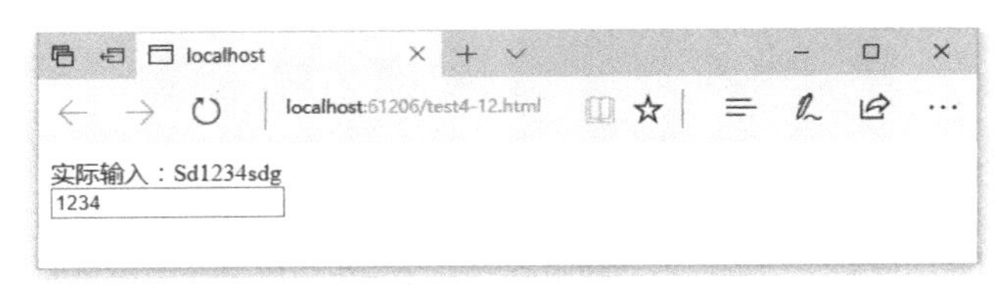

图 4-12　限制只能输入数字

4.2.8 表单提交事件

用户在单击表单的提交按钮时，产生表单提交事件 submit。submit 事件处理程序通常对表单数据进行验证，输入未通过验证时返回 false，可阻止表单的提交。

有两种方式来处理表单提交：一种是为提交按钮注册 click 事件处理程序；另一种是为表单注册 submit 事件处理程序。

【例 4-13】 处理表单提交。源文件：04\test4-13.html、receivedata.asp。

test4-13.html 实现客户端表单，在注释中提供了另一种表单提交处理方式，代码如下。

```
…
<body>
    <!-- 注册提交按钮的click事件处理表单提交
    <form name="form1" action="receivedata.asp" method="post">
        <input type="text" id="getText" name="data"/>
        <input type="submit" value="提交" onclick="return check()"/>
    </form>
        -->
    <!-- 注册表单的submit事件处理表单提交-->
    <form name="form1" action="receivedata.asp" method="post" onsubmit="return check()">
        <input type="text" id="getText" name="data" />
        <input type="submit" value="提交"/>
    </form>
    <script>
        var div = document.getElementById('show')
        function check() {
            var getText = document.getElementById('getText')
            var data = getText.value
            if (!parseInt(data)) {
                alert('输入不是有效数字：' + getText.value)
                return false
            }
        }
    </script>
</body>
</html>
```

receivedata.asp 为服务器端 ASP 文件，处理表单提交的数据，本例中只是简单地返回提交的数据。Visual Studio 默认采用内置的 IIS Express 作为 Web 服务器来测试 Web 应用，所以可在 Visual Studio 中创建 receivedata.asp（先选择创建 HTML 文件，再另存为.asp 文件即可），将其保存到与 test4-13.html 相同的目录中即可。

receivedata.asp 代码如下。

```
…
<body>
    <%
        Response.Write("你输入的数据是：")
        Response.Write(Request.Form("data"))
    %>
</body>
</html>
```

在浏览器中运行时，输入的数据不是数字字符串，单击“提交”按钮提交表单时，会显示提示对话框，如图 4-13（a）所示。关闭对话框后，会看到不会向服务器提交表单，保持在当前页面。输入数字字符串，单击

“提交”按钮提交表单，服务器端的 receivedata.asp 接收表单数据并返回，如图 4-13（b）所示。

（a）在表单中提交非数字字符串　　（b）在表单中提交数字字符串后的返回结果

图 4-13　处理表单提交

4.3　编程实践：实现标记自由拖放

本节综合应用本章所学知识，实现页面中标记的自由拖放，如图 4-14 所示。

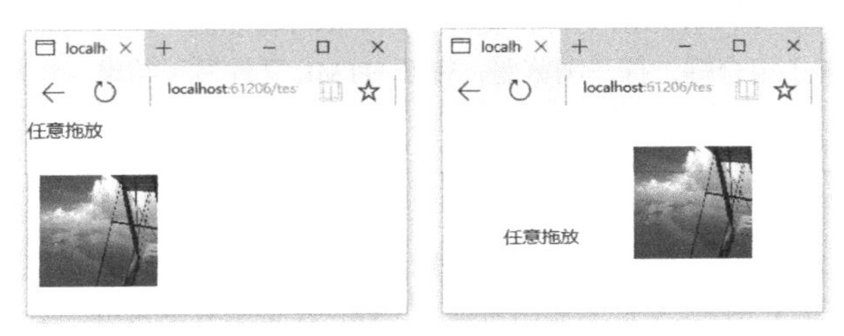

图 4-14　实现标记自由拖放

分析：要允许 HTML 标记出现在页面的任意位置，就必须对其进行绝对位置控制。为了定位标记，还需设置其 left 和 top 属性。这些都可通过设置标记样式来完成。

拖放通常是在标记上按下鼠标左键进行拖动。所以实现任意拖放的代码可放在标记的 mousedown 事件处理程序中。拖放还需按下鼠标左键后移动鼠标，所以需要进一步在 mousemove 事件处理程序中根据鼠标指针的当前位置，修改标记的 left 和 top 属性，从而让其跟随鼠标移动。

具体操作步骤如下。

（1）在 Visual Studio 中选择“文件\新建\文件”命令，创建一个新的 HTML 文件。

（2）修改 HTML 文件，代码如下。

```
…
<body>
    <div onmousedown="dealDrag()" style="position:absolute;left:0px;top:0px">任意拖放</div>
    <img src="img1.png" id="img" width="100" height="100"
         style="position:absolute;left:10px;top:50px" onmousedown="dealDrag()"/>
    <script>
        function dealDrag() {                    //按下鼠标时处理拖动
            var img = event.currentTarget
            var x =parseInt(img.style.left)      //获得当前位置
            var y = parseInt(img.style.top)      //获得当前位置
            var xoff = event.clientX - x;        //计算新位置的偏移量
            var yoff = event.clientY - y;        //计算新位置的偏移量
            document.addEventListener('mousemove', doMove, true)//注册临时的mousemove事件处理程序
            document.addEventListener('mouseup', doUp, true)//注册临时的mouseup事件处理程序
            event.stopPropagation() //阻止事件传播，当前完成mousedown事件处理即可，其他标记不接收该事件
            event.preventDefault()//阻止标记的mousedown事件默认动作
            function doMove() {
```

```
                img.style.left = (event.clientX - xoff)+'px'        //更新标记位置
                img.style.top = (event.clientY - yoff) + 'px'      //更新标记位置
                event.stopPropagation()
                event.preventDefault()
            }
            function doUp() {      //在释放鼠标时，删除注册的临时事件处理程序
                document.removeEventListener('mousemove', doMove, true)
                document.removeEventListener('mouseup', doUp, true)
                event.stopPropagation()
                event.preventDefault()
            }
        }
    </script>
</body>
</html>
```

（3）按【Ctrl+S】组合键保存 HTML 文件，文件名为 test4-14.html。

（4）按【Ctrl+Shift+W】组合键，打开浏览器，查看 HTML 文件显示结果。

4.4 小结

本章主要介绍了 JavaScript 的异常处理和事件处理。在大型 Web 应用的脚本中，不可避免地会出现各种意料之外的错误，使用异常处理可以友好地给予用户提示，以便反馈给开发人员，便于代码维护。

事件处理则用于灵活处理各种用户操作，为用户提供更好的体验。本章对 JavaScript 事件处理只介绍了最基本、各种浏览器均支持的内容。现代的各种最新浏览器都能很好地支持 JavaScript，并且兼容问题不是特别突出。限于篇幅，本章没有对 JavaScript 的浏览器兼容问题进行介绍。

4.5 习题

1. 简述 JavaScript 的异常处理机制。
2. 简述如何在 JavaScript 中抛出自定义异常。
3. 在 JavaScript 中可用哪些方法注册事件处理程序？
4. 实现图 4-15 所示的页面，可设置字号和颜色。

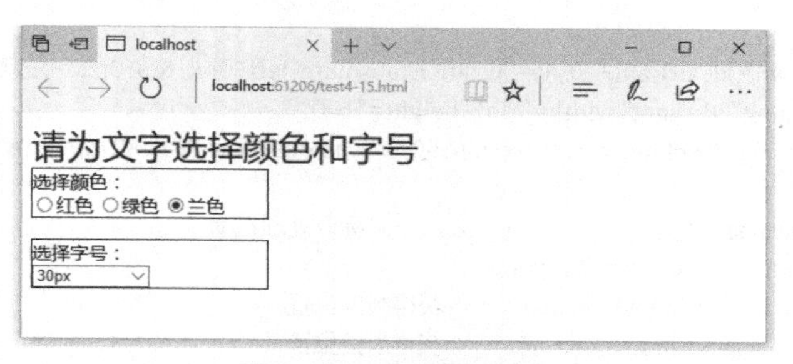

图 4-15 设置字号和颜色

PART05

第5章

JavaScript对象

重点知识：

- 使用对象
- 原型对象和继承
- 内置对象

■ JavaScript 的对象是一种复合数据类型。对象可包含多个属性和方法。JavaScript 没有正式的类的概念，它与经典的面向对象的程序设计语言（如 Java、C++）有所区别。

本章将学习如何创建和使用对象，以及 JavaScript 中常用的内置对象。

5.1 使用对象

在 JavaScript 中，除了字符串、数字、逻辑值和 undefined 等原始值之外，其他的值都是对象。字符串、数字、逻辑值虽然不是对象，但它们某些行为和对象类似。

什么是对象

5.1.1 什么是对象

在面向对象的程序设计中，类封装了对象的共同属性和方法。属性表示对象的特征，方法表示对象的行为。具体的对象称为类的实例对象，继承了类的所有属性和方法。

虽然 JavaScript 不是纯粹地面向对象，但同样支持面向对象的特性。JavaScript 的对象同样有属性和方法，也支持继承。一个对象可拥有多个属性和方法，并可继承原型对象的属性和方法。对象的属性可看作一个"键/值"对，键是属性名，值是属性的值。一个对象就是多个属性名到值的映射。这类似于其他程序设计语言中的"映射""散列""字典"等概念。

对象的属性和方法均通过对象来访问。例如：

```
document.write('事件类型：' + event.type)          //使用对象属性
event.preventDefault()                              //调用对象方法
```

5.1.2 创建对象

JavaScript 提供了 3 种创建对象的方法：直接量、new 关键字或 Object.create()方法。

1．使用直接量创建对象

在 JavaScript 中，花括号括起来的多个键/值对是一个对象常量，可将其赋值给一个变量来创建对象。

【例 5-1】 使用直接量创建对象。源文件：05\test5-1.html。

```
…
<body>
    <script>
        var x = {}  //创建一个空对象
        var a = { name: 'JavaScript程序设计', price: 25 } //创建一个有name和price属性的对象
        document.write('x的数据类型：' + typeof x)
        document.write('<br>a的数据类型：' + typeof x)
        document.write('<br>a的属性name = ' + a.name)
        document.write('<br>a的属性price = ' + a.price)
    </script>
</body>
</html>
```

在浏览器中的运行结果如图 5-1 所示。

图 5-1 使用直接量创建对象

2．使用 new 关键字创建对象

new 关键字调用构造函数来创建并初始化一个对象。JavaScript 中的原始数据类型都包含内置的构造函数。例如，Object()、Array()、Date()等都是构造函数。

【例 5-2】 使用 new 关键字创建对象。源文件：05\test5-2.html。

```
…
<body>
    <script>
        var a = new Object()                                           //创建空对象
        var b = new Object({ name: 'JavaScript程序设计', price: 25 }) //创建带有属性的对象
        var c = new Array(1, 2, 3)                                     //创建一个数组对象
        var d=new Date()                                               //创建一个表示当前日期时间的日期对象
```

```
        document.write('a的数据类型：' + typeof a)
        document.write('<br>b的数据类型：' + typeof b)
        document.write(' b.name = ' + b.name + ' b.price = ' + b.price)
        document.write('<br>c的数据类型：' + typeof c)
        document.write(' c = ' + c)
        document.write('<br>d的数据类型：' + typeof d)
        document.write(' d = ' + d)
    </script>
</body>
</html>
```

在浏览器中的运行结果如图 5-2 所示。

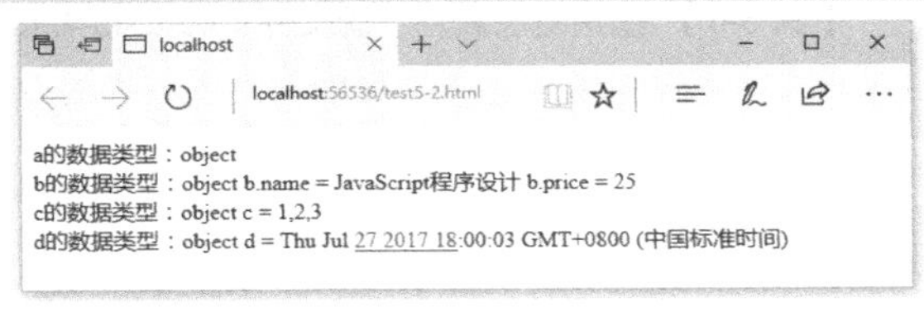

图 5-2　使用 new 关键字创建对象

3. 使用 Object.create()方法创建对象

Object.create()方法是在 ECMAScript 5 中定义的。Object.create()方法用 null 做参数时，创建一个空对象；使用对象常量或其他原型对象做参数时，新对象继承所有的属性和属性值。

【例 5-3】 使用 Object.create()方法创建对象。源文件：05\test5-3.html。

```
...
<body>
    <script>
        if (Object.create) {
            var a = Object.create(null) //创建一个空对象
            document.write('a的数据类型：' + typeof a)
            var b = Object.create({ name: 'jQuery教程', price: 30 })    //提供对象原型来创建对象
            document.write('<br>b的数据类型：' + typeof b)
            document.write(' b.name = ' + b.name + ' b.price = ' + b.price)
        } else {
            document.write('当前浏览器不支持Object.create()！ ')
        }
    </script>
</body>
</html>
```

在浏览器中的运行结果如图 5-3 所示。

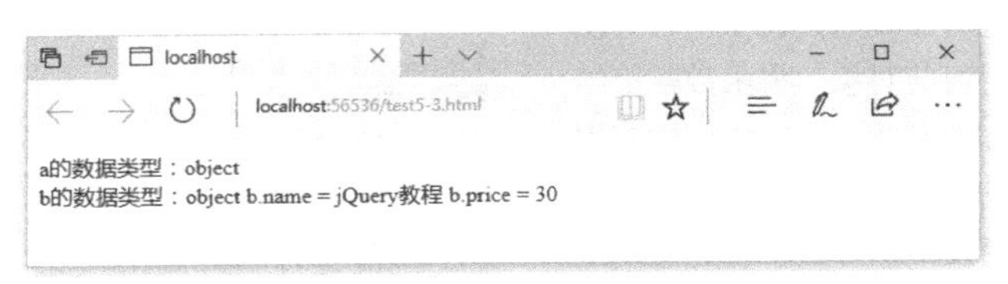

图 5-3　使用 Object.create()方法创建对象

5.1.3 使用对象属性

对象属性使用“.”运算符来访问，“.”左侧为引用对象的变量名称，右侧为属性名。也可用类似于数组元素的方式来访问属性。例如：

```
var a = {name:'C++',price:12}
document.write(a.name)
document.write(a['name'])
```

两条语句中的 a.name 和 a['name']是等价的。如果读取一个不存在或者未赋值的属性，得到的值为 undefined。

对象的属性是动态的。在给对象属性赋值时，如果属性存在，则覆盖原来的值，否则会为对象创建新的属性。例如：

```
var a = { name: 'C++', price: 12 }
a.name = 'HTML'                //修改属性值
a.nmae = 'JavaScript'          //本意是为name属性赋值，输入错误，这会创建新的nmae属性
```

可使用 delete 删除对象的属性。例如：

```
delete a.name
```

可使用 for/in 循环来遍历对象的属性。

【例 5-4】 使用对象属性。源文件：05\test5-4.html。

```
...
<body>
    <script>
        var a = { name: 'C++', price: 12 }
        for (p in a)                    //遍历对象属性
            document.write('<br>对象a的' + p+'属性值为：'+a[p])
        document.write('<br>')
        a['name'] = 'HTML'              //修改属性值
        for (p in a)
            document.write('<br>对象a的' + p + '属性值为：' + a[p])
        a.nmae = 'JavaScript'          //本意是为name属性赋值，输入错误，这会创建新的nmae属性
        document.write('<br>')
        for (p in a)
            document.write('<br>对象a的' + p + '属性值为：' + a[p])
        delete a.nmae                   //删除属性
        document.write('<br>')
        for (p in a)
            document.write('<br>对象a的' + p + '属性值为：' + a[p])
    </script>
</body>
</html>
```

在浏览器中的运行结果如图 5-4 所示。

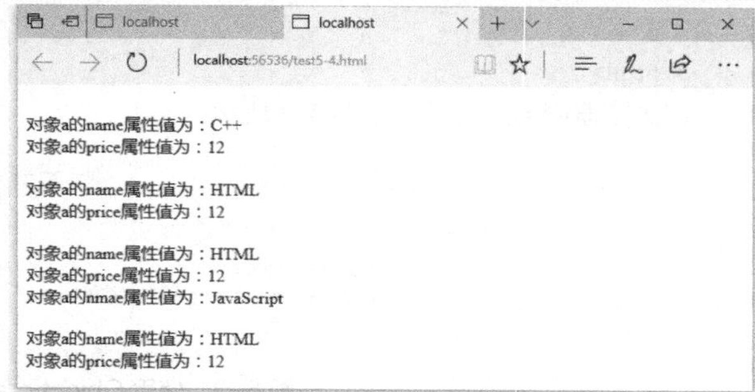

图 5-4 使用对象属性

5.1.4 对象的方法

对象的方法就是通过对象调用的函数。在方法中可用 this 关键字来引用当前对象。将函数赋值给对象属性，该属性即可称为方法，通过该属性来引用函数。作为方法使用的属性，可称为方法属性。

【例 5-5】 为对象定义一个方法，将对象的全部属性及其值输出到浏览器。源文件：05\test5-5.html。

```
...
<body>
    <script>
        function print() {   //定义对象的方法函数
            for (p in this)
                document.write('<br>属性' + p + '=' + this[p])
        }
```

```
            var a = { name: 'C++', price: 12 }
            a.out = print
            a.out()             //执行对象方法
            var b = { name: 'Mike', age: 20 }
            b.out = print
            b.out()
        </script>
    </body>
    </html>
```

在浏览器中的运行结果如图 5-5 所示。从输出结果可以看出，对象方法本质上还是一个属性，只是该属性引用的是一个函数。将对象方法作为属性使用时，返回的是函数的定义；作为方法执行时，会执行函数。

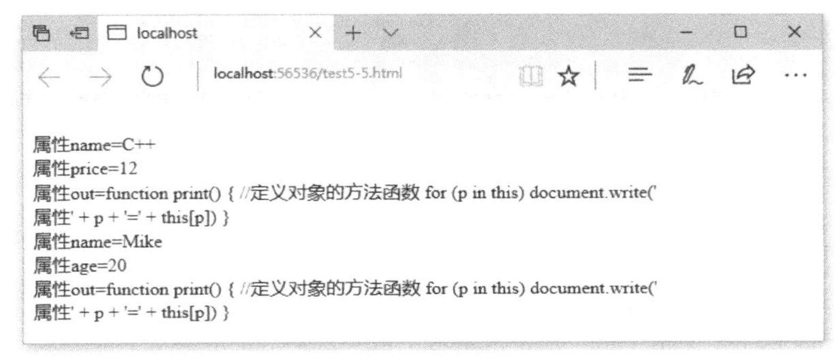

图 5-5　为对象定义方法

5.1.5　构造函数

构造函数是一个特殊的方法。在构造函数中，使用 this 关键字访问当前对象。构造函数需要和 new 关键字一起使用，以便创建对象并对其初始化。在构造函数中，可利用形参完成对属性的初始化，同时也可完成方法的定义。

【例 5-6】 定义和使用构造函数。源文件：05\test5-6.html。

```
    …
    <body>
        <script>
            function print() {  //定义对象的方法函数
                for (p in this) {
                    //if ('function' === typeof this[p])   continue                //跳过方法
                    document.write('<br>  属性' + p + '=' + this[p])    //输出属性及其值
                }
            }
            function Book(name, price) {
                this.name = name                    //定义并初始化属性
                this.price = price                  //定义并初始化属性
                this.out=print                      //定义方法
            }
            var a = new Book('C++入门', 40)
            document.write('对象a：')
            a.out()                                 //执行对象方法
            var b = new Book('Java+jQuery基础教程', 38)
            document.write('<p>对象b：')
            b.out()
```

```
        </script>
    </body>
</html>
```

在浏览器中的运行结果如图 5-6 所示。从输出结果可以看到，使用相同构造函数创建的对象，拥有相同的属性和方法。代码中注释掉的 if 语句可用于跳过方法，避免输出方法的函数定义。

localhost
localhost:56536/test5-6.html
对象a：
属性name=C++入门
属性price=40
属性out=function print() { //定义对象的方法函数 for (p in this) { //if ('function' === typeof this[p]) continue //跳过方法 document.write('
属性' + p + '=' + this[p]) //输出属性及其值 } }
对象b：
属性name=Java+jQuery基础教程
属性price=38
属性out=function print() { //定义对象的方法函数 for (p in this) { //if ('function' === typeof this[p]) continue //跳过方法 document.write('
属性' + p + '=' + this[p]) //输出属性及其值 } }

图 5-6　定义和使用构造函数

5.1.6　with 语句

with 语句的基本语法格式如下。

```
with(对象){
    语句
}
```

在 with 语句定义的代码块中，可直接使用对象的属性和方法，而不需要"对象名."作为前缀。

【例 5-7】 在 with 语句中使用对象。源文件：05\test5-7.html。

```
...
<body>
    <script>
        function Book(name, price) {//定义构造函数
            this.name = name
            this.price = price
        }
        var a = new Book('C++入门', 40)
        document.write('对象a：')
        with (a) {
            document.write(' name=' + name)
            document.write(' ; price=' + price)
        }
        var b = new Book('Java+jQuery基础教程', 38)
        document.write('<p>对象b：')
        with (b) {
            document.write(' name=' + name)
            document.write(' ; price=' + price)
        }
    </script>
</body>
</html>
```

在浏览器中的运行结果如图 5-7 所示。

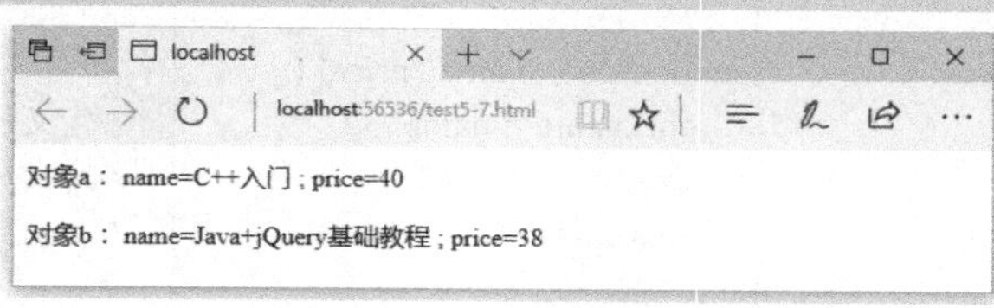

图 5-7　在 with 语中使用对象

5.2　原型对象和继承

每个函数都有一个 prototype 属性，它引用了一个对象——原型对象。原型对象是一个空对象，由构造函数创建，并被所有由构造函数创建的对象"继承"。

如果在构造函数中定义了方法，从例 5-6 中可以看到，每个由构造函数创建的对象均拥有方法函数的副本。显然，这是一种效率低下的方法。将方法定义放在原型对象中，则只存在一个函数副本。

继承体现了一种共享关系。构造函数创建的所有对象共享原型对象的属性和方法。

一条基本的原则：除了原型对象外，对象的属性总是“私有的”，只属于当前对象。在第一次给对象的属性赋值时，总是为对象创建该属性。

在读一个对象属性时，如果对象没有该属性，则会查看原型对象是否有该属性。如果有，则使用原型对象的属性值，否则得到 undefined。

【例 5-8】 使用原型对象。源文件：05\test5-8.html。

```
…
<body>
    <script>
        function Book(name, price) {                        //定义构造函数
            this.name = name
            this.price = price
        }
        Book.prototype.publisher = '人民邮电出版社'          //定义原型对象属性
        Book.prototype.out = function () {                  //定义原型对象方法
            document.write('<br>这是原型对象的out()方法输出')
        }
        var b = new Book('Java+jQuery基础教程', 38)
        document.write('<p>对象b：')
        with (b) {
            document.write('<br> name=' + name)
            document.write('<br> price=' + price)
            document.write('<br> publisher=' + publisher)
            out()
        }
        document.write('<p>添加到属性和方法后，对象b：')
        b.publisher = '清华大学出版社'                       //定义对象的属性
        b.out = function () {
            document.write('<br>这是对象的out()方法输出')
        }
        with (b) {
            document.write('<br> name=' + name)
            document.write('<br> price=' + price)
            document.write('<br> publisher=' + publisher)
            out()
        }
    </script>
</body>
</html>
```

在浏览器中的运行结果如图 5-8 所示。

图 5-8 使用原型对象

5.3 内置对象

JavaScript 常用内置对象有 Array（数组）对象、Math（数学）对象、Number（数字）对象、Date（日期）对象和 String（字符串）对象。本节主要介绍 Math 对象、Date 对象和 String 对象。

Math 对象

5.3.1 Math 对象

Math 对象定义了常用的数学函数和常量，它没有构造函数。Math 对象的主要属性

和方法如下。

- Math.E：返回数学常量 E。
- Math.LN10：返回 10 的自然对数。
- Math.LN2：返回 2 的自然对数。
- Math.LOG10E：返回以 10 为底 E 的对数。
- Math.LOG2E：返回以 2 为底 E 的对数。
- Math.PI：返回圆周率。
- Math.SQRT1_2：返回 2 的平方根的倒数。
- Math.SQRT2：返回 2 的平方根。
- Math.abs(x)：求 x 的绝对值。
- Math.sin(x)：求正弦值。
- Math.cos(x)：求余弦值。
- Math.tan(x)：求正切值。
- Math.acos(x)：求反余弦值。
- Math.asin(x)：求反正弦值。
- Math.atan(x)：求反正切值。
- Math.ceil(x)：求大于或等于 x 的最小整数。
- Math.exp(x)：求 e 的 x 次方。
- Math.floor(x)：求小于或等于 x 的最大整数。
- Math.log(x)：求 x 的自然对数。
- Math.max(x,y)：求 x 和 y 中的最大值。
- Math.min(x,y)：求 x 和 y 中的最小值。
- Math.pow(x,y)：求 x 的 y 次方。
- Math.random()：获得一个等于或大于 0、小于 1 的随机数。
- Math.round(x)：返回 x 的四舍五入值，0.5 向上取整。例如，2.5 舍入为 3，−2.5 舍入为−2。

【例 5-9】 使用 Math 对象。源文件：05\test5-9.html。

```
…
<body>
    <script>
        document.write('Math中的数学常量：')
        document.write('<br>Math.E=' + Math.E)
        document.write('<br>Math.LN10=' + Math.LN10)
        document.write('<br>Math.LN2=' + Math.LN2)
        document.write('<br>Math.LOG10E=' + Math.LOG10E)
        document.write('<br>Math.LOG2E=' + Math.LOG2E)
        document.write('<br>Math.PI=' + Math.PI)
        document.write('<br>Math.SQRT2=' + Math.SQRT2)
        document.write('<br>Math.SQRT1_2=' + Math.SQRT1_2)
        document.write('<p>使用Math中的数学函数：')
        document.write('<br>Math.abs(−5)=' + Math.abs(−5))
        document.write('<br>Math.sin(10)=' + Math.sin(10))
        document.write('<br>Math.cos(10)=' + Math.cos(10))
        document.write('<br>Math.tan(10)=' + Math.tan(10))
        document.write('<br>Math.asin(0.5)=' + Math.asin(0.5))
        document.write('<br>Math.acos(0.8)=' + Math.acos(0.8))
        document.write('<br>Math.atan(0.6)=' + Math.atan(0.6))
        document.write('<br>Math.ceil(3.56))=' + Math.ceil(3.56))
```

```
            document.write('<br>Math.floor(3.56)=' + Math.floor(3.56))
            document.write('<br>Math.log(10)=' + Math.log(10))
            document.write('<br>Math.max(1,12,5,20)=' + Math.max(1,12,5,20))
            document.write('<br>Math.min(1,12,5,20)=' + Math.min(1, 12, 5, 20))
            document.write('<br>Math.pow(2,10)=' + Math.pow(2, 10))
            document.write('<br>Math.random()=' + Math.random())
            document.write('<br>Math.round(3.56)=' + Math.round(3.56))
        </script>
    </body>
    </html>
```

在浏览器中的运行结果如图 5-9 所示。

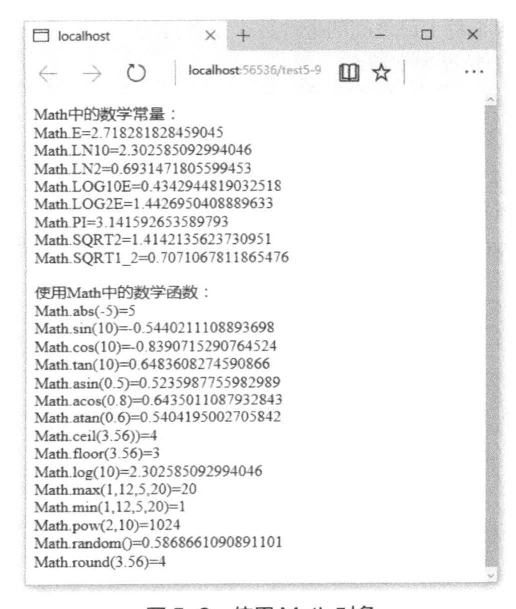

图 5-9　使用 Math 对象

5.3.2　Date 对象

Date 对象

Date 对象用于操作日期和时间。

Date 对象的构造函数如下。

- Date()：创建表示当前日期时间的 Date 对象。
- Date(mseconds)：创建整数 mseconds 表示的 Date 对象。mseconds 为要创建的日期距离 1970 年 1 月 1 日 22:00 的毫秒值。
- Date(datestring)：用日期时间字符串 datestring 创建 Date 对象。
- Date(year,month,day,hours,minutes,seconds,ms)：创建指定了年、月、日、小时、分钟、秒和毫秒的 Date 对象。

Date 对象的常用方法如下。

- getFullYear()：返回日期中的完整年份（4 位整数）。
- getMonth()：返回日期中的月份，1 月为 0。
- getDate()：返回日期中的日数。
- getDay()：返回星期几，星期日为 0。
- getHours()：返回小时数。

- getMinutes()：返回分钟数。
- getSeconds()：返回秒数。
- getTime()：返回当前日期与 1970 年 1 月 1 日之间的毫秒数。
- setYear()：设置日期中的年。
- setMonth()：设置日期中的月。
- setDate()：设置日期中的日。
- setDay()：设置星期几。
- setHours()：设置小时数。
- setMinutes()：设置分钟数。
- setSeconds()：设置秒数。
- setTime()：用距 1970 年 1 月 1 日之间的毫秒数来设置日期。
- toString()：将 Date()对象转换为字符串。
- toLocaleString()：将 Date()对象转换为本地字符串。
- toDateString()：将 Date()对象转换为只含日期的字符串。
- toLocaleDateString()：将 Date()对象转换为只含日期的本地字符串。
- toTimeString()：将 Date()对象转换为只含时间的字符串。
- toLocaleTimeStringString()：将 Date()对象转换为只含时间的本地字符串。

【例 5-10】 使用 Date 对象。源文件：05\test5-10.html。

```
…
<body>
    <script>
        var a = new Date()
        week = ["日", "一", "二", "三", "四", "五", "六"]
        a = new Date()
        y = a.getFullYear()
        m = a.getMonth()
        d = a.getDate()
        w = a.getDay()
        h = a.getHours()
        mm = a.getMinutes()
        ss = a.getSeconds()
        str = y + "年" + m + "月" + d + "日，星期" + week[w] + " " + h + ":" + mm + ":" + ss
        document.write('当前日期：' + str)
        document.write('<br>toString：' + a.toString())
        document.write('<br>toLocaleString：' + a.toLocaleString())
        document.write('<br>toDateString：' + a.toDateString())
        document.write('<br>toLocaleDateString：' + a.toLocaleDateString())
        document.write('<br>toTimeString：' + a.toTimeString())
        document.write('<br>toLocaleTimeStringString：' + a.toLocaleTimeString())
        a.setFullYear(2015)                //改变年份
        a.setMonth(8)                      //改变月份
        a.setHours(20)                     //改变小时数
        document.write('<p>修改后的日期：' + a.toLocaleString())
    </script>
</body>
</html>
```

在浏览器中的运行结果如图 5-10 所示。

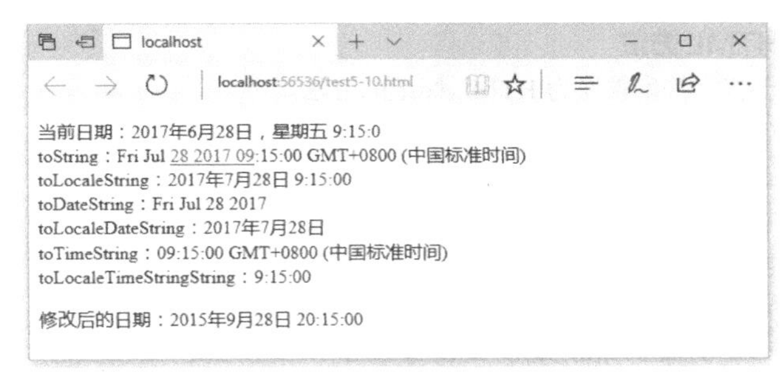

图 5-10 使用 Date 对象

5.3.3 String 对象

String 对象提供了一系列用于处理字符串的属性和方法。

1. 构造函数

String 对象提供了两个构造函数。

- new String(s)：创建一个保存字符串 s 的对象，类型为 object。
- String(s)：将参数 s 转换为普通字符串，类型为 string。

2. String 对象属性

length 属性用于返回字符串对象中保存的字符个数。例如：

```
var n = "abc".length                    //n的值为3
```

这说明字符串“abc”是对象吗？答案是否定的。在执行该语句时，JavaScript 会隐式地将字符串“abc”转换为对象，然后通过对象返回 length 属性。

3. String 对象方法

String 对象常用方法如下。

- charAt(*n*)：返回字符串中的第 *n* 个字符，第 1 个字符位置为 0。
- charCodeAt(*n*)：返回字符串中第 *n* 个字符的 Unicode 编码。
- contact(value1,value2,…)：将参数提供的多个值按顺序添加到当前字符串末尾，返回新的字符串。
- indexOf(s,start)：s 为要查找的字符串，start 为搜索开始位置（可省略）。方法从给定位置开始在原字符串中搜索给定字符串，返回该字符串第 1 次出现的位置。省略搜索位置时，从第 1 个字符开始搜索。如果不包含给定字符串，返回值为-1。
- lastIndexOf()：与 indexOf()方法类似，返回给定字符串最后一次出现的位置。
- replace(a,b)：将字符串中与 a 匹配的字符替换为 b 中的字符串。a 可以是一个正则表达式对象，a 具有全局属性 g 时，替换所有匹配的字符串，否则只替换第 1 个匹配字符串。a 为简单字符串时，也只替换第 1 个匹配字符串。
- search(a)：在字符串对象中查找与 a 匹配的子字符串。若 a 不是正则表达式对象，会先将其转换为正则表达式对象。如果包含匹配的字符串，返回第 1 个匹配的字符串位置，否则返回-1。
- slice(start,end)：返回字符串中从 start 位置开始的，end 之前（不包含 end）的子字符串。参数为负数时，从字符串末尾开始计算位置。-1 表示字符串最后一个字符。
- split(dm,len)：使用 dm 指定的分隔符将字符串分解为字符串数组，数组最多 len 个元素。len 省略时，分解整个字符串。
- substring(m,n)：与 slice()类似。区别在于，substring()将两个参数中的较小值作为开始位置，将另一个参数作为结束位置。
- toLowerCase()：将字符串中所有字母转换为小写。
- toUpperCase()：将字符串中所有字母转换为大写。

4. String 对象的 HTML 方法

String 对象提供了用于将字符串转换为 HTML 标记的方法。

- anchor()：将字符串转换为<a>标记，参数作为标记 name 的属性值。
- bold()：将字符串转换为<b>标记。
- italics()：将字符串转换为<i>标记。
- strike()：将字符串转换为<strike>标记。
- fixed()：将字符串转换为<tt>标记。
- fontcolor()：将字符串转换为<font>标记，设置颜色。
- fontsize()：将字符串转换为<font>标记，设置字号。
- link：将字符串转换为<a>标记，参数作为标记 href 的属性值。
- sub：将字符串转换为<sub>标记。

【例 5-11】 使用 String 对象。源文件：05\test5-11.html。

```
…
<body>
    <script>
        var a=new String(123)
        document.write('a的数据类型：' + typeof a)
        document.write('<br>String(a)的数据类型：' + typeof String(a))
        var n = "abc".length
        document.write('<br>"abc".length = ' + n)
        var a = new String('0123456789')
        document.write('<br>a.slice(3, 7) = ' + a.slice(3, 7))
        document.write('<br>a.slice(7, 3) = ' + a.slice(7, 3))
        document.write('<br>a.substring(3, 7) = ' + a.substring(3, 7))
        document.write('<br>a.substring(3, 7) = ' + a.substring(3, 7))
        document.write('<br>"JavaScript".toLowerCase() = ' + "JavaScript".toLowerCase())
        document.write('<br>"JavaScript".toUpperCase() = ' + "JavaScript".toUpperCase())
        document.write('<br>"JavaScript".toUpperCase() = ' + "I like JavaScript".split(' '))
        document.write("<p>a = '极客学院'；执行各种HTML转换：")
        a = '极客学院'
        b = a.anchor('jike')                          //转换为<a>标记
        b = b.replace(/</g, '&lt;').replace(/>/g, '&gt;')    //转换HTML标记硬编码，便于在浏览器中显示
        document.write("<br>a.anchor('jike') = " + b)
        b = a.link('http://www.jikexueyuan.com')      //转换为<a>标记
        b = b.replace(/</g, '&lt;').replace(/>/g, '&gt;')
        document.write("<br>a.link('http://www.jikexueyuan.com') = " + b)
        b = a.bold()                                  //转换为<b>标记
        b = b.replace(/</g, '&lt;').replace(/>/g, '&gt;')
        document.write("<br>a.bold()= " + b)
        b = a.italics()                               //转换为<i>标记
        b = b.replace(/</g, '&lt;').replace(/>/g, '&gt;')
        document.write("<br>a.italics()= " + b)
        b = a.strike()                                //转换为<strike>标记
        b = b.replace(/</g, '&lt;').replace(/>/g, '&gt;')
        document.write("<br>a.strike()= " + b)
    </script>
    <div id="show"></div>
</body>
</html>
```

在浏览器中的运行结果如图 5-11 所示。

图 5-11 使用 String 对象

5.4 编程实践：输出随机素数

本节综合应用本章所学知识，使用 JavaScript 脚本在浏览器中输出 10 个 100 以内的随机素数，按从小到大的顺序输出，如图 5-12 所示。

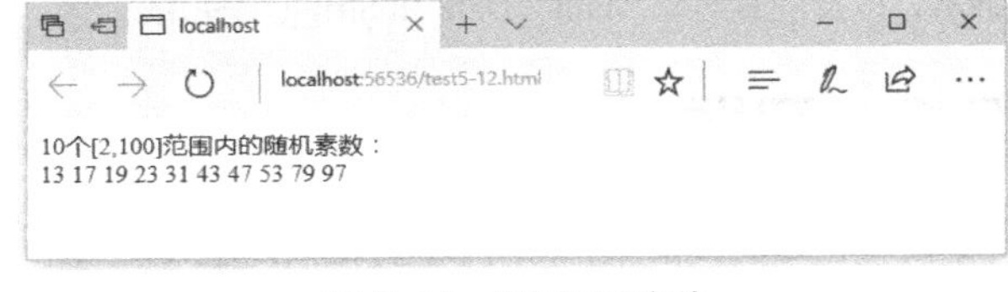

图 5-12 输出随机素数

分析：

Math.random()方法返回[0,1)范围内的一个随机数。返回[a,b)范围内的随机整数可使用下面的语句。

```
var x = parseInt((b - a + 1) * Math.random()) + a
```

具体操作步骤如下。

（1）在 Visual Studio 中选择“文件\新建\文件”命令，创建一个新的 HTML 文件。

（2）修改 HTML 文件，代码如下。

```
...
<body>
    <script>
        var n = 0 //用于对素数进行计数
        var a = 2, b = 100
        var data = new Array()  //创建一个空数组，保存素数
        document.write("10个[" + a + "," + b + "]范围内的随机素数：<br>")
        while (n < 10) {
            var x = parseInt((b - a + 1) * Math.random()) + a
            //检验x是否是素数
            var i
            for (i = 2; i <= x / 2; i++)
                if (x % i == 0) break
            if (i > x / 2) {
                //是素数，判断是否已有
                var s = data.join()
                if (s.indexOf(x) < 0) {
                    //x是未出现过的素数，保存并计数
```

```
                    data[n] = x
                    n++
                }
            }
        }
        //对数组排序
        data.sort(function (x, y) { return x - y })
        //输出数组
        for (i in data)//var i = 0, len = data.length; i < len; i++)
            document.write(data[i] + '  ')
    </script>
</body>
</html>
```

（3）按【Ctrl+S】组合键保存 HTML 文件，文件名为 test5-12.html。

（4）按【Ctrl+Shift+W】组合键，打开浏览器，查看 HTML 文件显示结果。刷新页面可查看不同的输出结果。

5.5 小结

本章主要介绍了 JavaScript 中对象的操作：创建对象、使用对象属性、对象方法、构造函数、原型对象和继承，以及内置对象 Math、Date 和 String 的使用。

5.6 习题

1. 在 JavaScript 中，可用哪些方法来创建对象？
2. JavaScript 对象的属性有哪些特点？
3. with 语句的主要作用是什么？
4. 在浏览器中输出 10 个[100,9999]范围内的随机回文数字，如图 5-13 所示。

图 5-13 输出随机回文数字

5. 在浏览器中实时显示当前日期时间，如图 5-14 所示。

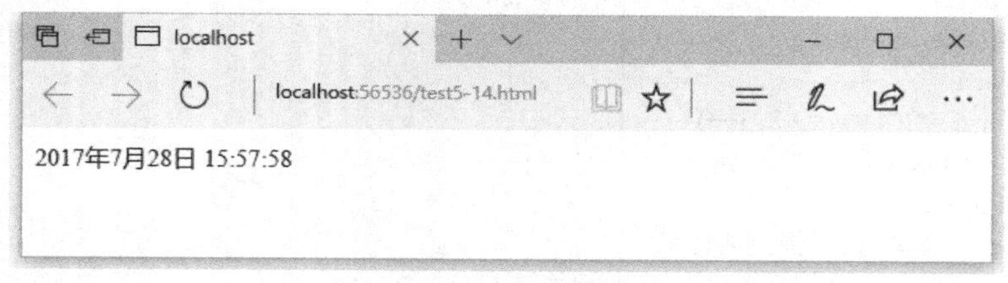

图 5-14 实时显示日期时间

PART06

第6章

浏览器对象

重点知识：

- Window对象
- Document对象
- 表单对象

■ JavaScript 提供了和浏览器有关的各种内置对象来控制浏览器以及浏览器中显示的文档，如窗口对象、文档对象、屏幕对象、浏览器对象、表单对象等。本章将介绍这些对象和这些对象的使用方法。

Window 对象

6.1 Window 对象

Window（窗口）对象是客户端 JavaScript 程序的顶级全局对象，所有的其他全局对象都是 Window 对象的属性。

6.1.1 Window 对象层次结构

Window 对象代表了当前浏览器窗口。window（小写）关键字用于引用当前窗口的 Window 对象。每个 Window 对象均有一个 document 属性，用于引用窗口中代表 Web 文档的 Document 对象。Document 对象的 forms 数组包含了文档中的所有表单对象。可用下面的表达式引用第 1 个表单。

```
window.document.forms[0]
```

每个浏览器窗口中的所有对象构成了以 Window 对象为根结点的层次结构，通过 Window 对象可引用当前窗口和文档中的所有对象。

图 6-1 说明了浏览器对象的层次结构。

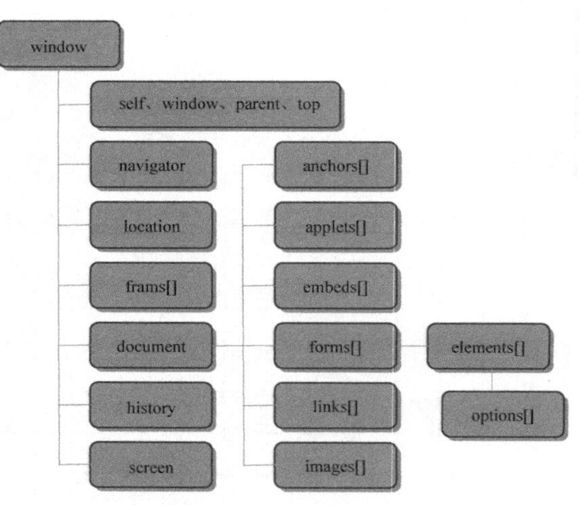

图 6-1 浏览器对象的层次结构

6.1.2 Window 对象的常用属性和方法

1. Window 对象常用属性

Window 对象的常用属性如下。

- defaultStatus：设置或返回浏览器状态栏显示的默认信息。
- status：设置或返回浏览器状态栏显示的即时信息。
- document：引用 Document 对象。
- navigator：引用包含客户端浏览器信息的 Navigator 对象。
- frames：窗口中所有框架对象的集合。
- history：引用表示浏览器历史的 History 对象。
- location：引用表示浏览器 URL 的 Location 对象。
- name：设置或返回窗口名称，窗口名称可作为<a>、<form>等标记的 target 属性值。

2. Window 对象常用方法

Window 对象的常用方法如下。

- alert()：显示警告信息对话框。
- confirm()：显示确认对话框。
- prompt()：显示输入对话框。
- blur()：使窗口失去焦点，即成为非活动窗口。
- focus()：使窗口成为活动窗口。
- close()：关闭窗口。
- createPopup()：创建一个弹出式窗口。
- setInterval()：设置经过指定时间间隔执行的函数或计算表达式。
- clearInterval()：取消由 setInterval()方法设置的定时时间。
- setTimeout()：设置在指定的毫秒数后执行的函数或计算表达式。
- clearTimeout()：取消由 setTimeout()方法设置的定时时间。

- moveBy()：相对于窗口当前坐标移动指定的像素。
- moveTo()：将窗口左上角移动到指定的坐标。
- open()：在一个新的浏览器窗口或已打开的命名窗口中打开 URL。
- print()：打印当前窗口内容。
- resizeBy()：按照指定的像素调整窗口的大小。
- resizeTo()：把窗口的大小调整到指定的宽度和高度。
- scrollBy()：按照指定的像素值来滚动内容。
- scrollTo()：把内容滚动到指定的坐标。

浏览器窗口的 Window 对象是顶级对象，在访问其属性和方法时，可省略对象名称。例如，window.document 和 document 是等价的，都表示引用 Document 对象。

6.1.3 定时操作

计时器

Window 对象的 setInterval()和 setTimeout()方法用于执行定时操作，其基本语法格式如下。

```
setInterval(函数名称,n)
setTimeout(函数名称,n)
```

参数 n 为整数，单位为毫秒。setInterval()方法以指定时间为间隔，重复执行函数。setTimeout()方法在指定时间结束时执行函数。

【例 6-1】 定时循环显示图片。源文件：06\test6-1.html。

```
…
<body>
    <img id="img0" src="images/img0.jpg" width="100" height="100" />
    <img id="img1" src="images/img1.jpg" width="100" height="100" />
    <img id="img2" src="images/img2.jpg" width="100" height="100" />
    <img id="img3" src="images/img3.jpg" width="100" height="100" />
    <img id="img4" src="images/img4.jpg" width="100" height="100" />
    <img id="img5" src="images/img5.jpg" width="100" height="100" />
    <script>
        setInterval(changeimg,2000)
        function changeimg() {
            var tem = document.getElementById('img0').src
            for (var i = 0; i < 5; i++) {
                var img1 = document.getElementById('img' + i)
                var img2 = document.getElementById('img' + (i+1))
                img1.src =img2.src
            }
            document.getElementById('img5').src=tem
        }
    </script>
</body>
</html>
```

在浏览器中的运行结果如图 6-2 所示。

使用 setTimeout()方法获得同样效果的脚本如下。

```
<script>
    setTimeout(changeimg,2000)
    function changeimg() {
        var tem = document.getElementById('img0').src
        for (var i = 0; i < 5; i++) {
```

```
            var img1 = document.getElementById('img' + i)
            var img2 = document.getElementById('img' + (i+1))
            img1.src =img2.src
        }
        document.getElementById('img5').src = tem
        setTimeout(changeimg, 2000)
    }
</script>
```

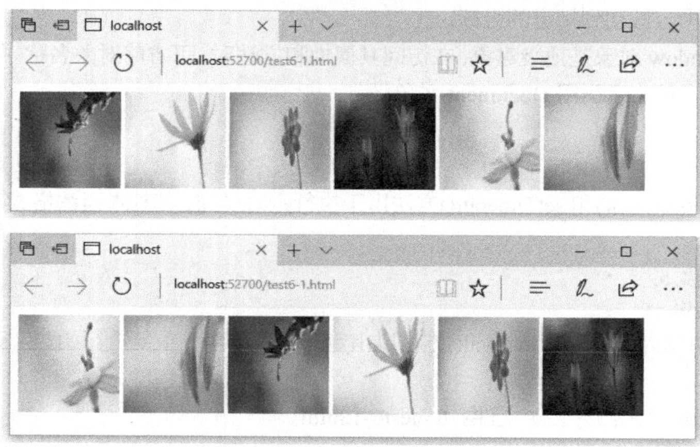

图 6-2　定时循环显示图片

6.1.4　错误处理

Window 对象的 onerror 属性可设置为用于处理脚本错误的函数。脚本发生错误时，JavaScript 会执行该函数，并向函数传递 3 个参数：第 1 个参数为错误描述信息，第 2 个参数为文档的 URL，第 3 个参数为错误所在行的行号。

错误处理函数的返回值具有特殊意义。通常，发生错误时，浏览器会用对话框或在状态栏中显示错误信息。如果错误处理函数返回值为 true，浏览器不再向用户显示错误信息。IE 浏览器目前还支持这一行为模式，而 Microsoft Edge、Mozilla Firefox、Google Chrome 等浏览器在脚本出错时不向用户显示错误信息。

【例 6-2】 使用 Window 对象的 onerror 属性处理脚本错误。源文件：06\test6-2.html。

```
...
<body>
    <script>
        window.onerror = function (msg, url, line) {
            alert('出错了：\n错误信息：'+msg+'\n错误文档：'+url+'\n出错位置：'+line)
        }
        var a = 10
        x = a + b           //错误：b没有定义
    </script>
</body>
</html>
```

在浏览器中的运行结果如图 6-3 所示。

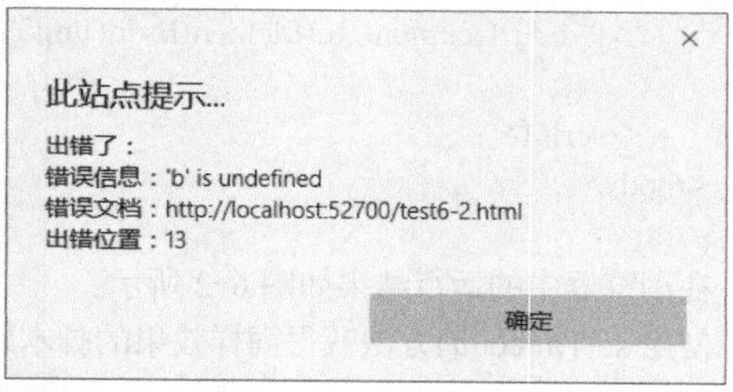

此站点提示...

出错了：
错误信息：'b' is undefined
错误文档：http://localhost:52700/test6-2.html
出错位置：13

确定

图 6-3　使用 Window 对象的 onerror 属性处理脚本错误

6.1.5　Navigator 对象

Window 对象的 navigator 属性可引用包含客户端浏览器信息的 Navigator 对象。Navigator 对象的常用属性如下。

- appCodeName：返回浏览器的代码名。
- appMinorVersion：返回浏览器的次级版本。
- appName：返回浏览器的名称。
- appVersion：返回浏览器的平台和版本信息。
- browserLanguage：返回当前浏览器的语言。
- cookieEnabled：返回浏览器中是否启用 cookie。
- cpuClass：返回浏览器系统的 CPU 等级。
- onLine：返回浏览器是否联网。
- platform：返回运行浏览器的操作系统名称。
- systemLanguage：返回操作系统默认语言。
- userAgent：返回浏览器发送给服务器的 user-agent 头部值。
- userLanguage：返回用户语言设置。

【例 6-3】 获取浏览器信息。源文件：06\test6-3.html。

```
…
<body>
    <script>
        var nv = window.navigator;          //引用浏览器Navigator对象
        document.write("浏览器信息详细如下：<hr>");
        for (var i in nv) {
            document.write(i + "：" + nv[i] + "<br>");
        }
    </script>
</body>
</html>
```

在浏览器中的运行结果如图 6-4 所示。

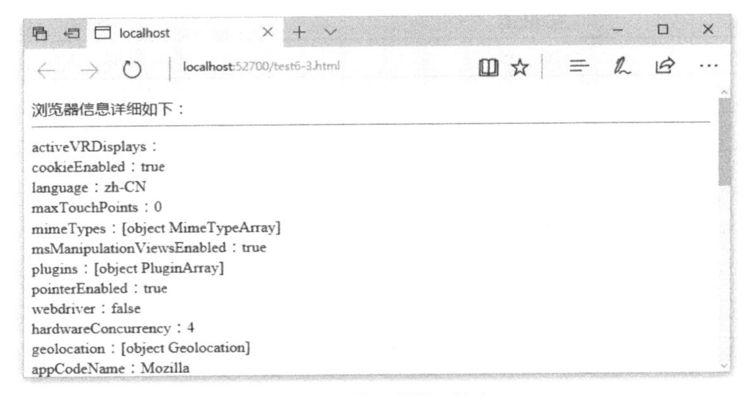

图 6-4 获取浏览器信息

6.1.6 Screen 对象

Screen 对象

Window 对象的 screen 属性用于引用 Screen 对象，以便获取显示器的相关信息。

【例 6-4】 获取显示器信息。源文件：06\test6-4.html。

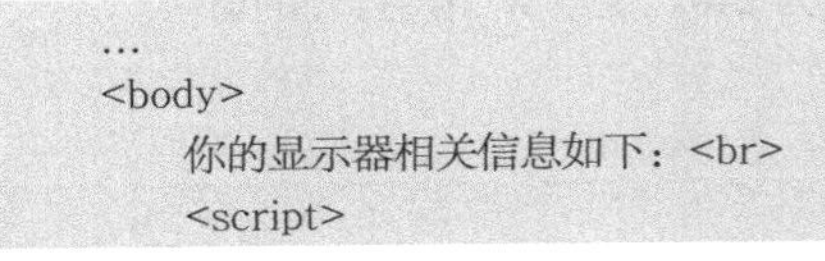

```
…
<body>
    你的显示器相关信息如下：<br>
    <script>
```

```
            document.write('显示器宽度  width = ' + screen.width)
            document.write('<br>显示器高度  height = ' + screen.height)
            document.write('<br>显示器实际宽度  availWidth= ' + screen.availWidth)
            document.write('<br>显示器实际高度  availHeight= ' + screen.availHeight)
            document.write('<br>显示器色深  colorDepth = ' + screen.colorDepth)
        </script>
    </body>
</html>
```

在浏览器中的运行结果如图 6-5 所示。

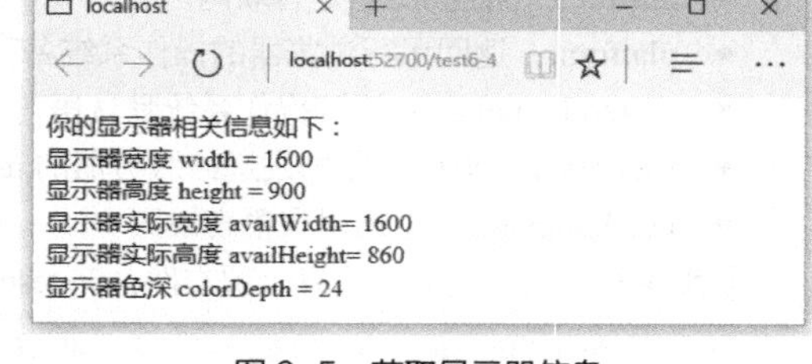

图 6-5　获取显示器信息

6.1.7　窗口操作

Window 对象提供了打开、关闭、改变大小和移动等窗口控制方法。

1. 打开窗口

Open()方法用于打开浏览器窗口，其基本语法格式如下。

```
window.open(url,name,features,replace)
```

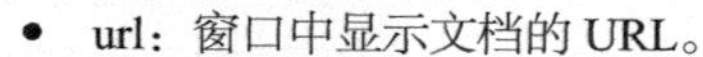

各参数均可省略，含义如下。

- url：窗口中显示文档的 URL。
- name：新窗口的名称。该名称可用作<a>、<form>等标记的 target 属性值。若 name 是已经打开窗口的名称，则不会打开新窗口，而在该窗口中打开 URL。
- features：指定窗口特征。省略该参数时为标准浏览器窗口。表 6-1 列出了浏览器特征字符串。
- replace：参数为 true，表示用 URL 替换浏览器历史中的当前条目；参数为 false，表示将 URL 作为新条目添加到浏览器历史中。

表 6-1　浏览器特征字符串

特征参数	特征值	说明
Fullscreen	yes、no	是否全屏，默认是 no
Height	像素	窗口高度
Left	像素	窗口左边距
Location	yes、no	是否显示地址栏，默认为 no
Menubar	yes、no	是否显示菜单栏，默认为 no
Resizable	yes、no	是否允许改变窗口大小，默认为 no
scrollbars	yes、no	是否显示滚动条，默认为 no
Status	yes、no	是否显示状态栏，默认为 yes
titlebar	yes、no	是否显示标题栏，默认为 yes
toolbar	yes、no	是否显示工具栏，默认是 no
Top	像素	窗口上边距
Width	像素	窗口宽度

例如：

```
w=window.open('', 'neww','width=320,height=240')
```

该语句打开一个空白窗口，窗口名称为 neww，宽度为 320，高度为 240。变量 w 引用打开的窗口。

2. 关闭窗口

close()方法可关闭窗口。例如：

```
windows.close()                    //关闭当前窗口
```

```
w.close()                                    //关闭变量w引用的窗口
```

【例 6-5】 打开和关闭窗口。源文件：06\test6-5.html。

```
...
<body>
    <script>
        var w                    //用于引用打开的窗口
        function wopen() { w=window.open('', 'neww','width=320,height=240') }
        function wclose() { w.close() }
        window.close()
    </script>
    <a href="http://www.jikexueyuan.com" target="neww">极客学院</a><br>
    <button onclick="wopen()">打开窗口</button>
    <button onclick="wclose()">关闭窗口</button>
</body>
</html>
```

在浏览器中的运行结果如图 6-6 所示。单击窗口中的“打开窗口”按钮，可打开一个指定大小的空白窗口。回到原窗口，单击“极客学院”链接，可在空白窗口中打开极客学院主页。在原窗口中单击“关闭窗口”按钮，可关闭右侧显示极客学院主页的窗口。

图 6-6　打开和关闭窗口

3. 移动窗口

moveTo()方法用于移动窗口。

【例 6-6】 实现自动移动的窗口。源文件：06\test6-6.html。

```
...
<body>
    <button onclick="wstop()">停止</button>
    <script>
        var x = 100 , y = 100                          //x、y用于保存窗口位置
        var w = 300 , h = 200                          //设置窗口宽度和高度
        var ww = screen.availWidth                     //获得屏幕实际宽度
        var ofx = 50                                   //ofx保存每次窗口位置的变化大小
        var time = 100                                 //设置改变位置的时间间隔
        var neww = open('', '', 'width=' + w + ',height=' + h)    //打开窗口
        neww.moveTo(x, y)                              //设置窗口初始位置
        var t = setInterval('wmove()', time)           //创建定时器，定时移动窗口
        function wmove() {
            if (neww.closed)   clearInterval(t)        //窗口被关闭时，停止定时操作
            if ((x + ofx) < 0 || (x + ofx >= ww - w)) ofx = -ofx
            x += ofx
            neww.moveTo(x,y)
        }
        function wstop() {
            clearInterval(t)
            neww.close()
        }
    </script>
</body>
</html>
```

在浏览器中的运行结果如图 6-7 所示。

图 6-7　可自动移动的窗口

6.1.8　用 ID 引用 HTML 标记

Window 对象的属性在脚本中可作为全局变量使用。在 Window 对象没有同名的属性时，HTML 标记的 ID 属性值成为 Window 对象的属性，所以可通过 ID 属性值引用 HTML 标记，而不必使用 document.getElementById() 方法查找标记。

若 Window 对象已经有了与标记 ID 属性值同名的属性，这种情况就不会发生。而且，不能保证浏览器版本升级不会为 Window 对象增加这个属性，所以必须谨慎使用 ID 属性值来引用 HTML 标记。

<a>、<applet>、<area>、<embed>、<form>、<frameset>、<iframe>、<img>和<object>等 HTML 标记的 name 属性也有同样的特点——IE 浏览器支持，其他大多数浏览器不支持。

【例 6-7】 用 ID 引用 HTML 标记。源文件：06\test6-7.html。

```
…
<body>
    <a id='myMsg' name="myTagA"> </a><br />
    <button onclick="showmsg()">试试</button>
    <button onclick="showmsg2()">再试试</button>
    <script>
        window.onerror = showerror
        function showmsg() {myMsg.innerHTML = "直接使用ID访问HTML标记" }
        function showmsg2() { myTagA.innerHTML = "直接使用name访问HTML标记"   }
        function showerror(msg,url,line) {
            myMsg.innerHTML = "出错了：<br>错误信息："+msg+'<br>出错文件：'+url+'<br>出错行号：'+line
        }
    </script>
</body>
</html>
```

在 IE 浏览器中的运行结果如图 6-8 所示。单击“试试”按钮，页面中显示“直接使用 ID 访问 HTML 标记”。单击“再试试”按钮，页面中显示“直接使用 name 访问 HTML 标记”。

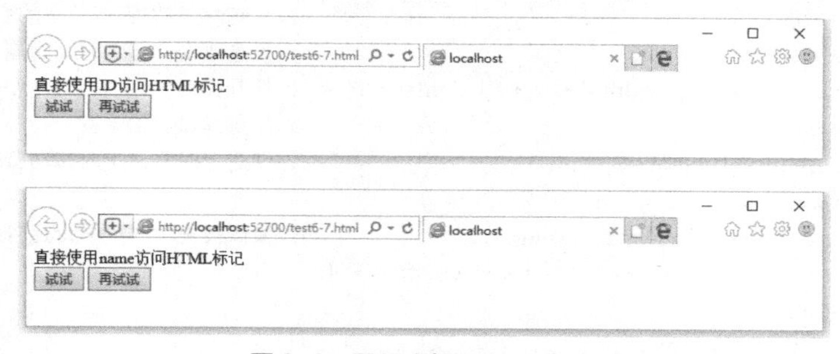

图 6-8　用 ID 引用 HTML 标记

在 Microsoft Edge、Google Chrome 或 Mozilla Firefox 等浏览器中，单击“试试”按钮可获得正确输出，单击“再试试”按钮则会报错，如图 6-9 所示。这说明这些浏览器不支持通过 name 属性引用 HTML 标记。

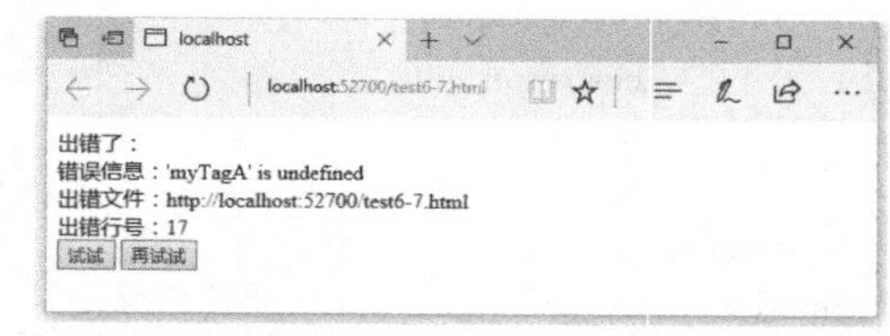

图 6-9　浏览器不支持通过 name 属性直接访问 HTML 标记

6.2 Document 对象

Document 对象表示浏览器中的 HTML 文档，并可访问文档中的所有标记，从而为 HTML 文档提供交互功能。

6.2.1 常用属性和方法

Document 对象的常用属性如下。

- activeElement：返回获得焦点的对象。
- alinkColor：设置或返回元素中所有激活链接的颜色。
- linkColor：设置或返回文档中未访问链接的颜色。
- vlinkColor：设置或返回用户已访问过的链接颜色。
- bgColor：设置或返回文档的背景颜色。
- fgColor：设置或返回文档的前景（文本）颜色。
- charset：设置或返回文档字符集。
- cookie：设置或返回当前文档的 cookie。
- doctype：返回当前文档关联的文档类型声明。
- documentElement：返回对文档根结点的引用。
- domain：设置或返回文档的域名。
- fileCreatedDate：返回文档创建的日期。
- fileModifiedDate：返回文档上次修改的日期。
- fileSize：返回文档大小。
- lastModified：返回文档上次修改的日期。
- URL：设置或返回当前文档的 URL。
- URLUnencoded：返回文档的 URL，去除所有字符编码。
- XMLDocument：返回文档的 XML 文档对象。
- XSLDocument：返回文档的 XSL 文档对象。
- all[]：返回文档中所有 HTML 标记的集合。
- anchors[]：返回文档中所有锚点<a>标记的集合。
- forms[]：返回文档中所有表单的集合。
- images[]：返回文档中所有<img>标记的集合。
- links[]：返回文档中所有指定了 HREF 属性的<a>和<area>标记的集合。

Document 对象的常用方法如下。

- close()：关闭用 open()方法打开的输出流。
- getElementById()：返回指定 ID 对应的 HTML 标记。
- getElementsByName()：返回指定名称的 HTML 标记的集合。
- getElementsByTagName()：返回指定标签名的 HTML 标记的集合。
- open()：打开输出流。
- write()：向文档写一个字符串，字符串中可包含 HTML 代码和 JavaScript 脚本。
- writeln()：与 write()方法类似，只是在每个输出末尾添加一个换行符。注意在浏览器中，换行符显示为空格，不能起到换行作用。浏览器中换行应使用
标记。

6.2.2 动态输出文档

Document 对象的 write()和 writeln()方法用于向文档写入内容。若在浏览器加载文档过程中执行 write()或 writeln()方法，输出内容显示在脚本对应位置。若在函数调用时执行 write()或 writeln()方法，会隐式地打开一个空白 HTML 文档，浏览器原来显示的文档被覆盖。所以，文档加载完成后需要修改页面内容时，不能使用 write() 和 writeln()方法，应使用 DOM。

1. 输出 HTML 内容

write()和 writeln()方法输出的内容被浏览器视为 HTML 内容，即会对 HTML 标记进行处理，而不是原样显示。

【例 6-8】 向内联框架输出 HTML 内容。源文件：06\test6-8.html。

```
…
<body>
    <button id="doAddFrame" onclick="doAddToFrame()">添加内容</button>
    <br>
    <iframe id="neww" src="test6-1.html" width="600"></iframe>
    <script>
        var sw = frames[0]              //获得内联框架的引用
        function doAddToFrame() {
            sw.document.write('<h1>动态输出的数据</h1>')
            sw.document.write('<br>write输出',100,'连续多个数据')
            sw.document.writeln('<br>abc')
            sw.document.writeln('def')
        }
    </script>
</body>
</html>
```

在浏览器中的运行结果如图 6-10 所示。刚打开时，内联框架显示了另一个 HTML 文件的内容。单击“添加内容”按钮，write()和 writeln()方法向框架输出的内容代替了原来的文档。

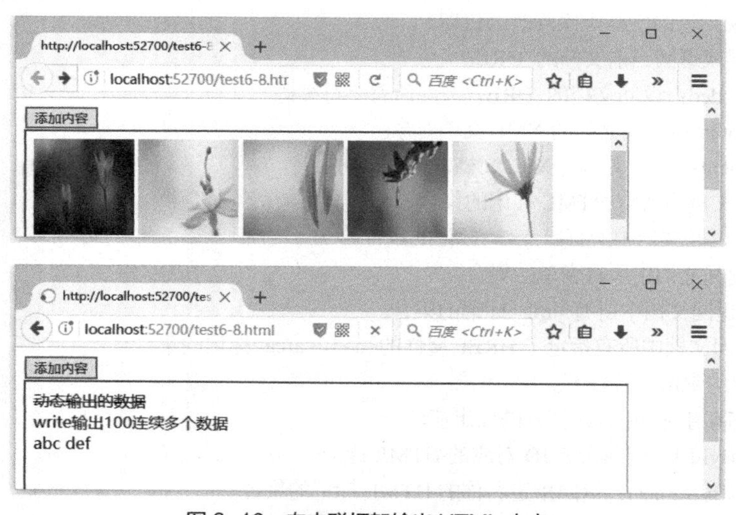

图 6-10 向内联框架输出 HTML 内容

使用 Firefox 浏览器时，添加内容后，浏览器工具栏中的“转到上一页”按钮变得可用，单击它可返回打开时的页面。这验证了 write()或 writeln()方法会隐式地打开一个空白 HTML 文件。

2. 输出非 HTML 内容

【例 6-9】 向内联框架输出非 HTML 内容。源文件：06\test6-9.html。

```
…
<body>
    <button id="doAddFrame" onclick="doAddToFrame()">添加内容</button>
    <br>
```

```
    <iframe id="neww" src="test6-1.html" width="600"></iframe>
    <script>

        var sw = frames[0]              //获得内联框架的引用
        function doAddToFrame() {
            sw.document.open('text/plain')
            sw.document.write('<strike>动态输出的数据</strike>')
            sw.document.write('<br>write输出', 100, '连续多个数据')
            sw.document.writeln('<br>abc')
            sw.document.writeln('def')
            sw.document.close()
        }
    </script>
</body>
</html>
```

在浏览器中的运行结果如图 6-11 所示。和例 6-8 的不同之处在于，执行 write()和 writeln()方法前，调用了“sw.document.open('text/plain')”方法，这是告诉浏览器输出的内容为纯文本（text/plain 表示内容为纯文本）。单击“添加内容”按钮后输出的内容虽然包含了 HTML 标记，但都原样显示了。因为是纯文本，writeln()方法输出的换行符也起作用了。

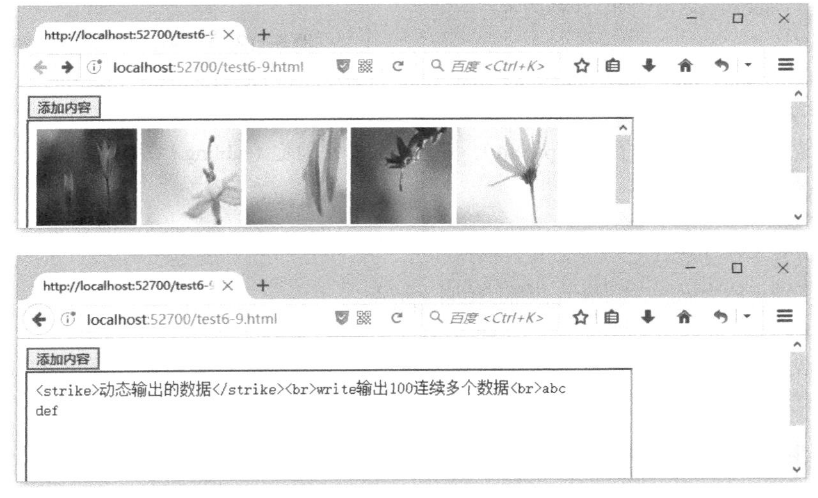

图 6-11 向内联框架输出非 HTML 内容

6.2.3 了解 DOM

DOM 简介

DOM（Document Object Model，文档对象模型）定义了访问 HTML 和 XML 文档的标准，允许脚本更新文档的内容、结构和样式。DOM 是 W3C（万维网联盟）标准，包含 HTML DOM（用于 HTML 文档）和 XML DOM（用于 XML 文档）。本书主要介绍 HTML DOM，后继内容中的 DOM 都指 HTML DOM。

1. HTML 文档的 DOM 树

浏览器加载一个 HTML 文档时，就会为其建立 DOM 模型。回顾一下 4.2.1 小节中使用到的一个 HTML 文档。

```
<html>
<head>
    <title>htmldom</title>
    <script>
```

```
        function test() { alert('这是按钮单击响应') }
    </script>
</head>
<body> <div><button onclick="test()">按钮</button></div>
</body>
</html>
```

该文件的完整 DOM 树如图 6-12 所示。

在 DOM 中，HTML 文档的所有内容都是结点（Node），所有结点构成一棵结构树。

2. 结点类型

结点的 nodeType 属性返回结点类型。结点主要有下列几种类型。

- 元素结点：nodeType 值为 1，HTML 标记为元素结点。
- 属性结点：nodeType 值为 2，HTML 标记的属性为属性结点。
- 文本结点：nodeType 值为 3，HTML 标记内的文本为文本结点。
- 注释结点：nodeType 值为 8，注释内容为注释结点。

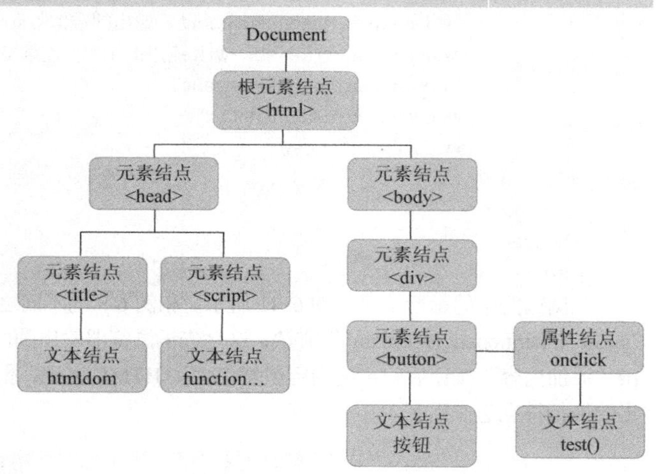

图 6-12 HTML 文件的 DOM 树

- 文档结点：nodeType 值为 9，整个文档是一个文档结点，是 DOM 树的根（root）结点。

3. 结点关系

DOM 树中结点之间的关系可用父（parent）、子（child）和同胞（sibling）等术语来描述。结点关系具有下列特点。

- 父结点拥有一个或多个子结点。
- 子结点只有一个父结点。
- 同级的子结点称为同胞，同胞结点拥有相同父结点。
- 在 DOM 树中，顶端结点被称为根（root）。
- 除了根结点外，每个结点都有父结点。
- 一个结点可拥有任意数量的子结点。

6.2.4 获得 HTML 标记的引用

JavaScript 脚本大多数操作的目标对象都是 HTML 标记，使用 Document 对象的各种 getElementX()方法可获得 HTML 标记的引用。

1. 通过 ID 获得 HTML 标记引用

所有 HTML 标记都具有 ID 属性，其值在文档中唯一。使用 Document 对象的 getElementById()方法可获得指定 ID 的标记的引用。例如：

```
var msg = document.getElementById("showmsg")
```

2. 通过 name 获得 HTML 标记引用

Document 对象的 getElementsByName()方法返回指定 name 的所有标记的引用。因为 HTML 允许标记的 name 属性值重复，所以 getElementsByName()方法返回的是一个对象数组。例如，下面的语句获得第 1 个 name 属性为 news 的标记的引用。

```
var msg = document.getElementsByName("news")[0]
```

3. 通过标记名获得 HTML 标记引用

Document 对象的 getElementsByTagName()方法返回指定标记名的所有标记的引用。例如，下面的语句获得第 1 个<div>标记的引用。

```
var div1= document.getElementsByTagName("div")[0]
```

4. 通过 CSS 类获得 HTML 标记引用

Document 对象的 getElementsByClassName()方法返回指定类名的所有标记的引用。HTML 标记的 class 属性设置了该标记使用的 CSS 类名。例如，下面的语句获得第 1 个类名属性为 subtitle 的标记的引用。

```
var title1 = document.getElementsByClassName("subtitle")[0]
```

5. 通过 CSS 选择器获得 HTML 标记引用

CSS 选择器可通过多种方式来选择 HTML 标记：ID 属性、标记名、类或者其他组合语法等。例如：

```
#showmsg          //选择ID属性为showmsg的标记
div               //选择<div>标记
. subtitle        //选择类名为subtitle的标记
*[name="type"]    //选择name属性为typede的标记
```

Document 对象的 querySelector ()方法返回指定 CSS 选择器匹配的标记的引用，querySelectorALL ()方法返回指定 CSS 选择器匹配的多个标记的引用。

例如：

```
var msg= document.querySelector("#showmsg")
var divs = document.querySelectorAll("div")
```

【例 6-10】 使用多种方法获得 HTML 标记的引用。源文件：06\test6-10.html。

```
…
<body>
    <div id="div1">第一个DIV</div>
    <div id="div2" class="setc" style="color:red">第二个DIV</div>
    <span name="sp">第一个SAPN</span><br>
    <span name="sp" class="setc" style="color:red">第二个SAPN</span>
    <p>段落1</p><p>段落2</p>
    <button onclick="useId()">使用id属性</button>
    <button onclick="useName()">使用name属性</button>
    <button onclick="useTag()">使用标记名</button>
    <button onclick="useClass()">使用CSS类</button>
    <button onclick="useSelector()">使用CSS选择器</button>
    <script>
        function useId() {
            var div1 = document.getElementById('div1')
            div1.innerHTML = 'div1'
        }
        function useName() {
            var sp1 = document.getElementsByName('sp')[0]
            sp1.innerHTML = 'span1'
        }
        function useTag() {
            var ps = document.getElementsByTagName('p')
            ps[0].innerHTML = '第一个段落'
            ps[1].innerHTML = '第二个段落'
        }
        function useClass() {
            var setc = document.getElementsByClassName('setc')
            setc[0].style.color = 'blue'
            setc[1].style.color = 'green'
        }
```

```
        function useSelector() {
            var ps = document.querySelectorAll('p')
            ps[0].innerHTML = 'first p'
            ps[1].innerHTML = 'second p'
        }
    </script>
</body>
</html>
```

在浏览器中运行时，初始页面如图 6-13 所示。

单击“使用 id 属性”按钮，改变第 1 个<div>标记内容，如图 6-14 所示。

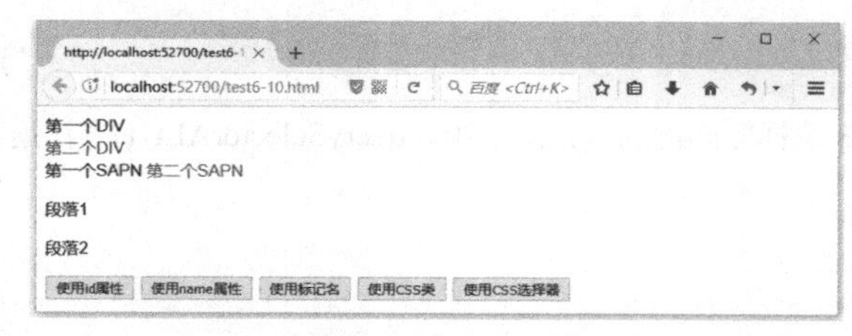

图 6-13　初始页面

图 6-14　改变第 1 个<div>内容

单击“使用 name 属性”按钮，改变第 1 个<span>标记内容，如图 6-15 所示。

单击“使用标记名”按钮，改变两个<p>标记内容，如图 6-16 所示。

图 6-15　改变第 1 个<span>内容

图 6-16　使用“使用标记名”按钮改变两个<p>标记内容

单击“使用 CSS 类”按钮，改变第 2 个<div>标记和第 2 个<span>标记内容的颜色，如图 6-17 所示。

单击“使用 CSS 选择器”按钮，改变两个<p>标记内容，如图 6-18 所示。

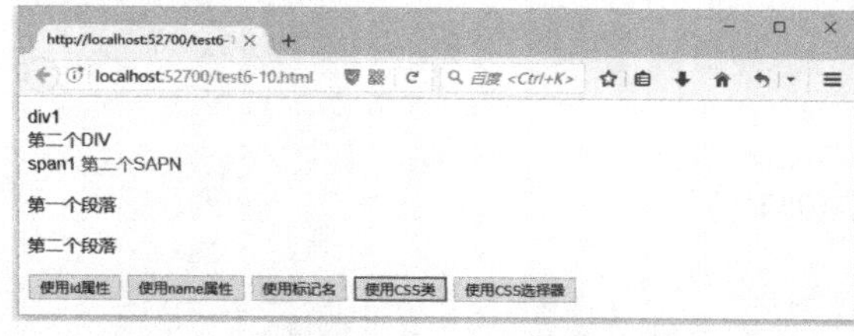

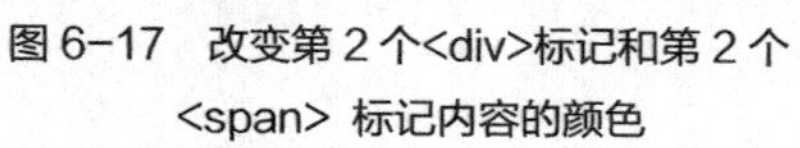

图 6-17　改变第 2 个<div>标记和第 2 个<span> 标记内容的颜色

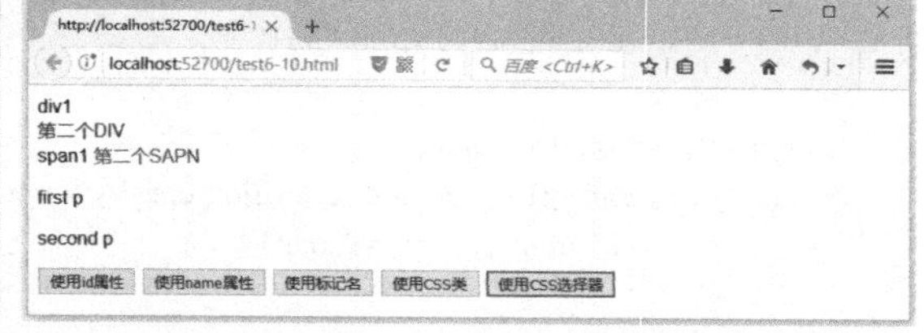

图 6-18　使用“使用 CSS 选择器”按钮改变两个<p>标记内容

6.2.5　遍历文档结点

DOM 树中的结点是 Node 对象。Node 对象具有下列常用属性。

- parentNode：当前结点的父结点。Document 结点作为根结点，没有父结点，其 parentNode 属性值为 null。
- childNodes：包含所有子结点的数组。
- firstChild：第一个子结点。

- lastChild：最后一个子结点。
- nextSibling：下一个兄弟结点。
- previousSibling：前一个兄弟结点。
- nodeType：结点类型。
- nodeName：结点名称。
- nodeValue：结点值。注释和文本结点的值为文本内容，其他结点的值为 null。
- attributes：包含当前结点的所有属性结点的数组。

【例 6-11】 遍历 HTML 文档结点。源文件：06\test6-11.html。

```
...
    <script>
        function test(){ alert('这是按钮单击响应') }
    </script>
</head>
<body><!--遍历文档结点-->
    <div><button onclick="test()" width="100">按钮</button></div>
    <script>
        var w = window.open()           //打开空白窗口
        var n=0
        w.document.write('<table border="1">')
        w.document.write('<tr><th>序号</th><th>结点名称</th><th>结点类型</th><th>结点文本</th><th>父
结点</th><th>前一兄弟结点</th><th>后一兄弟结点</th></tr>')
        window.onload = getTags(document)//在文档加载完成时遍历文档
        w.document.write('</table>')
        w.document.close()
        function getTags(tag) {
            n++          //对结点计数
            w.document.write('<tr><td>')
            w.document.write(n + '</td><td>' + tag.nodeName +"</td>")
            w.document.write('<td>' + getTypeName(tag.nodeType) + '</td><td>')
            var text = tag.nodeValue
            //如果文本结点只包含换行符和空格，对其编码
            if (tag.nodeType==3 && text.trim().length == 0)
                text=escape(text)
            if (text && text.length > 20)
                w.document.write(text.slice(0, 40) + '......')
            else w.document.write(text)
            w.document.write('</td><td>')
            var node = tag.parentNode
            if (node)
                w.document.write(node.nodeName)
            else w.document.write(' ')
            w.document.write('</td><td>')
            var node = tag.previousSibling
            if (node)
                w.document.write(node.nodeName)
            else w.document.write(' ')
            w.document.write('</td><td>')
            var node = tag.nextSibling
            if (node)
```

```
                w.document.write(node.nodeName)
            else w.document.write(' ')
            w.document.write('</td></tr>')
            if (tag.nodeType == 1 && tag.attributes) {//遍历属性结点子结点
                var children = tag.attributes
                for (var i = 0; i < children.length; i++)
                    getTags(children[i])
            }
            var children = tag.childNodes
            for (var i = 0; i < children.length; i++)//遍历其他子结点
                getTags(children[i])
        }
        function getTypeName(n) {
            switch (n) {
                case 1: return '元素结点';
                case 2: return '属性结点'
                case 3: return '文本结点'
                case 8: return '注释结点'
                case 9: return '文档结点'
            }
        }
    </script>
</body>
</html>
```

在浏览器中的运行结果如图 6-19 所示。

序号	结点名称	结点类型	结点文本	父结点	前一兄弟结点	后一兄弟结点
1	#document	文档结点	null			
2	HTML	元素结点	null	#document		
3	HEAD	元素结点	null	HTML		#text
4	#text	文本结点	%0A%20%20%20%20	HEAD		TITLE
5	TITLE	元素结点	null	HEAD	#text	#text
6	#text	文本结点	htmldom	TITLE		
7	#text	文本结点	%0A%20%20%20%20	HEAD	TITLE	SCRIPT
8	SCRIPT	元素结点	null	HEAD	#text	#text
9	#text	文本结点	function test(){ alert('这是按钮单击响.....	SCRIPT		
10	#text	文本结点	%0A	HEAD	SCRIPT	
11	#text	文本结点	%0A	HTML	HEAD	BODY
12	BODY	元素结点	null	HTML	#text	
13	#comment	注释结点	遍历文档节点	BODY		#text
14	#text	文本结点	%0A%20%20%20%20	BODY	#comment	DIV
15	DIV	元素结点	null	BODY	#text	#text
16	BUTTON	元素结点	null	DIV		
17	onclick	属性结点	test()			
18	width	属性结点	100			
19	#text	文本结点	按钮	BUTTON		
20	#text	文本结点	%0A%20%20%20%20	BODY	DIV	SCRIPT
21	SCRIPT	元素结点	null	BODY	#text	
22	#text	文本结点	var w = window.open() //打......	SCRIPT		

图 6-19　遍历 HTML 文档结点

代码中使用了 tag.attributes 来获得当前结点的所有属性结点的数组。属性结点比较特殊，它没有包含在结点的 childNodes 中，childNodes 只包含 HTML 标记。属性结点的 nodeName 属性值为属性名称，nodeValue 属性为属性值，nodeType 属性为 2，其他属性值都为 null。

6.2.6　访问 HTML 标记属性

HTML 不区分大小写，JavaScript 区分大小写。在脚本中，单个单词的属性都使用小写；多个单词的属性，第一个单词全部小写，后继单词的首字母大写，其他小写。对于 style 属性中的样式名称，规则一致，样式名称中的连字符（-）被忽略。

在 HTML 代码中使用 JavaScript 中的标识符时，大小写必须和脚本保持一致。

【例 6-12】 在脚本中访问 HTML 标记属性。源文件：06\test6-12.html。

```
…
<body>
    <div id="show" style="font-size:15px" >单击按钮改变字体</div>
    <button onclick="changeSize()">试试</button>
    <script>
        function changeSize() {
            var div = document.getElementById('show')
            var n = parseInt(div.style.fontSize)// fontSize对应样式中的font-size
            div.style.fontSize = (n + 2) + 'px'
        }
    </script>
</body>
</html>
```

在浏览器中的运行结果如图 6-20 所示。单击“试试”按钮，文本字号会变大。如果将“onclick="changeSize()"”改成“onclick="changesize()"”，则会发现单击按钮没有反应，这是因为 JavaScript 将 changesize 和 changeSize 视为不同的标识符。

图 6-20　在脚本中访问 HTML 标记属性

6.2.7　访问 HTML 标记内容

可通过下列方法读写 HTML 标记内容。

DOM 操作 HTML

- 标记的 innerHTML 属性：读写标记的 HTML 内容。
- 标记的 innerText 属性：读 innerText 属性时，返回标记内的所有文本，包括内部标记包含的内容，内部标记被忽略；写 innerText 属性时，HTML 标记作为文本显示。

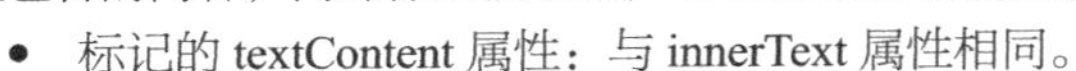

- 标记的 textContent 属性：与 innerText 属性相同。
- 文本结点的 nodeValue：与 innerText 属性相同。

【例 6-13】 访问 HTML 标记内容。源文件：06\test6-13.html。

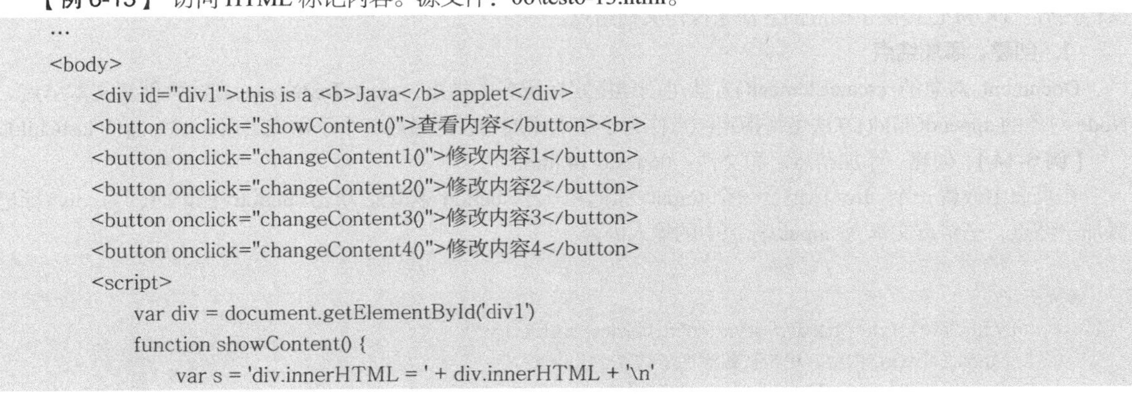

```
…
<body>
    <div id="div1">this is a <b>Java</b> applet</div>
    <button onclick="showContent()">查看内容</button><br>
    <button onclick="changeContent1()">修改内容1</button>
    <button onclick="changeContent2()">修改内容2</button>
    <button onclick="changeContent3()">修改内容3</button>
    <button onclick="changeContent4()">修改内容4</button>
    <script>
        var div = document.getElementById('div1')
        function showContent() {
            var s = 'div.innerHTML = ' + div.innerHTML + '\n'
```

```
            s += 'div.innerText = ' + div.innerText + '\n'
            s += 'div.textContent = ' + div.textContent + '\n'
            s += 'div.firstChild.nodeValue = ' + div.firstChild.nodeValue + '\n'
            alert(s)
        }
        function changeContent1() { div.innerHTML = 'I like <i>JavaScript</i> '    }
        function changeContent2() {div.innerText = 'I like <a href="#">C++</a> ' }
        function changeContent3() { div.textContent = 'I like <a href="#">Python</a> ' }
        function changeContent4() { div.firstChild.nodeValue = 'I like <a href="#">DOM</a> '    }
    </script>
</body>
</html>
```

在浏览器中运行时，初始页面如图 6-21 所示。单击“查看内容”按钮，可打开对话框，显示用各种方法获得的<div>标记内容，如图 6-22 所示。

单击“修改内容 1”按钮，使用 innerHTML 属性改变<div>标记内容，如图 6-23 所示。单击“修改内容 2”按钮，使用 innerText 属性改变<div>标记内容，如图 6-24 所示。

单击“修改内容 3”按钮，使用 textContent 属性改变<div>标记内容，如图 6-25 所示。单击“修改内容 4”按钮，使用 nodeValue 属性改变<div>标记第 1 个文本结点内容，如图 6-26 所示。

图 6-21　初始页面

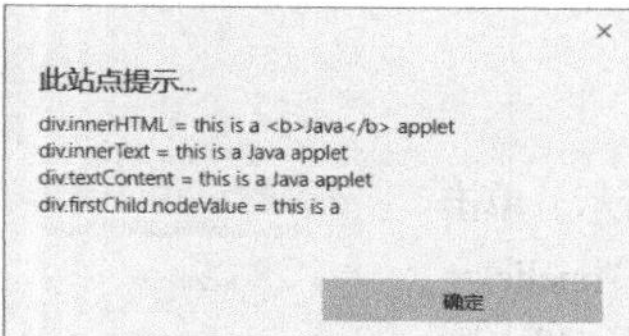

图 6-22　各种方法获得的<div>标记内容

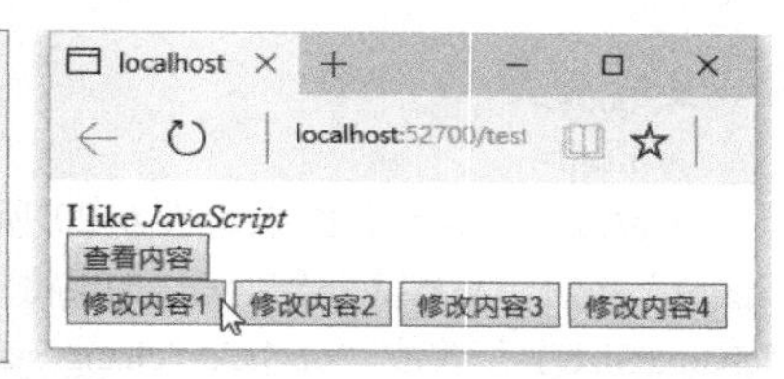

图 6-23　使用 innerHTML 属性

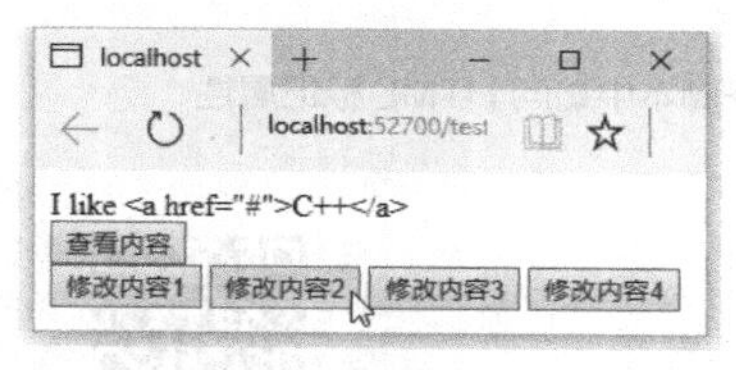

图 6-24　使用 innerText 属性

图 6-25　使用 textContent 属性

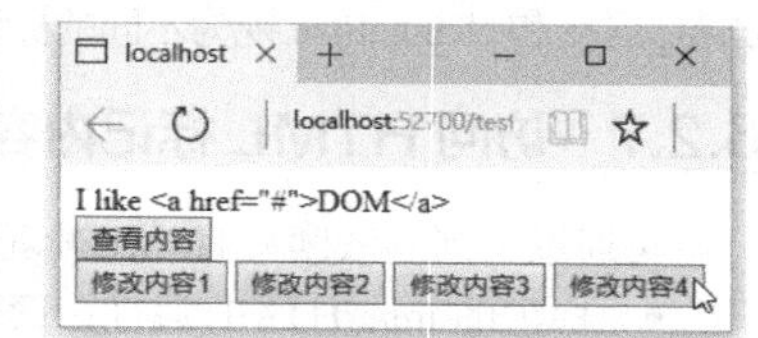

图 6-26　使用 nodeValue 属性

6.2.8　创建、添加和删除结点

在上一小节中，我们使用了结点的 innerHTML、innerText、textContent 和 nodeValue 等属性来修改 HTML 文档内容。DOM 也提供了相应的方法来操作文档结点。

1. 创建、添加结点

Document 对象的 createElement()方法可创建指定标记名的结点，createTextNode()方法可创建文本结点。Node 对象的 appendChild()方法可将指定结点作为子结点添加到它的最后一个子结点之后，成为新的 lastChild。

【例 6-14】 创建、添加结点。源文件：06\test6-14.html。

在页面中放置一个<div>标记、一个<input>标记和一个<button>标记。单击<button>标记时，为<div>标记添加子结点，子结点文本为<input>标记中的输入内容。

```
…
<body>
    <div id="div" style="border-style:solid;border-width:1px">
    1.原始&lt;div&gt;内容，单击按钮添加子结点</div>
    <input type="text" id="input" value="请输入"/>
```

```
        <button onclick="append()">添加子结点</button>
        <script>
            function append() {
                div = document.getElementById('div')
                input = document.getElementById('input')
                node = document.createElement('div')
                n=div.childNodes.length+1
                text = document.createTextNode(n+'.'+input.value)
                node.appendChild(text)        //添加子结点
                div.appendChild(node)         //添加子结点
            }
        </script>
    </body>
    </html>
```

在浏览器中的运行结果如图 6-27 所示。页面中对原始<div>标记的子结点进行了计数，并为其定义了边框。从运行结果可以看到，添加的子结点包含在原始<div>标记的边框之内。

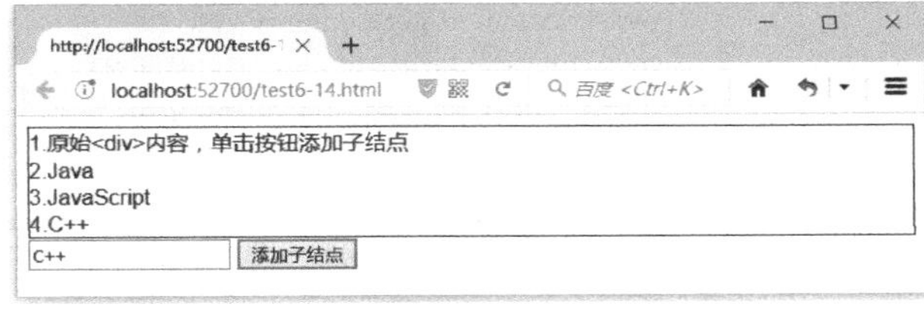

图 6-27　创建、添加子结点

2. 插入结点

Node 对象的 insertBefore(new,old)方法可将新的子结点 new 添加到原来的子结点 old 之前，old 为 null 时，new 添加到最后一个子结点之后（与 appendChild()方法相同）。

【例 6-15】 插入子结点。源文件：06\test6-15.html。

```
    …
    <body>
        <div id="div" style="border-style:solid;border-width:1px">
            1.原始&lt;div&gt;内容，单击按钮添加子结点
        </div>
        <input type="text" id="input" value="请输入" />
        <button onclick="append()">添加子结点</button>
        <script>
            var n = 0
            function append() {
                div = document.getElementById('div')
                input = document.getElementById('input')
                node = document.createElement('div')
                n = div.childNodes.length + 1
                text = document.createTextNode(n + '.' + input.value)
                node.appendChild(text)
                div.insertBefore(node, div.childNodes[0])     //插入子结点
            }
        </script>
    </body>
    </html>
```

在浏览器中的运行结果如图 6-28 所示。

图 6-28　插入子结点

3. 复制结点

Node 对象的 cloneNode(true|false)方法可复制当前结点。参数为 true 表示复制所有子结点（深度复制），参数为 false 表示不复制子结点。

【例 6-16】 复制结点。源文件：06\test6-16.html。

```
...
<body>
    <select id="old">
        <option>Java</option>
        <option>C++</option>
        <option>JavaScript</option>
    </select>
    <div id="div2">第一个&lt;div&gt;</div>
    <div id="div3">第二个&lt;div&gt;</div>
    <button onclick="copy()">简单复制</button>
    <button onclick="copy2()">深度复制</button>
    <script>
        function copy() {
            old = document.getElementById('old')
            div2 = document.getElementById('div2')
            div2.appendChild(old.cloneNode(false))
        }
        function copy2() {
            old = document.getElementById('old')
            div3 = document.getElementById('div3')
            div3.appendChild(old.cloneNode(true))
        }
    </script>
</body>
</html>
```

在浏览器中运行时，初始页面如图 6-29 所示。单击"简单复制"按钮，复制<select>标记（不包含各个<option>），将其添加到第 1 个<div>中，所以页面中只是空的下拉列表，如图 6-30 所示。单击"深度复制"按钮，复制<select>标记（包含<option>），将其添加到第 2 个<div>中，如图 6-31 所示。

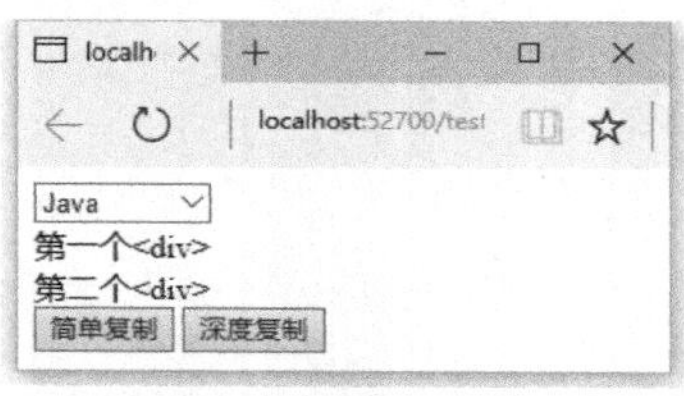

图 6-29　初始页面

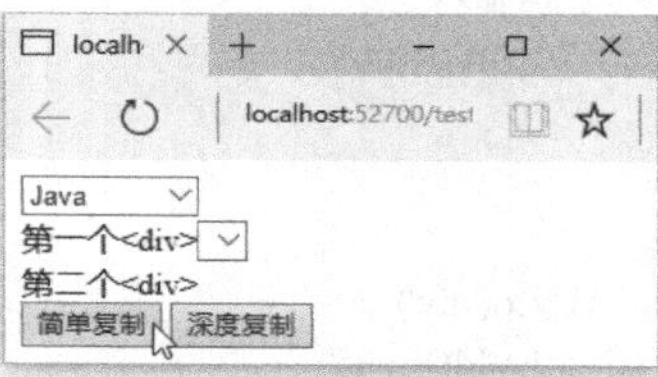

图 6-30　简单复制

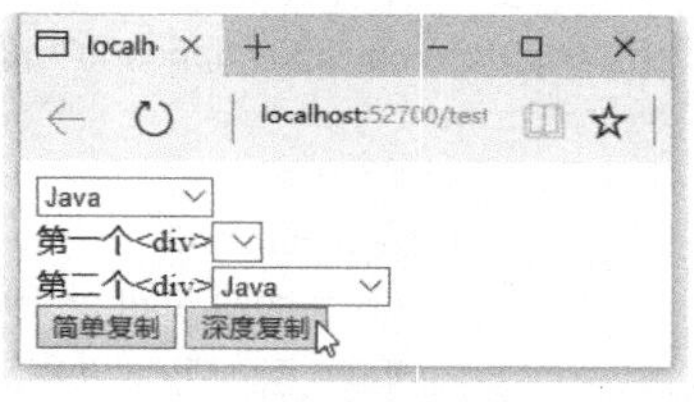

图 6-31　深度复制

4．替换结点

Node 对象的 replaceChild(new,old)方法用于将 old 子结点替换为新的 new 子结点。

【例 6-17】 替换结点。源文件：06\test6-17.html。

```
...
<body>
    <div id="div" style="border-style:solid;border-width:1px">请输入替换内容</div>
    <input type="text" id="input" value="" />
    <button onclick="replace()">替换</button>
    <script>
        var n = 0
        function replace() {
            div = document.getElementById('div')
```

```
            input = document.getElementById('input')
            text = document.createTextNode(input.value)
            div.replaceChild(text, div.childNodes[0])      //替换子结点
        }
    </script>
</body>
</html>
```

在浏览器中的运行结果如图 6-32 所示。在输入框中输入内容后，单击“替换”按钮，原来<div>标记内容的文本被替换。

图 6-32 替换结点

5. 删除结点

Node 对象的 removeChild(old)方法用于删除 old 子结点。

【例 6-18】 删除子结点。源文件：06\test6-18.html。

为例 6-14 添加一个“删除子结点”按钮，单击按钮时删除<div>标记的第 1 个子结点。

```
…
<body>
    <div id="div" style="border-style:solid;border-width:1px">
        1.原始&lt;div&gt;内容，单击按钮添加子结点
    </div>
    <input type="text" id="input" value="请输入" />
    <button onclick="append()">添加子结点</button>
    <button onclick="remove()">删除子结点</button>
    <script>
        function append() {
            div = document.getElementById('div')
            input = document.getElementById('input')
            node = document.createElement('div')
            n = div.childNodes.length + 1
            text = document.createTextNode(n + '.' + input.value)
            node.appendChild(text)          //添加子结点
            div.appendChild(node)           //添加子结点
        }
        function remove() {
            div = document.getElementById('div')
            div.removeChild(div.childNodes[0])
        }
    </script>
</body>
</html>
```

在浏览器中运行时，初始页面如图 6-33 所示。添加两个子结点后，页面如图 6-34 所示。

单击“删除子结点”按钮，删除第 1 个子结点，结果如图 6-35 所示。

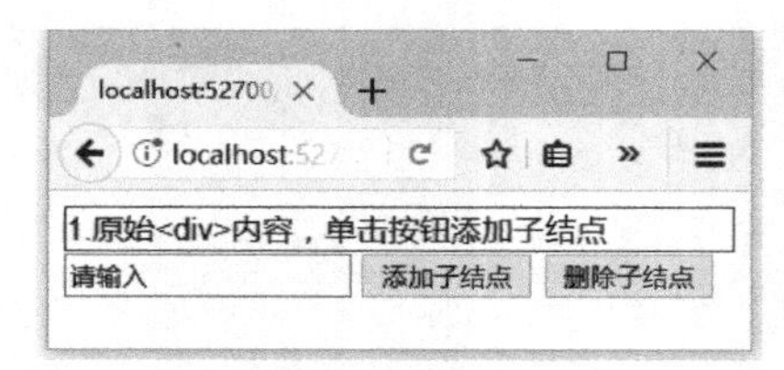

图 6-33 初始页面

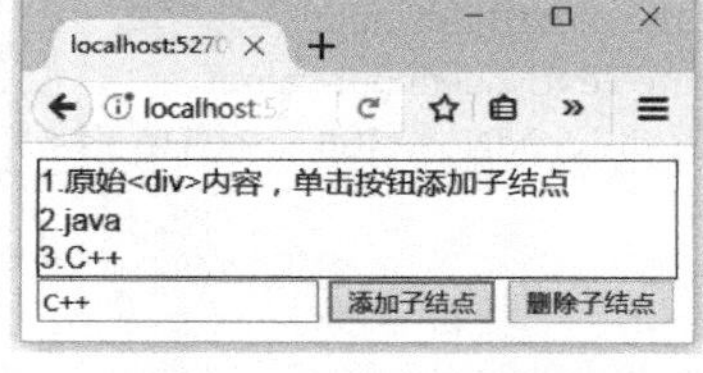

图 6-34 添加子结点后的页面

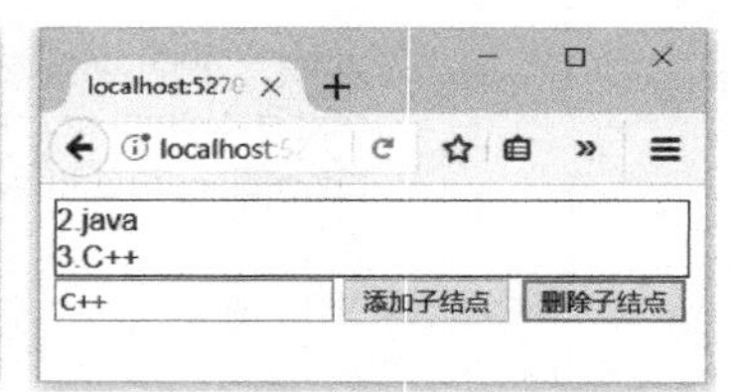

图 6-35 删除子结点

6.3 表单对象

表单用于在网页中收集用户数据。Document 对象的 forms 属性返回一个数组，数组元素为文档中的表单，每个表单都是一个 Form 对象（表单对象）。

6.3.1 引用表单和表单元素

表单和表单元素均可通过 6.2.4 小节中介绍的 Document 对象的各种 getElementX()方法来获得引用。

例如，表单定义如下。

```
<form name="form1" id="formOne">
    <input type="text" name="userid" value="asdf"/>
</form>
```

可用下面的语句来获得表单对象的引用。

```
var form = document.getElementsByName('form1')[0]
var form = document.getElementById('formOne')
var form = document.forms['form1']
var form = document.forms['formOne']
var form = document.forms.form1
var form = document.forms.formOne
var form = document.forms[0]                //0表示页面中的第1个表单
```

表单中各个元素的 name 属性值对应表单对象的一个属性，通过该属性可引用该元素。例如，下面的语句用对话框显示表单文本元素的值。

```
var form = document.forms.form1
alert(form.userid.value)
```

6.3.2 表单事件

表单对象有两个事件。

- submit：表单提交事件，在单击表单提交按钮或调用表单对象的 submit()方法时产生该事件。
- reset：表单重置事件，在单击表单重置按钮或调用表单对象的 reset()方法时产生该事件。

在表单的提交和重置事件中，返回 false 可阻止提交或重置。

【例 6-19】 处理表单提交和重置事件。源文件：06\test6-19.html。

```
…
<body>
    <form name="form1" onsubmit="return check()"
          onreset="return confirm('确认重置吗？')"
          action="javascript:alert('数据完成提交！')">
        <input type="text" name="userid" value="asdf"/>
        <input type="submit" value="提交"/>
        <input type="reset" value="重置" />
    </form>
```

```
        <script>
            function check() {
                var form = document.forms.form1
                var userid = form.userid.value
                if (parseInt(userid)) {
                    alert('数据不合法！ ')
                    return false
                }
            }
        </script>
    </body>
</html>
```

在浏览器中运行时，初始页面如图 6-36 所示。

输入数据后，单击“提交”按钮，若输入的不是数字，则执行提交操作，显示对话框提示“数据完成提交！”，否则显示对话框提示“数据不合法！”。单击“重置”按钮时，显示对话框提示“确认重置吗？”，如图 6-37 所示。

图 6-36　初始页面

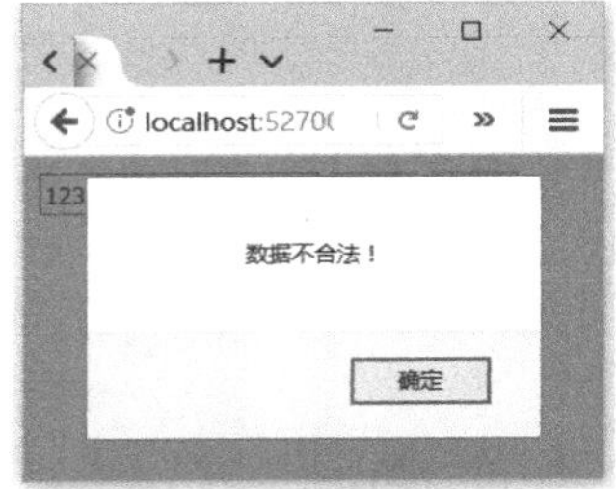

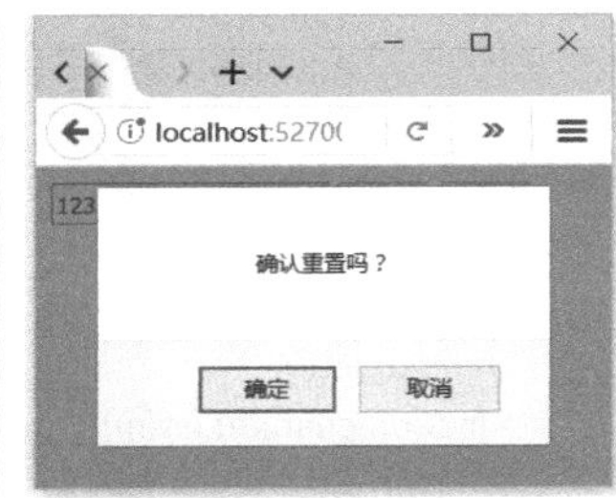

图 6-37　各种操作下的对话框

6.4　编程实践：动态人员列表

本节综合应用本章所学知识，实现动态人员列表，如图 6-38 所示。

在部门下拉列表中选择不同部门时，待选人员列表自动显示该部门人员名单。在待选人员列表中双击人员名称，可将其添加到已选人员列表(名称不重复)。在已选人员列表中双击人员名称，可将其从列表删除。

图 6-38　动态人员列表

具体操作步骤如下。

（1）在 Visual Studio 中选择“文件\新建\文件”命令，创建一个新的 HTML 文件。

（2）修改 HTML 文件，代码如下。

```
…
    <style>
        a { text-decoration: none; }
        a:hover{color:red;}
        div {
            outline-style:outset;
            border-width: 1px;
```

```
                margin: 5px;
                padding: 10px;
                width:100px;
                height:100px;
            }
        </style>
    </head>
    <body>部门:
        <select id="dep" onchange="changeList(this.value)">
            <option value="0" selected>客户部</option>
            <option value="1" >销售部</option>
            <option value="2" >生产部</option>
        </select><br>
        <table border="0">
            <tr><td valign="top">
                    待选人员列表
                    <div id="pls"></div>
                </td><td    valign="top">
                    已选人员列表
                    <div id="sel" ></div>
                </td></tr>
        </table>
        <script>
            var ps = [['张小刀', '付一凡', '王磊'], ['李小龙', '成龙', '王达三'], ['赵春风', '李丽', '成都']]
            changeList(0)
            function changeList(n) {
                var pls = document.getElementById('pls')
                pls.innerHTML = ''//清除原有人员列表
                for (var i = 0; i < ps[n].length; i++) {//添加新的人员列表
                    var p = document.createElement('a')
                    p.setAttribute('ondblclick', 'append(this.firstChild.nodeValue)')
                    p.setAttribute('href', '#')
                    var text = document.createTextNode(ps[n][i])
                    p.appendChild(text)
                    pls.appendChild(p)
                    pls.appendChild(document.createElement('br'))
                }
            }
            function append(s) {
                var pls = document.getElementById('sel')
                //检查是否已经添加了人员
                var nodes = pls.childNodes
                for (var i = 0; i < nodes.length; i++)
                    if (nodes[i].textContent == s) return //已添加，直接返回，不执行添加操作
                var p = document.createElement('a')
                p.setAttribute('ondblclick', 'remove(this)')
                p.setAttribute('href', '#')
                var text = document.createTextNode(s)
                p.appendChild(text)
                pls.appendChild(p)
                pls.appendChild(document.createElement('br'))
```

```
        }
        function remove(obj) {
            var pls = document.getElementById('sel')
            pls.removeChild(obj.nextSibling)        //删除<br>
            pls.removeChild(obj)                    //删除人员
        }
    </script>
</body>
</html>
```

（3）按【Ctrl+S】组合键保存 HTML 文件，文件名为 test6-20.html。

（4）按【Ctrl+Shift+W】组合键，打开浏览器，查看 HTML 文件显示结果。

6.5 小结

JavaScript 使用各种内置的对象来操作浏览器和 HTML 文档。和浏览器有关的对象主要有 Window、Navigator、Location 和 History 等。和 HTML 文档有关的对象主要有 Document、Form 和 Image 对象等。Window 对象是顶层对象，其他的各种对象都通过其属性（或者子对象的属性）来获得。本章主要介绍了最常用的 Window、Document 和 Form 等对象。

6.6 习题

1. 列举几个 Window 对象的子对象。
2. Window 对象和 Document 对象的 open()方法有何区别？
3. 请问如何让浏览器原样显示 JavaScript 脚本输出的内容？
4. 请简述表单的提交和重置事件。
5. 设计一个具有个位数加法、减法和乘法的随机题目测试功能页面，其初始页面如图 6-39 所示。

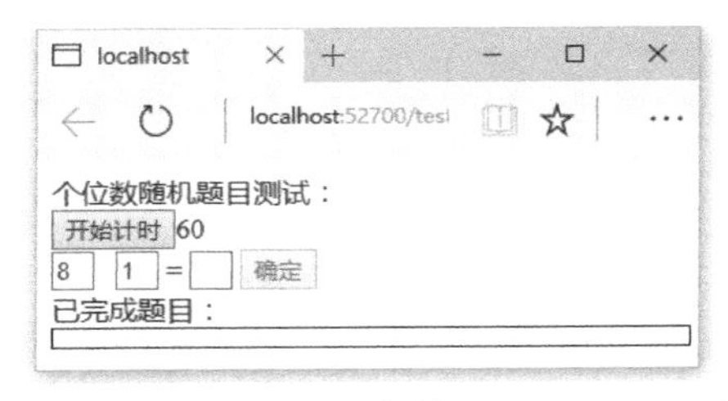

图 6-39　初始页面

单击“开始计时”按钮，开始 60s 倒数，同时显示随机题目。输入答案，单击“确定”按钮确认，同时将完成题目添加到“已完成题目”列表中，如图 6-40 所示。在答题过程中，单击“开始计时”按钮，可重新开始 60s 倒数。倒数为 0 时，“确定”按钮无效，如图 6-41 所示。

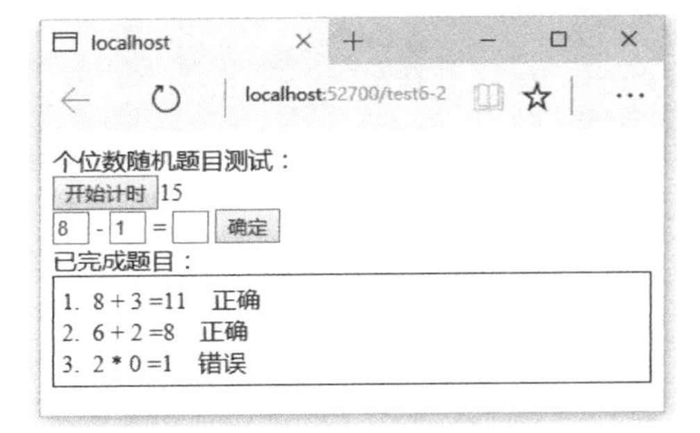

图 6-40　答题过程页面

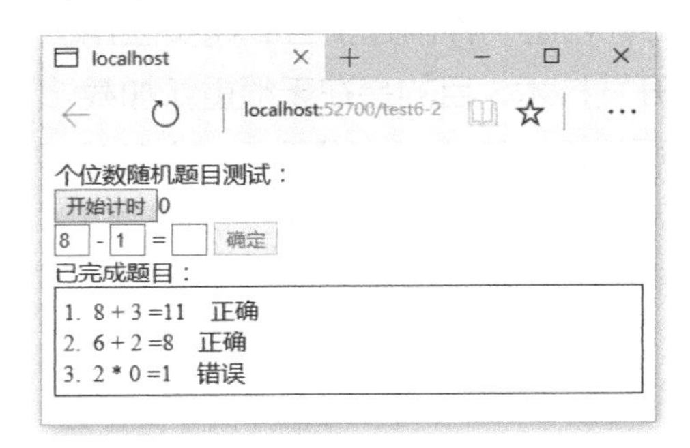

图 6-41　倒数结束页面

PART07

第7章

AJAX

重点知识：

- 使用AJAX完成HTTP请求
- 使用<script>完成HTTP请求

■ AJAX是Asynchronous JavaScript And XML的缩写，即异步JavaScript和XML，它是一种创建交互式网页应用的网页开发技术，目的是在无须重新加载整个网页的情况下更新部分网页。AJAX主要涉及JavaScript、HTML、XML和DOM等客户端网页技术。

7.1 使用AJAX完成HTTP请求

AJAX用于在后台发起HTTP请求，在无须用户干预的情况下向服务器发送或请求数据，并将响应结果加载到当前页面中。

7.1.1 AJAX概述

AJAX概述

AJAX并不是新技术，它主要涉及JavaScript、HTML、XML和DOM等客户端网页技术。

在传统Web开发模式下，获取服务器数据意味着浏览器会发起一个HTTP请求，服务器接收到请求后，返回响应结果。浏览器接收到响应结果后，将其显示在浏览器窗口中。在这种模式下，即使仅仅修改页面中的一个字符，也需要从服务器返回包含该字符的整个HTML文档内容。并且，在浏览器显示出响应结果之前，用户只能等待。

传统Web开发模式的显著缺点就是，响应HTTP请求总是需要返回新页面的HTML内容，这增加了网络数据流量和服务器计算工作量，用户体验也差。

AJAX技术在后台发起HTTP请求，不影响用户继续浏览当前页面。服务器只返回更新页面必需的数据，这些数据通常为一个字符串。浏览器在接收到响应后，在不刷新页面的情况下，通过JavaScript脚本将响应内容显示在当前页面中。

AJAX的一种典型应用就是搜索提示。例如，在图7-1所示的百度搜索中，在输入搜索字符串Java时，自动提示相关的推荐搜索列表。

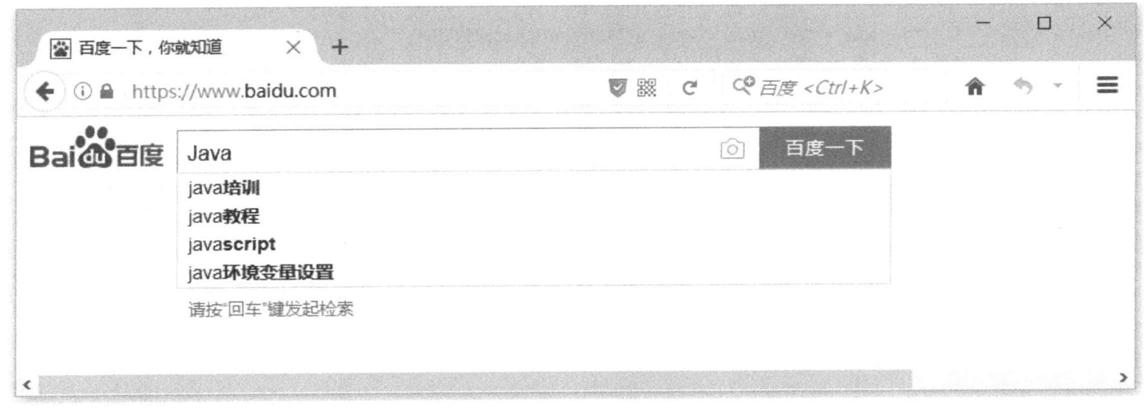

图7-1 AJAX应用举例

AJAX使用XMLHttpRequest对象来完成HTTP请求。典型的AJAX请求脚本通常包含下列基本步骤。

（1）创建XMLHttpRequest对象。

（2）设置readystatechange事件处理函数。

（3）打开请求。

（4）发送请求。

AJAX请求脚本基本结构如下。

```
var xhr = getXMLHttpRequest()                //创建XMLHttpRequest对象
xhr.onreadystatechange = function () {       //设置readystatechange事件处理函数
    ...                                      //处理服务器返回的响应结果
}
xhr.open("GET", "ajaxtext.txt")              //打开请求
```

```
xhr.send()                                    //发送请求
```

7.1.2 创建 XMLHttpRequest 对象

创建 XMLHttpRequest 对象

Edge、IE、Firefox、Chrome、Safari 及 Opera 等浏览器均支持调用内置的 XMLHttpRequest()函数来创建 XMLHttpRequest 对象。例如：

```
var xhr = new XMLHttpRequest()
```

早期的 IE（IE 5 和 IE 6）使用 ActiveX 对象来代替 XMLHttpRequest 对象。例如：

```
var xhr=new ActiveXObject("Msxml2.XMLHTTP")
```

或者：

```
var xhr=new ActiveXObject("Microsoft.XMLHTTP")
```

【例 7-1】 跨浏览器创建 XMLHttpRequest 对象。源文件：07\test7-1.html。

```
…
<body>
    <script>
        var xhr
        if (window.XMLHttpRequest) {//Edge、IE、Firefox、Chrome、Safari以及Opera等
            xhr = new XMLHttpRequest()
        } else if (window.ActiveXObject) {//IE5、IE6
            try {
                xhr = new ActiveXObject('Msxml2.XMLHTTP')
            } catch (e) {
                try {
                    xhr = new ActiveXObject('Microsoft.XMLHTTP')
                } catch (e) { }
            }
        }
        if (xhr)
            alert('已成功创建XMLHttpRequest对象！ ')
        else
            alert('无法创建XMLHttpRequest对象，\n请使用Edge、IE、Firefox、Chrome、Safari以及Opera等浏览器的最新版本！ ')
    </script>
</body>
</html>
```

在浏览器中的运行结果如图 7-2 所示。

图 7-2 跨浏览器创建 XMLHttpRequest 对象

7.1.3 XMLHttpRequest 对象常用属性

XMLHttpRequest 对象常用属性如下。

1. onreadystatechange

该属性用于设置 readystatechange 事件处理函数。

2. readystate

该属性用于返回 AJAX 请求的处理状态。readystate 属性有下列 5 种取值。

- 0：请求未初始化。
- 1：服务器连接已建立。
- 2：请求已接收。
- 3：请求处理中。
- 4：请求已完成，且响应已就绪。

readystate 属性发生改变时会产生 readystatechange 事件，JavaScript 调用事件处理函数处理响应。

3. status 属性

status 属性返回服务器处理 HTTP 请求的状态码。常用状态码如下。

- 200：请求已成功处理。
- 202：请求已接受，但未成功处理。
- 400：错误的请求。
- 404：文件未找到。
- 408：请求超时。
- 500：服务器内部错误。

status 属性值在执行 send()方法时发送了 HTTP 请求，获得服务器返回的响应后才有意义。

4. responseText 和 responseXML

responseText 和 responseXML 属性都用于获得服务器对 HTTP 请求的响应内容。如果服务器响应内容是普通文本字符串，则使用 responseText 属性。如果服务器的响应内容为 XML 格式，并准备将其作为 XML 对象来解析，则使用 responseXML 属性。

7.1.4 XMLHttpRequest 对象常用方法

XMLHttpRequest
对象方法

XMLHttpRequest 对象常用方法如下。

1. open()方法

open()方法用于设置 AJAX 发起 HTTP 请求时采用的方法、请求目标和其他参数。其基本语法格式如下。

```
xhr.open("method" , "url" , asyn , "username" , "password" )
```

其中，xhr 为 XMLHttpRequest 对象。method 为请求方法，例如 get 或 post。url 为请求的服务器文件 URL。asyn 为 true（同步）或 false（异步，默认值）。username 为用户名，password 为密码。除了 method 和 url 外，其他参数均可省略。

通常，只请求服务器数据时使用 get 方法，向服务器提交数据时使用 post 方法。请求的服务器文件的类型不限，xml、txt、asp、aspx、jsp 或其他文件均可。

典型的 AJAX 是异步操作，即 open()方法的第 3 个参数为 false，如果是 true，则表示执行同步操作。

如果请求的服务器文件需要验证用户身份，则需要在 open()方法中提供用户名和密码。open()方法中提供的用户名和密码以明文方式传递，存在被拦截的风险，慎用。

例如，下面的语句采用 get 方法异步请求服务器端的 data.xml 文件。

```
xhr.open("get" , "data.xml")
```

2. send()方法

send()方法用于将 HTTP 请求发送给服务器，其基本语法格式如下。

```
xhr.send(str)
```

参数 str 为传递给服务器的数据（数据封装为 URL 查询参数格式），可以省略。

例如，服务器端处理查询的 ASP 文件为 doQuery.asp，可用下面的语句来发起 HTTP 请求。

```
var str = "type=程序设计&kword=Java"
xhr.open("post", "doQuery.asp")
xhr.send(str)
```

也可将查询参数放在 open()方法的 url 中。例如：

```
var str = "type=程序设计&kword=Java"
xhr.open("post", "doQuery.asp?" + str)
xhr.send()
```

3. setRequestHeader()方法

setRequestHeader()方法用于设置 HTTP 请求头。例如：

```
xhr.setRequestHeader('Content-type', 'text/plain,charset=UTF-8')
```

setRequestHeader()方法必须在 open()方法之后、send()方法之前进行调用，否则会出错。

4. getRequestHeader()方法

getRequestHeader()方法返回服务器响应的 HTTP 头参数。例如：

```
var ctype = xhr.getRequestHeader('Content-type')
```

5. getAllRequestHeaders()方法

getAllRequestHeaders ()方法以字符串的形式返回服务器响应的 HTTP 头的全部参数。例如：

```
var rheaders= xhr.getAllRequestHeaders()
```

6. abort()方法

abort()方法用于停止当前异步请求。例如：

```
xhr.abort()
```

【例 7-2】 获取 AJAX 请求状态和响应结果。源文件：07\test7-2.html。

先在 Visual Studio 中创建一个文本文件 ajaxtext.txt，其内容为：

```
AJAX请求响应内容
```

然后创建一个 HTML 文件 test7-2.html，其代码如下。

```
…
<body>
    <div id="myDiv"></div>
    <button onclick="doAjaxRequest()">发起AJAX请求</button>
    <script>
        var myDiv = document.getElementById("myDiv")
        window.onerror = function (msg, url, line) {      //处理脚本错误
            alert('出错了：\n错误信息：' + msg + '\n错误文档：' + url + '\n出错位置：' + line)
        }
        function getXMLHttpRequest() {//创建XMLHttpRequest对象
            var xhr
            if (window.XMLHttpRequest) {//Edge、IE 7+、Firefox、Chrome、Safari及Opera等
                xhr = new XMLHttpRequest()
            } else if (window.ActiveXObject) {//IE5、IE6
                try {
                    xhr = new ActiveXObject('Msxml2.XMLHTTP')
                } catch (e) {
                    try {
                        xhr = new ActiveXObject('Microsoft.XMLHTTP')
```

```
                } catch (e) {}
            }
        }
        if (xhr)
            return xhr
        else
            return false
    }
    function doAjaxRequest() {
        var xhr = getXMLHttpRequest()   //创建XMLHttpRequest对象
        if (!xhr) {
            alert('你使用的浏览器不支持AJAX，请使用Edge、IE 7+、Firefox、Chrome、Safari以及Opera等
最新版本浏览器')
            return
        }
        xhr.onreadystatechange = function () {
            node = document.createElement('div')
            node.textContent = 'readyState = ' + xhr.readyState + ' status = ' + xhr.status
            myDiv.appendChild(node)
            if (xhr.readyState == 4 && xhr.status == 200) {
                node = document.createElement('div')
                node.textContent = '响应结果 = ' + xhr.responseText
                myDiv.appendChild(node)
                node = document.createElement('div')
                node.textContent = '响应头 ： ' + xhr.getAllResponseHeaders()
                myDiv.appendChild(node)
            }
        }
        xhr.open("GET", "ajaxtext.txt")
        xhr.send()
    }
  </script>
</body>
</html>
```

在 Visual Studio 中切换到 test7-2.html 编辑窗口后，按【Ctrl+Shift+W】组合键打开浏览器，查看 test7-2.html 文件运行结果。单击“发起 AJAX 请求”按钮，页面中可输出 readyState、status 属性变化，以及相应结果和响应头，如图 7-3 所示。

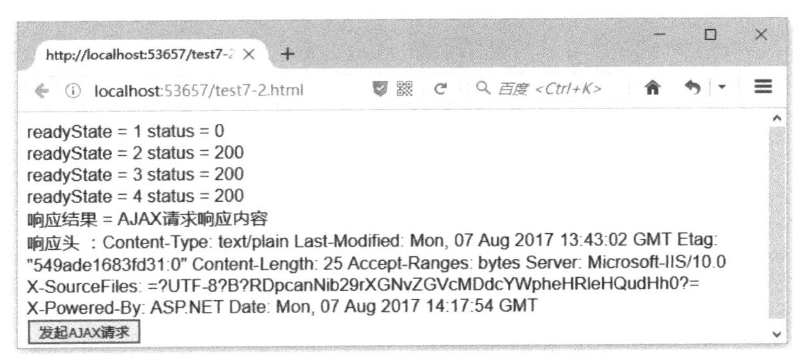

图 7-3　获取 AJAX 请求状态和响应结果

默认请求下，Firefox 浏览器对内容使用 gzip 进行编码，这会导致中文内容显示为乱码。所以，例 7-2 在 IE、Edge 和 Chrome 浏览器中测试时，中文内容正常显示，但 Firefox 浏览器中却显示为乱码。要保证例 7-2 在 Firefox 浏览器中正常显示中文，需要关闭 Firefox 浏览器默认的 gzip 设置。

关闭 Firefox 浏览器默认的 gzip 设置的具体操作步骤如下。

（1）在 Firefox 浏览器地址栏中输入 about:config，按【Enter】键确认，打开图 7-4 所示的页面。

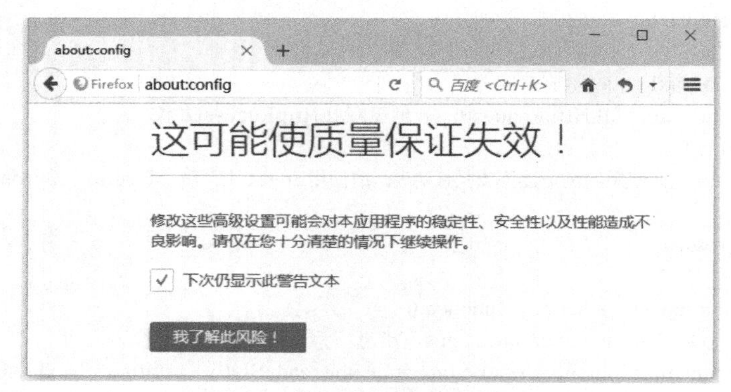

图 7-4　确认修改设置的风险页面

（2）单击“我了解此风险!”按钮，打开 Firefox 设置列表，如图 7-5 所示。

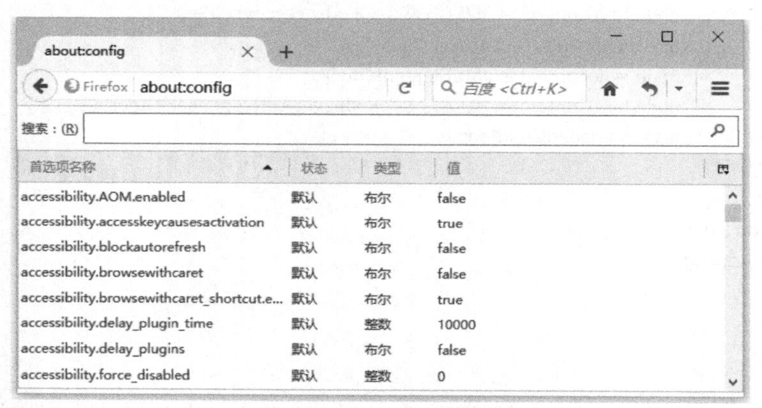

图 7-5　Firefox 设置列表

（3）在“搜索”栏中输入 encoding，筛选出和编码有关的设置，如图 7-6 所示。

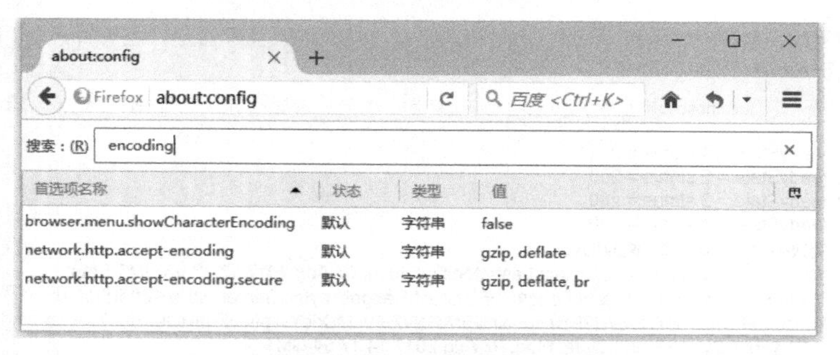

图 7-6　筛选出编码设置选项

（4）双击 network.http.accept-encoding，打开选项值编辑对话框，如图 7-7 所示。

图 7-7 编辑选项值

（5）将默认的选项值清空，单击“确定”按钮关闭对话框。

关闭了 Firefox 浏览器默认的 gzip 设置后，再测试 test7-2.html，AJAX 请求返回的中文内容即可正常显示了。

7.1.5 处理普通文本响应结果

响应的接收与处理

XMLHttpRequest 对象的 responseText 用于获得普通文本响应结果。在服务器端，响应内容通常使用脚本动态生成。

【例 7-3】 采用 get 方法向服务器提交学生学号，返回其姓名、班级、年龄等信息。源文件：07\test7-3.html、test7-3-2.asp。

具体操作步骤如下。

（1）在 Visual Studio 中选择“文件\新建\文件”命令，创建一个新的 HTML 文件。

（2）修改文件内容，代码如下。

```
<%@ language="javascript"%>
<%
    //准备数据，实际应用中，这些数据可存储于数据库中
    var data=[{no:'20170001',cn:"高一、8班",name:"李雷雷",age:15},
        {no:'20170002',cn:'高一、5班',name:'张梅梅',age:14},
        {no:'20170003',cn:'高一、6班',name:'王大雷',age:16},
        {no:'20170004',cn:'高一、1班',name:'李三思',age:15}]
    kword=Request("kword")
    i=0
    for(;i<data.length;i++)
        if(data[i].no==kword) break
    if(i==data.length)
        Response.Write("无该学号！")
    else{
        Response.Write('<b>班级：</b>'+data[i].cn+'<br>')
        Response.Write('<b>姓名：</b>'+data[i].name+'<br>')
        Response.Write('<b>年龄：</b>'+data[i].age)
    }
%>
```

（3）按【Ctrl+S】组合键保存文件，文件类型选择为“所有文件”，文件名为 test7-3-2.asp。

（4）再创建一个新的 HTML 文件。文件内容如下。

```
…
<body>
    请输入学号：
    <input id="sno" oninput="doAjaxRequest()" />
```

```
        <div id="myDiv"></div>
        <script>
            var myDiv = document.getElementById("myDiv")
            var sno = document.getElementById('sno')
            function doAjaxRequest() {
                //检验输入是否为8位数字字符串
                var no = sno.value
                var vno = parseInt(no)
                if ((vno % 1 != 0 && (vno + '') != no) || no.length != 8) {
                    myDiv.innerHTML = "<font color=red>输入无效</font>"
                    return
                }
                var xhr = getXMLHttpRequest()                          //创建XMLHttpRequest对象
                if (!xhr) {
                    alert('你使用的浏览器不支持AJAX，请使用Edge、IE 7+、Firefox、Chrome、Safari以及Opera等
最新版本浏览器')
                    return
                }
                xhr.onreadystatechange = function () {
                    if (xhr.readyState == 4 && xhr.status == 200)   //处理响应结果
                        myDiv.innerHTML = xhr.responseText
                }
                xhr.open("get", "test7-3-2.asp?kword="+no)
                xhr.send()
            }
            window.onerror = function (msg, url, line) {                //处理脚本错误
                alert('出错了：\n错误信息：' + msg + '\n错误文档：' + url + '\n出错位置：' + line)
            }
            function getXMLHttpRequest() {//创建XMLHttpRequest对象
                ...
            }
        </script>
    </body>
    </html>
```

（5）按【Ctrl+S】组合键保存 HTML 文件，文件名为 test7-3.html。

（6）按【Ctrl+Shift+W】组合键，打开浏览器，查看 HTML 文件显示结果。

脚本在输入框<input>的 input 事件中调用 doAjaxRequest()函数，即在用户输入的过程中调用该函数，检查输入是否为 8 位数字字符串。如果不是则显示提示信息，不执行服务器请求。如果是，则发起 AJAX 请求，将输入的数据发送给服务器端的 test7-3-2.asp。test7-3-2.asp 根据接收到的数据，在数组中查询是否有匹配的学号。如果有，则将学生信息写入响应，否则在响应中写入无学号提示信息。

在浏览器中运行时，初始页面如图 7-8 所示。

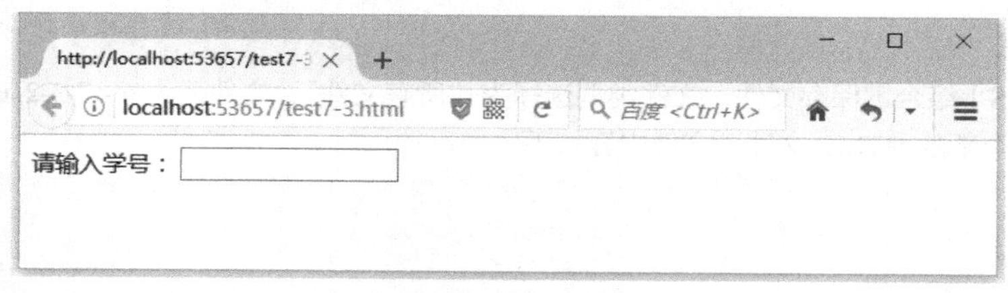

图 7-8　初始页面

任意输入数据，当数据不是8位数字时，输入框下方显示提示信息，如图7-9所示。

图7-9 输入无效提示

输入一个8位的数字，如12345678。此时输入符合要求，输入框下方会显示无学号提示信息，如图7-10所示。

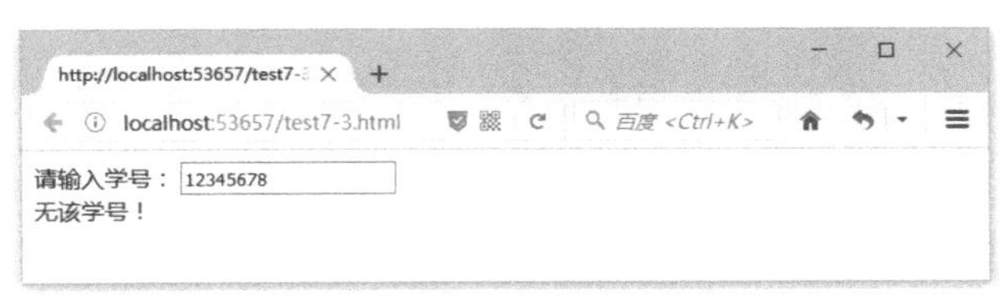

图7-10 无学号提示

输入20170001，输入框下方显示该学生的班级、姓名和年龄信息，如图7-11所示。

图7-11 显示正确学号的学生信息

7.1.6 处理XML响应结果

responseXML属性返回包含响应结果的XML对象，进一步使用XML DOM解析即可获得具体数据。XML DOM与HTML DOM类似，限于篇幅，本书不再详细介绍XML DOM。

【例7-4】 修改例7-3，以XML文档格式返回响应结果，并对其进行解析。源文件：07\test7-4.html、test7-4-2.asp。

test7-4-2.asp在服务器端处理HTTP请求，返回XML文档内容。代码如下。

```
<%@ language="javascript"%>
<%
    //准备数据，实际应用中，这些数据可存储于数据库中
    var data=[{no:'20170001',cn:"高一、8班",name:"李雷雷",age:15},
        {no:'20170002',cn:'高一、5班',name:'张梅梅',age:14},
        {no:'20170003',cn:'高一、6班',name:'王大雷',age:16},
        {no:'20170004',cn:'高一、1班',name:'李三思',age:15}]
    kword=Request("kword")
    i=0
    for(;i<data.length;i++)
        if(data[i].no==kword) break
    if(i==data.length)
        Response.Write("无该学号！")
```

```
        else{   //生成XML响应结果
            Response.ContentType="text/xml;charset=UTF-8"
            Response.Write('<root>')
            Response.Write('<class>'+data[i].cn+'</class>')
            Response.Write('<name>'+data[i].name+'</name>')
            Response.Write('<age>'+data[i].age+'</age>')
            Response.Write('</root>')
        }
%>
```

test7-4.html 在浏览器中接收用户输入，发起 HTTP 请求，处理响应结果，代码如下。

```
…
<body>
    请输入学号：
    <input id="sno" oninput="doAjaxRequest()" />
    <div id="myDiv"></div>
    <script>
        var myDiv = document.getElementById("myDiv")
        var sno = document.getElementById('sno')
        function doAjaxRequest() {
            //检验输入是否为8位数字字符串
            var no = sno.value
            var vno = parseInt(no)
            if ((vno % 1 != 0 && (vno + '') != no) || no.length != 8) {
                myDiv.innerHTML = "<font color=red>输入无效</font>"
                return
            }
            var xhr = getXMLHttpRequest()  //创建XMLHttpRequest对象
            if (!xhr) {
                alert('你使用的浏览器不支持AJAX，请使用Edge、IE 7+、Firefox、Chrome、Safari以及Opera等
最新版本浏览器')
                return
            }
            xhr.onreadystatechange = function () {
                if (xhr.readyState == 4 && xhr.status == 200) {//处理响应结果
                    x = xhr.responseXML
                    if (!x)
                        myDiv.innerText = xhr.responseText
                    else {
                        st = x.documentElement.getElementsByTagName("class")
                        myDiv.innerHTML = '<b>班级：</b>' + st[0].firstChild.nodeValue + '<br>'
                        st = x.documentElement.getElementsByTagName("name")
                        myDiv.innerHTML += '<b>姓名：</b>' + st[0].firstChild.nodeValue + '<br>'
                        st = x.documentElement.getElementsByTagName("age")
                        myDiv.innerHTML += '<b>年龄：</b>' + st[0].firstChild.nodeValue
                    }
                }
            }
            xhr.open("get", "test7-4-2.asp?kword=" + no)
            xhr.send()
        }
        window.onerror = function (msg, url, line) {     //处理脚本错误
```

```
            alert('出错了：\n错误信息：' + msg + '\n错误文档：' + url + '\n出错位置：' + line)
        }
        function getXMLHttpRequest() {//创建XMLHttpRequest对象
            ...
        }
    </script>
</body>
</html>
```

在浏览器中的运行结果和例 7-3 完全相同，如图 7-12 所示。

图 7-12　处理 XML 文档格式返回响应结果

7.1.7　处理 JSON 响应结果

JSON 字符串在 JavaScript 中可直接转换为对象。下面是一个 JSON 字符串。

```
{class:"高一、8班",name:"李雷雷",age:15}
```

{}表示对象常量，eval()函数可将 JSON 字符串转换为对象。例如：

```
var a = eval('({class:"高一、8班",name:"李雷雷",age:15})')
```

执行该语句后，a.class、a.name、a.age 分别为对象的 3 个属性。

在服务器脚本中，可将响应内容构造为 JSON 字符串返回。

【例 7-5】 修改例 7-3，以 JSON 字符串返回响应结果。源文件：07\test7-5.html、test7-5-2.asp。

test7-5-2.asp 在服务器端返回 JSON 字符串形式的响应结果，代码如下。

```
<%@ language="javascript"%>
<%
    //准备数据，实际应用中，这些数据可存储于数据库中
    var data=[{no:'20170001',cn:"高一、8班",name:"李雷雷",age:15},
        {no:'20170002',cn:'高一、5班',name:'张梅梅',age:14},
        {no:'20170003',cn:'高一、6班',name:'王大雷',age:16},
        {no:'20170004',cn:'高一、1班',name:'李三思',age:15}]
    kword=Request("kword")
    i=0
    for(;i<data.length;i++)
        if(data[i].no==kword) break
```

```
        if(i==data.length)
            Response.Write("{error:'无该学号！'}")
        else{
            Response.Write('{class:"'+data[i].cn)
            Response.Write('",name:"'+data[i].name)
            Response.Write('",age:'+data[i].age+'}')
        }
%>
```

test7-5.html 在浏览器中接收用户输入，发起 HTTP 请求，处理响应结果，代码如下。

```
…
<body>
    请输入学号：
    <input id="sno" oninput="doAjaxRequest()" />
    <div id="myDiv"></div>
    <script>
        var myDiv = document.getElementById("myDiv")
        var sno = document.getElementById('sno')
        function doAjaxRequest() {
            //检验输入是否为8位数字字符串
            var no = sno.value
            var vno = parseInt(no)
            if ((vno % 1 != 0 && (vno + '') != no) || no.length != 8) {
                myDiv.innerHTML = "<font color=red>输入无效</font>"
                return
            }
            var xhr = getXMLHttpRequest()   //创建XMLHttpRequest对象
            if (!xhr) {
                alert('你使用的浏览器不支持AJAX，请使用Edge、IE 7+、Firefox、Chrome、Safari以及Opera等
最新版本浏览器')
                return
            }
            xhr.onreadystatechange = function () {
                if (xhr.readyState == 4 && xhr.status == 200) {//处理响应结果
                    x = eval('(' + xhr.responseText + ')')
                    if ('error' in x)
                        myDiv.innerText = x.error
                    else {
                        myDiv.innerHTML = '<b>班级：</b>' + x.class + '<br>'
                        myDiv.innerHTML += '<b>姓名：</b>' + x.name + '<br>'
                        myDiv.innerHTML += '<b>年龄：</b>' + x.age
                    }
                }
            }
            xhr.open("post", "test7-5-2.asp?kword=" + no)
            xhr.send()
        }
        window.onerror = function (msg, url, line) {        //处理脚本错误
            alert('出错了：\n错误信息：' + msg + '\n错误文档：' + url + '\n出错位置：' + line)
        }
        function getXMLHttpRequest() {//创建XMLHttpRequest对象
            …
```

```
        }
    </script>
</body>
</html>
```

在浏览器中的运行结果如图 7-13 所示。

图 7-13　处理 JSON 格式返回响应结果

7.2　使用<script>完成 HTTP 请求

<script>标记可向服务器提交 HTTP 请求，其原理为，将一个新的<script>标记插入到页面中时，若其 src 属性设置为 URL，浏览器会向服务器发送该 URL 的请求。这种方式发起的 HTTP 请求是同步执行的——等同于用 XMLHttpRequest 对象执行同步请求，用户必须等待响应返回，所以适用于耗时较小的操作。

服务器返回结果应包含一个函数调用表达式，JavaScript 执行函数来处理返回结果。例如，下面的服务器脚本输出返回结果。

```
Response.Write('getInfo('+rs+')')
```

getInfo()为客户端脚本中定义的函数。rs 为返回给客户端的数据，它作为 getInfo()函数的参数。响应结果返回到客户端时，等同于通过<script>标记来调用 getInfo()函数。

要使用<script>完成 HTTP 请求，需要使用脚本向当前页面添加一个<script>标记，并定义处理响应结果的函数。

【例 7-6】 修改例 7-3，使用<script>完成 HTTP 请求。源文件：07\test7-6.html、test7-6-2.asp。

服务器端脚本 test7-6-2.asp 将响应数据封装为函数调用返回客户端，代码如下。

```
<%@ language="javascript"%>
<%
    //准备数据，实际应用中，这些数据可存储于数据库中
    var data=[{no:'20170001',cn:"高一、8班",name:"李雷雷",age:15},
        {no:'20170002',cn:'高一、5班',name:'张梅梅',age:14},
        {no:'20170003',cn:'高一、6班',name:'王大雷',age:16},
        {no:'20170004',cn:'高一、1班',name:'李三思',age:15}]
    kword=Request("kword")
    i=0
```

```
    for(;i<data.length;i++)
        if(data[i].no==kword) break
    if(i==data.length)
        rs="{error:'无该学号！'}"
    else{
        rs = '{class:"' + data[i].cn + '",name:"' + data[i].name + '",age:' + data[i].age + '}'
    }
    Response.Write('getInfo('+rs+')')
%>
```

test7-6.html 在客户端通过脚本向页面添加一个<script>标记来请求 test7-6-2.asp，并处理响应结果，代码如下。

```
…
<body>
    请输入学号：<input id="sno" oninput="doAjaxRequest()" /><div id="myDiv"></div>
    <script>
        var myDiv = document.getElementById("myDiv")
        var sno = document.getElementById('sno')
        function doAjaxRequest() {
            //检验输入是否为8位数字字符串
            var no = sno.value
            var vno = parseInt(no)
            if ((vno % 1 != 0 && (vno + '') != no) || no.length != 8) {
                myDiv.innerHTML = "<font color=red>输入无效</font>"
                return
            }
            var script = document.createElement('script')          //创建<script>标记
            script.id="getData"
            script.src = "test7-6-2.asp?kword="+no                 //设置请求的URL
            document.body.appendChild(script)                      //将<script>标记添加到页面中
        }
        function getInfo(x) {
            if ('error' in x)
                myDiv.innerText = x.error                          //显示无匹配学号时的结果
            else {                                                 //显示匹配学号的学生信息
                myDiv.innerHTML = '<b>班级：</b>' + x.class + '<br>'
                myDiv.innerHTML += '<b>姓名：</b>' + x.name + '<br>'
                myDiv.innerHTML += '<b>年龄：</b>' + x.age
            }
            var script = document.getElementById('getData')
            script.parentNode.removeChild(script)                  //删除<script>标记
        }
        window.onerror = function (msg, url, line) {               //处理脚本错误
            alert('出错了：\n错误信息：' + msg + '\n错误文档：' + url + '\n出错位置：' + line)
        }
    </script>
</body>
</html>
```

在浏览器中的运行结果如图 7-14 所示。

图 7-14　使用<script>完成 HTTP 请求

7.3　编程实践：用户注册页面

本节综合应用本章所学知识，实现用户注册页面，如图 7-15 所示。用户注册页面主要功能如下。

1. 用户 ID 规则和有效性提示

“用户 ID”输入框获得焦点时，下方显示规则提示。在输入时，右侧提示当前 ID 是否可用和是否被占用等信息，如图 7-16 所示。输入框失去焦点时自动隐藏提示。

图 7-15　用户注册页面

图 7-16　用户 ID 规则提示

ID 和密码规则提示功能均使用 CSS 样式来实现。通过 AJAX 请求检验 ID 是否被占用。

2. 密码 1 规则和有效性提示

“密码 1”输入框获得焦点时，下方显示密码规则提示，右侧显示密码是否有效，如图 7-17 所示。

3. 密码 2 规则提示

“密码 2”输入框获得焦点时，下方显示密码 2 规则提示，右侧显示密码 2 是否和密码 1 相同，如图 7-18 所示。

图 7-17　密码 1 规则提示

图 7-18　密码 2 规则提示

4. 验证码生成和刷新

用户需在“验证码”输入框中输入验证码，单击“刷新”链接可获得新的验证码。

5. 注册信息确认提交

单击“确定”按钮时，向服务器提交用户 ID 和密码信息。如果用户 ID 或密码有错，会在页面下方显示提示信息，如图 7-19 所示。

如果用户 ID 和密码有效，则通过 AJAX 请求提交给服务器。服务器完成保存操作后，页面下方会显示完成提示，如图 7-20 所示。

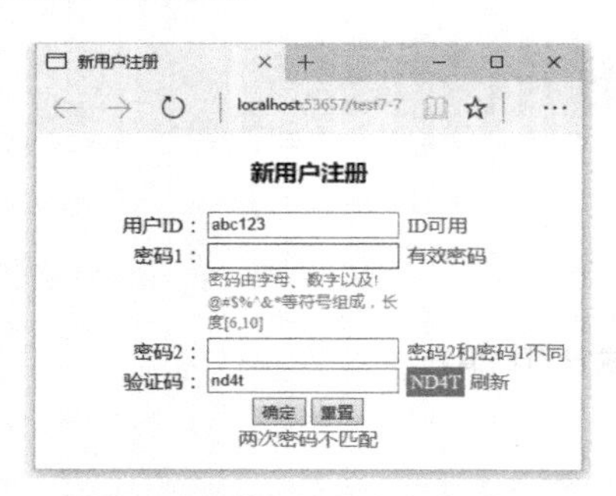

图 7-19　注册信息确认验证提示

图 7-20　成功完成注册提示

6. 页面重置

单击“重置”按钮，清除各种输入和提示信息，恢复页面到初始状态。

具体操作步骤如下。

（1）在 Visual Studio 中选择“文件\新建\文件”命令，创建一个新的 HTML 文件。

（2）修改文件，实现服务器端用户 ID 和密码保存操作，代码如下。

```
<!--test7-saveid.asp：用户ID和密码封装为对象常量字符串，例如{id:"密码",id:"密码",…}，
  保存在服务器对象Application中，实际应用时可存储于数据库-->
<%@ language="javascript"%>
<%
    try {
        uid = Request("id")
        pwd = Request("pwd")
        users = Application('users')
        if (users == null) {
            users = '{' + uid + ':"' + pwd + '"}'
        } else {
            users=users.slice(0,-1)+ uid + ':"' + pwd + '"}'
        }
        Application('users')=users
        Response.Write('<font color=green>成功完成用户注册！</font>')
    } catch (e) {
        Response.Write('<font color=red>意外出错，请重试！</font>')
    }
%>
```

（3）按【Ctrl+S】组合键保存文件，文件名为 test7-saveid.asp（保存时应将文件类型选择为“所有文件”）。

（4）参考（1）～（3）步，再创建一个 ASP 文件 test7-checkid.asp，用于检验用户输入的 ID 是否被占用。代码如下。

```
<!--test7-checkid.asp：用户ID和密码封装为{id:"密码",id:"密码",…}格式的字符串，
 保存在Application对象中，检验ID是否被占用时，只需验证字符串是否包含该ID即可-->
```

```
<%@ language="javascript"%>
<%
    uid = Request("kword")
    users = Application('users')
    if (users == null) {
        rs = '0'        //响应字符为0表示ID未被占用
    } else {
        if (users.indexOf( uid+':' )>=0)
            rs = '1'    //响应字符为1表示ID已被占用
        else
            rs = '0'
    }
    Response.Write(rs) //输出响应字符
%>
```

（5）创建一个 HTML 文件 test7-7.html，实现客户端用户注册页面，代码如下。

```
...
    <style>
        #idhit, #pwd1hit, #pwd2hit { /*用户ID和密码规则提示默认不显示*/
            display: none
        }
        #userid:focus ~ #idhit {
            font-size: smaller;
            color: orangered;
            display: block /*用户ID输入框获得焦点时，显示规则提示*/
        }
        #pwd1:focus ~ #pwd1hit {
            font-size: smaller;
            color: orangered;
            display: block /*密码1输入框获得焦点时，显示规则提示*/
        }
        #pwd2:focus ~ #pwd2hit {
            font-size: smaller;
            color: orangered;
            display: block /*密码2输入框获得焦点时，显示规则提示*/
        }
        #scode { /*验证码显示样式*/
            border-style: ridge;
            border-width: 1px;
            padding: 2px;
            background-color: grey;
            color: white
        }
        tr{vertical-align: top}/*表格的行按顶端对齐*/
    </style>
</head>
<body>
    <center>
        <h3>新用户注册</h3>
            <table>
                <col width="200px"/><col width="160px" /><col width="200px" />
                <tr><td align="right">用户ID：</td>
```

```
                <td><input id="userid" oninput="checkId(this.value)" />
                    <div id="idhit">ID首字符为字母，包含字母和数字，长度[6,10]</div>
                </td><td><div id="idmsg"></div></td>
            </tr><tr>
                <td align="right">密码1：</td>
                <td><input id="pwd1" type="password" oninput="checkPwd1(this.value)" />
                    <div id="pwd1hit">密码由字母、数字以及!@#$%^&*等符号组成，长度[6,10]</div>
                </td><td><div id="pwd1msg"></div></td>
            </tr><tr><td align="right">密码2：</td>
                <td><input type="password" id="pwd2" oninput="checkPwd2(this.value)" />
                    <div id="pwd2hit">密码2必须与密码1相同</div>
                </td><td><div id="pwd2msg"></div></td>
            </tr><tr><td align="right">验证码：</td>
                <td><input id="code" /></td>
                <td><span id="scode"></span>
                    <a href="#" onclick="refreshCode()" style="text-decoration:none">刷新</a>
                </td>
            </tr><tr><td align="center" colspan="3">
                    <button onclick="doRegister()">确定</button>
                    <button onclick="clearAll()">重置</button>
                    <div id="result"></div>
                </td>
            </tr>
        </table>
    </center>
    <script>
        var code                    //保存原始验证码，与用户输入的验证码比对
        var idOk = false       //idOk为true表示用户ID有效，才可向服务器提交
        var pwdOk = false           //pwdOk为true表示密码1为有效密码
        refreshCode()               //页面加载时初始化动态验证码
        function refreshCode() {
            /*生成验证码的基本原理：将备选字符放在数组中，随机生成下标来获得数组元素中的字符，
              根据验证码长度，将获得的多个字符连接成字符串，保存并显示   */
            code = "";
            var codeLength = 4   //验证码的长度
            var scode = document.getElementById("scode")
            var random = new Array(0, 1, 2, 3, 4, 5, 6, 7, 8, 9, 'A', 'B', 'C', 'D', 'E',
                'F', 'G', 'H', 'I', 'J', 'K', 'L', 'M', 'N', 'O', 'P', 'Q', 'R',
                'S', 'T', 'U', 'V', 'W', 'X', 'Y', 'Z')    //随机字符
            for (var i = 0; i < codeLength; i++) {     //循环操作
                var index = Math.floor(Math.random() * 36)      //取得随机字符在数组中的下标（0~35）
                code += random[index]                           //将取得的随机字符保存到code变量中
            }
            scode.textContent = code                            //显示验证码
            document.getElementById('result').textContent=''//更改验证码时，清除上次的提交响应结果      }
        function checkId(uid) {//检查用户ID是否已被占用
            document.getElementById('result').textContent = ''//更改ID时，清除上次的提交响应结果
            var idmsg = document.getElementById('idmsg')
            var pattern = /^[A-Za-z][A-Za-z0-9]{5,9}$/
                                        //正则表达式验证ID由字母开头，包含字母和数字，长度[6,10]
            if (!pattern.test(uid)) { //用正则表达式检验ID
```

```
            idmsg.innerHTML = "<font color=red>无效ID</font>"
            idOk = false
            return
        }
        idmsg.innerHTML = "<font color=green>有效ID</font>"
        //ID有效，进一步检查是否已被占用
        var xhr = getXMLHttpRequest()  //创建XMLHttpRequest对象
        xhr.onreadystatechange = function () {//处理验证结果
            if (xhr.readyState == 4 && xhr.status == 200) {
                x = xhr.responseText
                if (x == '1') {
                    idmsg.innerHTML = "<font color=red>ID已被占用</font>"
                    idOk=false
                }else {
                    idmsg.innerHTML = "<font color=green>ID可用</font>"
                    idOk = true
                }
            }
        }
        xhr.open("post","test7-checkid.asp?kword="+uid)//用户输入的ID作为查询参数提交给服务器
        xhr.send()  //发送验证请求
    }
    function checkPwd1(pwd1) {
        var pwd1msg = document.getElementById('pwd1msg')
        document.getElementById('pwd2').value=''
        var pattern = /[A-Za-z0-9!@#$%^&*]{6,10}$/
        if (!pattern.test(pwd1)) { //检验密码是否由数字和英文字母组成，长度[6,10]
            pwd1msg.innerHTML = "<font color=red>无效密码</font>"
            pwdOk = false
        } else {
            pwd1msg.innerHTML = "<font color=green>有效密码</font>"
            pwdOk =true
        }
        document.getElementById('result').textContent = ''//更改密码时，清除上次的提交响应结果
    }
    function checkPwd2(pwd2) {
        var pwd2msg = document.getElementById('pwd2msg')
        var pwd1 = document.getElementById('pwd1').value
        if (pwd1 != pwd2) { //检验密码2和密码1是否相同
            pwd2msg.innerHTML = "<font color=red>密码2和密码1不同</font>"
        } else {
            pwd2msg.innerHTML = ""
        }
        document.getElementById('result').textContent = ''//更改密码时，清除上次的提交响应结果
    }
    function doRegister() {
        var result = document.getElementById('result')
        if (!idOk) {//验证ID是否有效
            result.innerHTML = "<font color=red>ID无效</font>"
            document.getElementById('userid').focus()
            return
        }
```

```
        var pwd1 = document.getElementById('pwd1').value
        var pwd2 = document.getElementById('pwd2').value
        if (!pwdOk || pwd1 != pwd2) {//验证密码有效性
            result.innerHTML = "<font color=red>两次密码不匹配</font>"
            document.getElementById('pwd2').value = ''
            document.getElementById('pwd1').value = ''
            document.getElementById('pwd1').focus()
            return
        }
        var scode = document.getElementById('code').value
        if (code.toLowerCase() != scode.toLowerCase()) {
            result.innerHTML = "<font color=red>验证码无效</font>"
            document.getElementById('code').value = ''
            refreshCode()          //刷新验证码
            document.getElementById('code').focus()
            return
        }
        //ID、密码和验证码均有效，向服务器提交
        var xhr = getXMLHttpRequest()  //创建XMLHttpRequest对象
        xhr.onreadystatechange = function () {
            if (xhr.readyState == 4 && xhr.status == 200) {//处理响应结果
                result.innerHTML = xhr.responseText
                idOk = false
            }
        }
        var param = "?id=" + document.getElementById('userid').value +
                    "&pwd=" + pwd1
        xhr.open("post", "test7-saveid.asp" + param)
        xhr.send()
    }
    function clearAll() {    //清除各种输入和动态提示
        document.getElementById('userid').value = ''
        document.getElementById('pwd1').value = ''
        document.getElementById('pwd2').value = ''
        document.getElementById('code').value = ''
        document.getElementById('idmsg').textContent = ''
        document.getElementById('pwd1msg').textContent = ''
        document.getElementById('pwd2msg').textContent = ''
        document.getElementById('result').textContent = ''
        refreshCode()
        idOk = false, pwdOk = false
    }
    window.onerror = function (msg, url, line) {     //处理脚本错误
        alert('出错了：\n错误信息：' + msg + '\n错误文档：' + url + '\n出错位置：' + line)
    }
    function getXMLHttpRequest() {//创建XMLHttpRequest对象
        var xhr
        if (window.XMLHttpRequest) {//Edge、IE 7+、Firefox、Chrome、Safari以及Opera等
            xhr = new XMLHttpRequest()
        } else if (window.ActiveXObject) {//IE5、IE6
            try {
                xhr = new ActiveXObject('Msxml2.XMLHTTP')
```

```
                } catch (e) {
                    try {
                        xhr = new ActiveXObject('Microsoft.XMLHTTP')
                    } catch (e) { }
                }
            }
            if (xhr)
                return xhr
            else
                return false
        }
    </script>
</body>
</html>
```

（6）按【Ctrl+Shift+W】组合键在浏览器中测试 test7-7.html。

7.4 小结

本章主要介绍了如何使用 AJAX 和<script>完成 HTTP 请求。AJAX 的主要目的是在不刷新页面的情况下，在后台完成数据验证，与服务器完成数据交换，将服务器响应结果显示在当前页面中。灵活地使用 AJAX 技术，可使 Web 页面为用户带来桌面应用的操作体验，这也是现代 Web 应用发展的一个趋势。

7.5 习题

1. AJAX 主要包含哪些技术?
2. 简述使用 XMLHttpRequest 对象来完成 HTTP 请求的基本过程。
3. 简述使用<script>来完成 HTTP 请求的基本原理。
4. 在本章编程实践中实现的用户注册页面的基础上，实现一个登录页面，根据注册的用户信息来完成登录验证，如图 7-21 所示。

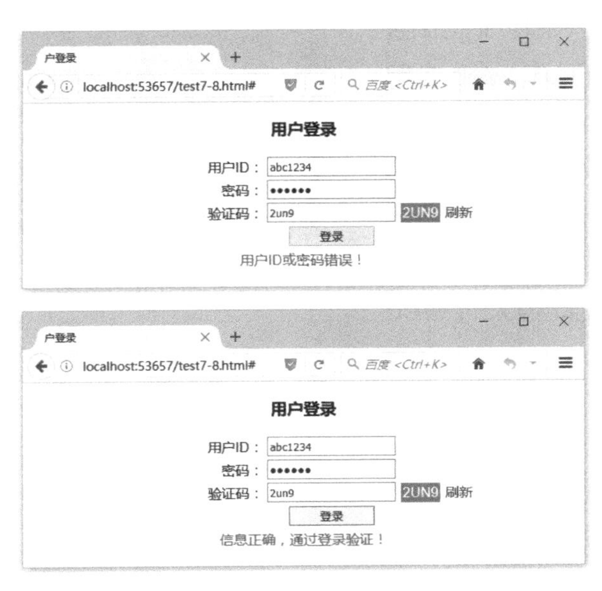

图 7-21　登录页面

PART08

第8章

jQuery简介

重点知识：

了解jQuery ■
jQuery资源 ■
使用jQuery ■

■ 富互联网应用（Rich Internet Application，RIA）是近几年Web应用发展的一个趋势，RIA为Web用户带来了桌面应用的体验。JavaScript在RIA中扮演了重要的角色，jQuery基于JavaScript，为开发人员提供强大的脚本开发支持，快速实现功能强大的Web应用。

8.1 了解 jQuery

jQuery 库简介

jQuery 是一个免费、开源的 JavaScript 库，也可将其称为框架，最初由 John Resig 开发，于 2006 年 1 月在 BarCamp（NYC）会议上发布。现在，jQuery 已发展成为一个开源项目，由 jQuery 基金（现在的 JS 基金）提供支持。jQuery UI 以 jQuery 为基础，提供用于构建 Web 图形界面的 UI 组件。jQuery Mobile 则以 jQuery 为基础，用移动平台专用组件对其进行了扩展，用于移动应用开发。

8.1.1 jQuery 主要功能

jQuery 主要提供下列功能。

- HTML 元素选取：通过 jQuery 函数快速选择 HTML 页面中的一个或多个元素。
- HTML 元素操作：控制 HTML 元素的外观和行为。
- CSS 操作：操作页面中的 CSS 样式单，为 HTML 元素添加或删除样式。
- HTML 事件函数：处理 HTML 事件。
- 特效和动画：通过预定义的函数实现各种特效和动画。
- HTML DOM 遍历和修改：调用函数实现 HTML 文档中 DOM 的遍历和修改。
- AJAX：调用函数完成 AJAX 请求，开发人员只需要关心如何处理响应结果。

除了以上功能外，还提供了各种工具函数。

8.1.2 jQuery 主要特点

1. 简洁

jQuery 库非常小，最新版的压缩库（jquery-3.2.1.min.js）只有 85KB 左右。

2. 功能强大

传统的 JavaScript 脚本编程方式，需要开发人员具备良好的程序设计功底，并熟练掌握 HTML、CSS 和 DOM 等各种 Web 开发技术。JavaScript 脚本在客户端浏览器中解释执行，在大型 Web 应用中调试和维护 JavaScript 脚本往往会成为开发人员的噩梦。

jQuery 改变了传统的 JavaScript 编程方式。使用 jQuery 提供的函数，即可快速实现各种功能，代码更加简洁、结构清晰。

3. 兼容各种浏览器

本书前面的章节回避了 JavaScript 的浏览器兼容问题，一个原因是目前的各种浏览器对 JavaScript 的支持越来越全面，另一个原因就是使用 jQuery 不需要考虑浏览器兼容问题。

jQuery 具有良好的浏览器兼容能力，支持各种主流浏览器：Chrome、Edge、Firefox、IE、Safari 和 Opera 等。通过 http://jquery.com/browser-support 可查看 jQuery 支持的各种桌面和移动浏览器，如图 8-1 所示。

8.2 jQuery 资源

jQuery 主页提供各种相关资源，如图 8-2 所示。

8.2.1 下载 jQuery

在 jQuery 主页中单击“Download”链接，可进入 jQuery 下载页面，如图 8-3 所示。

jQuery 不再对 1.×和 2.×的各种版本提供更新，下载页面只提供最新版的 jQuery 库下载。

jQuery 库有 3 种类型。

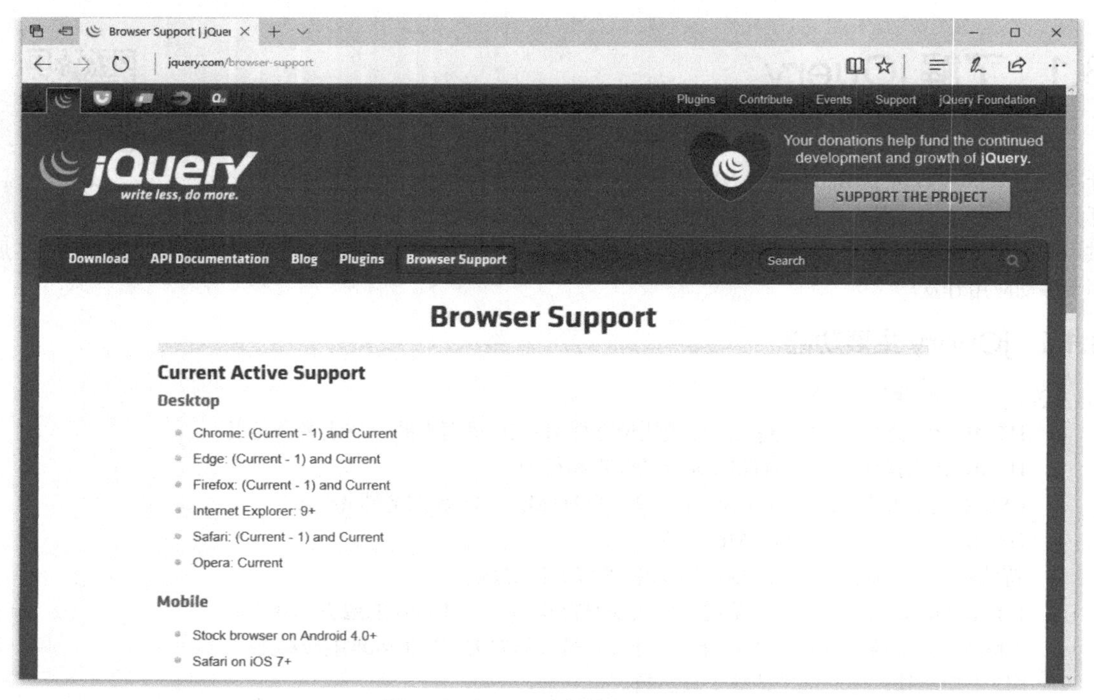

图 8-1　jQuery 支持的各种浏览器

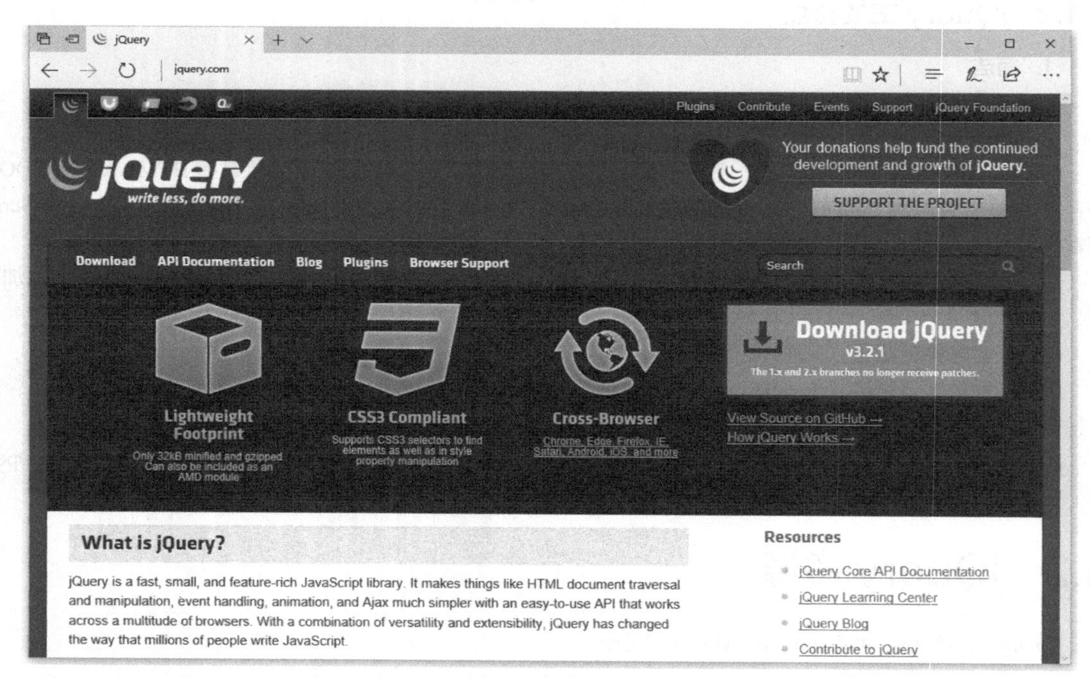

图 8-2　jQuery 主页

- uncompressed：未压缩版，包含各种注释、空白和换行符等，适用于开发阶段。库文件名为 jquery-3.2.1.js。
- compressed：压缩版，删除了各种注释、空白和换行符等，适用于 Web 应用发布。库文件名为 jquery-3.2.1.min.js。如果开发阶段使用压缩版的 jQuery 库，则可使用对应的映射（map）文件来帮助调试。

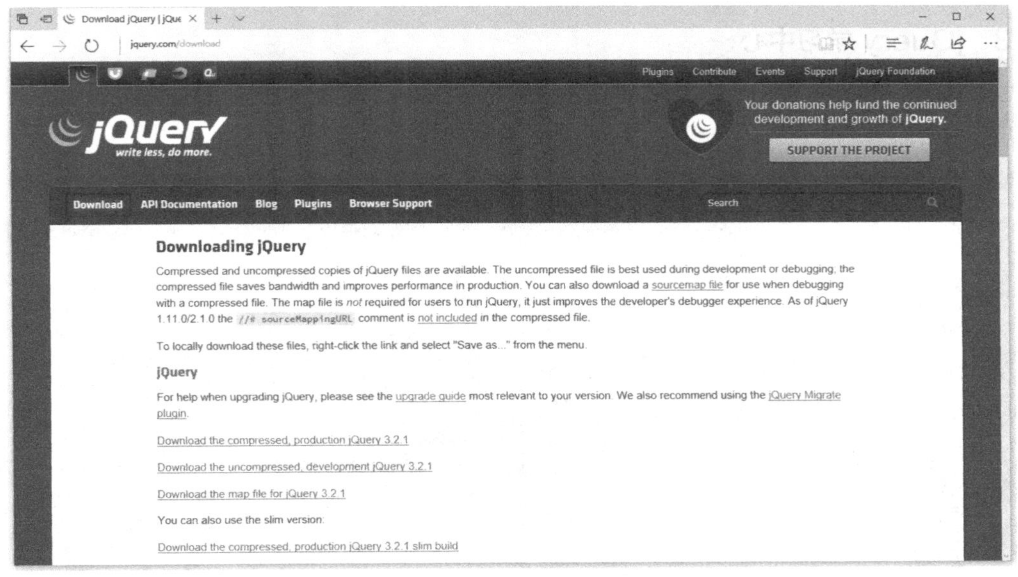

图 8-3　jQuery 下载页面

- slim：瘦身版，不包含 AJAX、效果等特性。库文件名为 jquery-3.2.1.slim.js 和 jquery-3.2.1.slim.min.js。

在下载页面中用鼠标右键单击对应的链接，在弹出的快捷菜单中选择另存为文件即可下载需要的 jQuery 库。直接单击下载链接，一些浏览器会直接打开 jQuery 库文件。

8.2.2　查看 jQuery 文档

在 jQuery 主页中单击“API Documentation”链接，可进入 jQuery 文档中心，如图 8-4 所示。

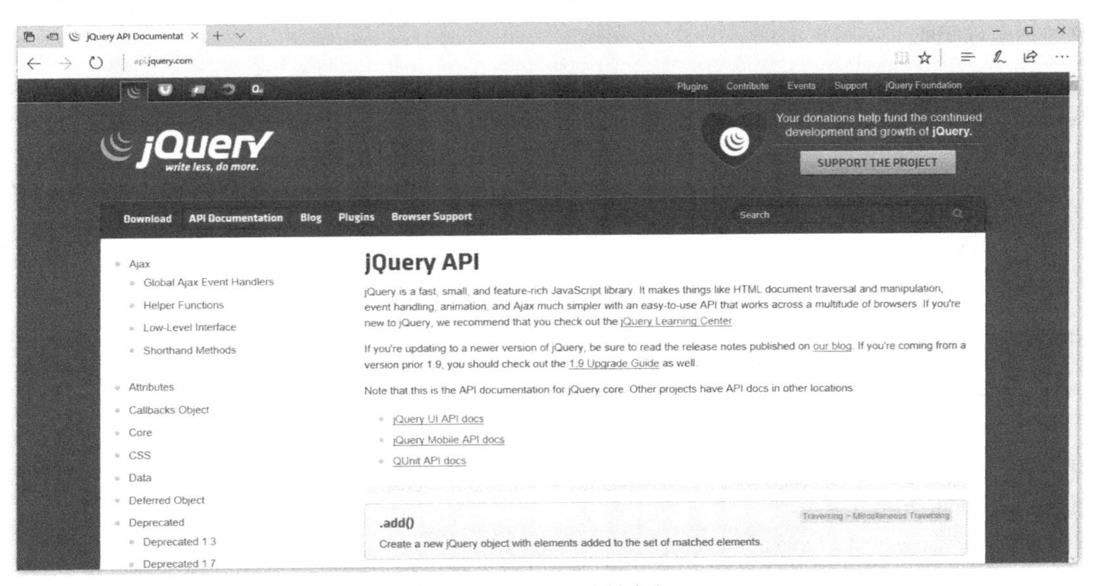

图 8-4　jQuery 文档中心

jQuery 文档中心页面左侧列出了 jQuery 库中的函数类别，单击类别可在右侧显示该类函数。单击函数名进入函数介绍页面。函数介绍页面包含了函数的详解介绍和实例。

8.2.3 jQuery 学习中心

在 jQuery 主页右侧的资源列表中单击“jQuery Learning Center”链接，可进入 jQuery 学习中心页面，如图 8-5 所示。

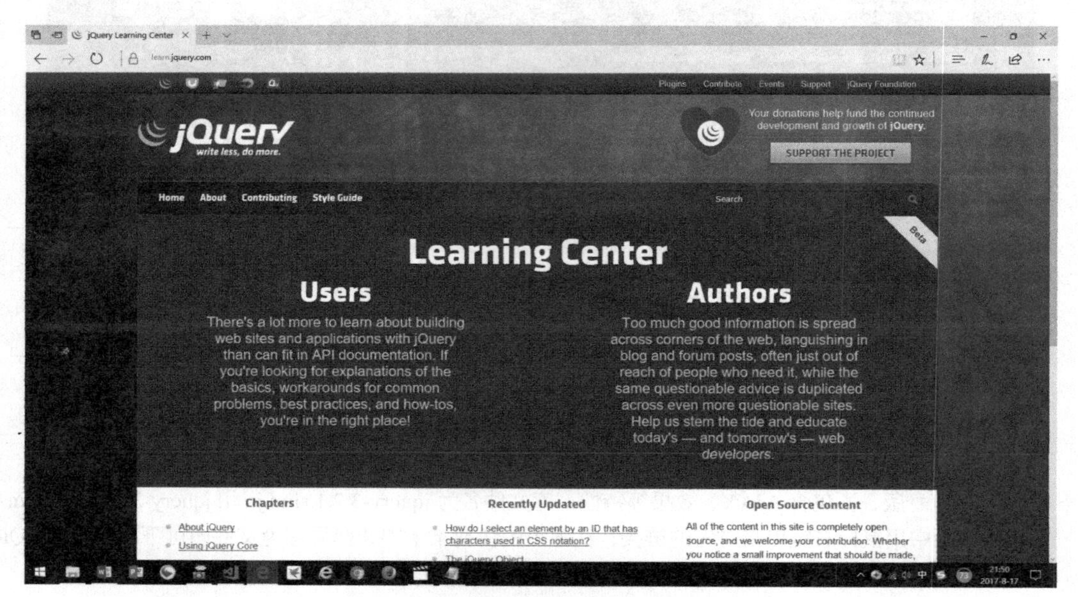

图 8-5 jQuery 学习中心

学习中心的章节（Chapters）列表包含了下列学习主题：关于 jQuery（About jQuery）、使用 jQuery 核心（Using jQuery Core）、事件（Events）、效果（Effects）、AJAX、jQuery UI、jQuery Mobile 等。单击主题链接即可进入相关主题学习页面。

8.3 使用 jQuery

引入 jQuery 的方法

要使用 jQuery 库，需要在 HTML 文件中将其引入。引入后，即可在脚本中调用 jQuery 库提供的各种函数。

8.3.1 引入 jQuery

在 HTML 文件中使用<script>标记来引入 jQuery。有两种引入 jQuery 库的方法：引用本地 jQuery 库和引用 CDN 上的 jQuery 库。

1. 引入本地 jQuery 库

通常将 jQuery 库下载到本地，放在和 HTML 文件相同的文件夹中，或者放在本地 Web 服务器的指定文件夹中。对初学者而言，建议将 jQuery 库下载到本地，放在和 HTML 文件相同的文件夹中。然后，在 HTML 文件中使用下面的语句将其引入。

```
<script src="jquery-3.2.1.min.js"></script>
```

jquery-3.2.1.min.js 是下载到本地的 jQuery 库文件名，该名称包含了版本号，“min”表示是压缩版的库文件。

对于 jQuery 库的引入，理论上可出现在 HTML 文件的任意位置，但实际上必须出现在 jQuery 库函数的调用之前。通常，各种 JavaScript 库的引入均放在 HTML 文件的<head>部分。

2. 引入 CDN 上的 jQuery 库

CDN（Content Delivery Network，内容分发网络）是互联网中免费提供文本、图片、脚本、应用程序或其他资源的网络服务器。通常，CDN 只提供各类资源的稳定版本。

几个常用的 CDN 和其上的 jQuery 最新版本查询页面如下。

- jQuery CDN：https://code.jquery.com，jQuery 3.2.1 引用地址为 https://code.jquery.com/jquery-3.2.1.js。
- 微软 CDN：https://docs.microsoft.com/en-us/aspnet/ajax/cdn/overview#jQuery_Releases_on_the_CDN_0，jQuery 3.2.1 引用地址为 http://ajax.aspnetcdn.com/ajax/jQuery/jquery-3.2.1.min.js。
- 谷歌 CDN：https://developers.google.com/speed/libraries/#jquery，jQuery 3.2.1 引用地址为 https://ajax.googleapis.com/ajax/libs/jquery/3.2.1/jquery.min.js。
- 百度 CDN：http://cdn.code.baidu.com，jQuery 2.1.4 引用地址为 http://apps.bdimg.com/libs/jquery/2.1.4/jquery.min.js。

例如，下面的语句从 jQuery CDN 引入压缩版的 jQuery 库。

```
<script src="https://code.jquery.com/jquery-3.2.1.js"></script>
```

8.3.2 实例：访问 HTML 标记

jQuery 的基本语法

第 6 章介绍了使用 DOM 访问 HTML 标记的方法：首先通过 document.getElementById()等方法获得 HTML 标记的引用，然后通过 innerHTML 等属性来修改标记内容。使用 jQuery 提供的函数，可以非常简捷地完成 HTML 元素的访问。下面通过实例说明如何使用 jQuery 来访问 HTML 标记，并修改标记内容。

【例 8-1】 使用 jQuery 实现单击按钮，改变<div>标记内容。源文件：08\test8-1.html。

```
<!DOCTYPE html>
<html lang="en" xmlns="http://www.w3.org/1999/xhtml">
<head>
    <meta charset="utf-8" />
    <script src="jquery-3.2.1.min.js"></script>
</head>
<body>
    <div id="show">单击按钮试试</div>
    <button id="btn1">按钮1</button><button id="btn2">按钮2</button>
    <script>
        $("#btn1").click(function () { $("#show").html("单击了按钮1") })
        $("#btn2").click(function () { $("#show").html("单击了按钮2") })
    </script>
</body>
</html>
```

在浏览器中运行时，初始页面如图 8-6 所示。单击“按钮 1”按钮，<div>标记内容变为“单击了按钮 1”，如图 8-7 所示。

单击“按钮 2”按钮，<div>标记内容变为“单击了按钮 2”，如图 8-8 所示。

图 8-6 初始页面

图 8-7 单击“按钮 1”按钮后的页面

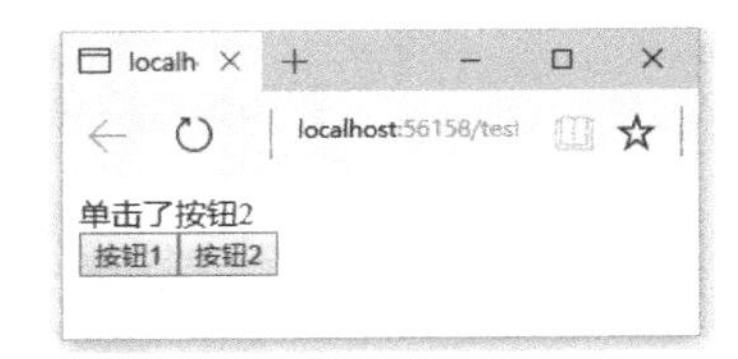

图 8-8 单击“按钮 2”按钮后的页面

在上面的脚本代码中，$("#btn1")和$("#show")用于返回指定 ID 的 HTML 标记。$("#btn1").click()方法用于

为按钮btn1注册单击事件处理函数，本例中使用了匿名函数。$("#show").html()方法用于为<div>标记指定HTML内容。

8.3.3 实例：动态操作样式

HTML 文件通常使用 CSS 来改变 HTML 标记的外观。通过 jQuery 函数，同样可以方便地完成 HTML 元素的样式控制。

【例 8-2】 使用 jQuery 实现样式的添加和删除。源文件：08\test8-2.html。

```
<!DOCTYPE html>
<html lang="en" xmlns="http://www.w3.org/1999/xhtml">
<head>
    <meta charset="utf-8" />
    <script src="jquery-3.2.1.min.js"></script>
    <style>
        .s1{color:red;font-size:larger}
    </style>
</head>
<body>
    <div id="show">请单击按钮改变文本样式</div>
    <button id="btn1">改变样式</button>
    <script>
        $("#btn1").click(function () { $("#show").toggleClass('s1') })
    </script>
</body>
</html>
```

在浏览器中运行时，默认样式效果如图 8-9 所示。

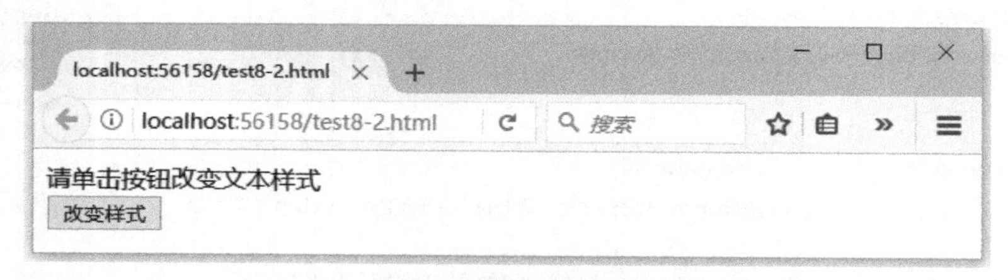

图 8-9 默认样式效果

页面中定义的 CSS 类 s1 用红色和更大的字体显示文本。单击“改变样式”按钮执行 toggleClass()方法，该方法检测<div>标记是否应用了样式 s1。如果已设置了样式，则将其删除，否则为其添加样式。在默认页面中单击“改变样式”按钮后，为<div>添加样式，如图 8-10 所示。再次单击“改变样式”按钮则会恢复原样。

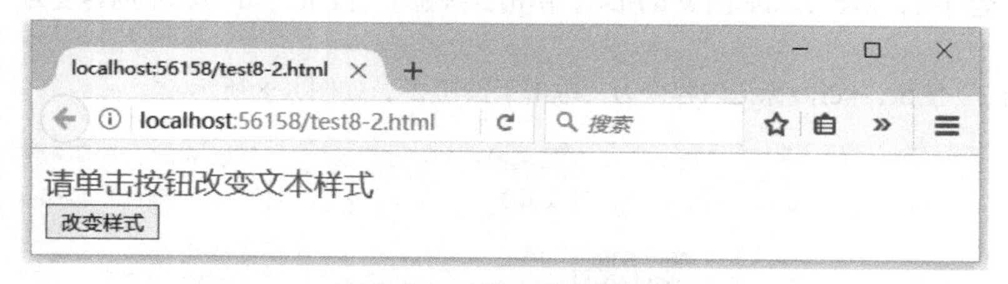

图 8-10 添加样式后的效果

8.3.4 实例：动画效果

在 JavaScript 中，要实现动画效果往往需要编写大段的代码。jQuery 库提供了大量的效果函数，简单地调用这些函数即可实现动画效果。

【例 8-3】 使用 jQuery 让图片缩小并消失。源文件：08\test8-3.html。

```
<!DOCTYPE html>
<html lang="en" xmlns="http://www.w3.org/1999/xhtml">
<head>
    <meta charset="utf-8" />
    <script src="jquery-3.2.1.min.js"></script>
</head>
<body>
    <img src="img1.jpg" width="200" height="160"/>
    <script>
        $("img").click(function () { $(this).slideUp(2000) })   //向上卷动，2s内消失
    </script>
</body>
</html>
```

在浏览器中运行时的页面如图 8-11 所示。单击图片，执行 slideUp(2000)函数，可让图片向上卷动，2s 内消失。本例中指定了图片的宽度和高度，所以是向上卷动，直到消失。未指定高度和宽度时，图片向左上角卷动，直到消失。

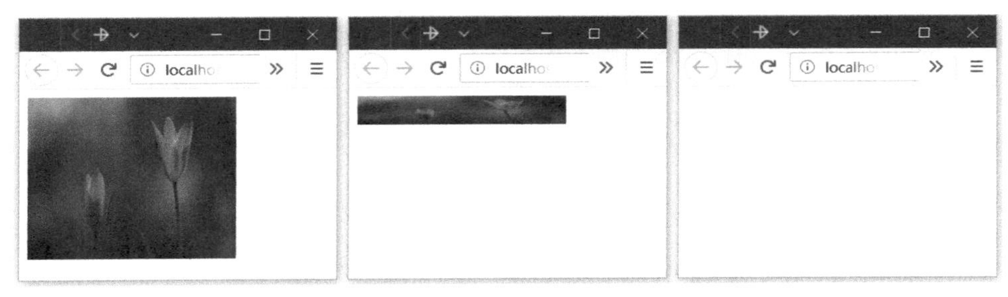

图 8-11　单击让图片消失

8.4　编程实践：页面欢迎对话框

本节综合应用本章所学知识，设计一个 HTML 文件，在打开页面时，显示一个欢迎对话框，如图 8-12 所示。

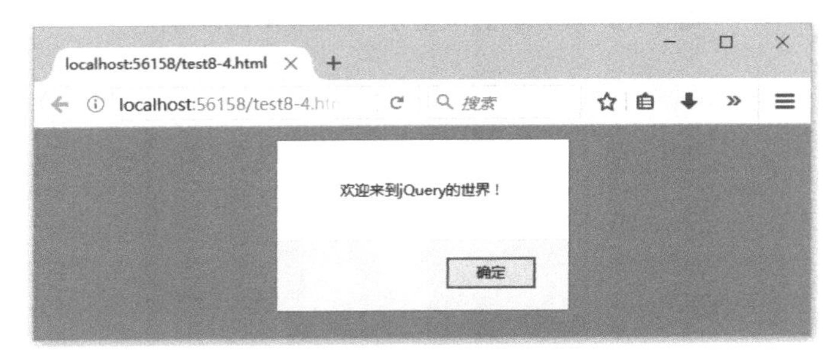

图 8-12　页面欢迎对话框

具体操作步骤如下。

（1）在 Visual Studio 中选择“文件\新建\文件”命令，创建一个新的 HTML 文件。

（2）修改 HTML 文件，代码如下。

```
<!DOCTYPE html>
<html lang="en" xmlns="http://www.w3.org/1999/xhtml">
<head>
    <meta charset="utf-8" />
    <script src="jquery-3.2.1.min.js"></script>
</head>
<body>
    <script>
        $("document").ready(function () { alert('欢迎来到jQuery的世界！') })
    </script>
</body>
</html>
```

（3）按【Ctrl+S】组合键保存 HTML 文件，文件名为 test8-4.html（注意需要将文件保存到 jquery-3.2.1.min.js 文件相同的目录中）。

（4）按【Ctrl+Shift+W】组合键，打开浏览器，查看 HTML 文件显示结果。

8.5 小结

本章简单介绍了 jQuery 的主要功能、特点和相关资源，并通过 3 个实例说明如何使用 jQuery 库轻松完成 HTML 文件中的访问标记、操作样式单和动画效果等功能。

8.6 习题

1. jQuery 的主要功能有哪些？
2. jQuery 的主要特点有哪些？
3. 如何在 HTML 文件中引入 jQuery？
4. 设计一个 HTML 页面，使用 jQuery，在页面打开时显示“欢迎使用 jQuery！”，如图 8-13 所示。

图 8-13　在页面打开时显示“欢迎使用 jQuery！”

PART09

第9章

jQuery选择器和过滤器

重点知识：

- jQuery()函数
- 基础选择器
- 层级选择器
- 过滤器

■ 选择器用于在 HTML 页面中选择要操作的 HTML 标记。jQuery 选择器规则与 CSS 中的选择器规则一致。过滤器是作用于选择器之上的筛选规则，通过限制条件进一步准确选择操作对象。本章将介绍在 jQuery 中如何使用各种选择器和过滤器来选择 HTML 标记。

9.1 jQuery()函数

jQuery()函数是 jQuery 库中最重要的一个函数，大多数 jQuery 脚本都是从 jQuery()函数开始的。$是 jQuery 的别名，绝大多数开发人员喜欢使用$()而不是 jQuery()。

9.1.1 匹配 HTML 标记

jQuery()函数的第 1 个参数有多种形式：字符串形式的 CSS 选择器、字符串形式的 HTML 标记、一个或多个 DOM 元素或者一个函数调用（包括匿名函数）。

jQuery()函数返回一个 jQuery 对象，该对象封装了参数匹配的 HTML 标记或者新建的 HTML 标记。

如果有多个匹配的 HTML 标记，则返回对象是一个 jQuery 对象数组。对 jQuery 对象执行的操作将作用于其包含的所有标记。

【例 9-1】 使用 jQuery()函数操作多个 HTML 标记。源文件：09\test9-1.html。

```
…
<body>使用jQuery()函数匹配多个标记
    <p>第一个段落</p>
    <div><p>第二个段落</p></div>
    <p>第三个段落</p>
    <script>
        $(document).ready(function () {
            var ps = $('p')                    //选择页面中所有的<p>标记
            ps.css({ color: "red" })           //统一设置<p>标记样式
            var s = "",i=1
            jQuery.each(ps, function (obj) { //修改各个<p>标记内容
                s += i + "：" + jQuery(obj).text() + "\n"
                jQuery(obj).text("段落" + (++i))
            })
            alert(ps.length+"个段落原有内容如下：\n"+ s)
        })
    </script>
</body>
</html>
```

在浏览器中的运行结果如图 9-1 所示。脚本中“$('p')”返回的对象包含了页面中的 3 个<p>标记。“ps.css({ color: "red" })”将 3 个<p>标记的颜色设置为红色。

jQuery.each(ps,function(obj){})表示将 ps 中的每个 HTML 元素作为参数传递给匿名函数。脚本中调用了 jQuery 对象的 text()方法，该方法用于获取或设置 HTML 元素包含的文本。

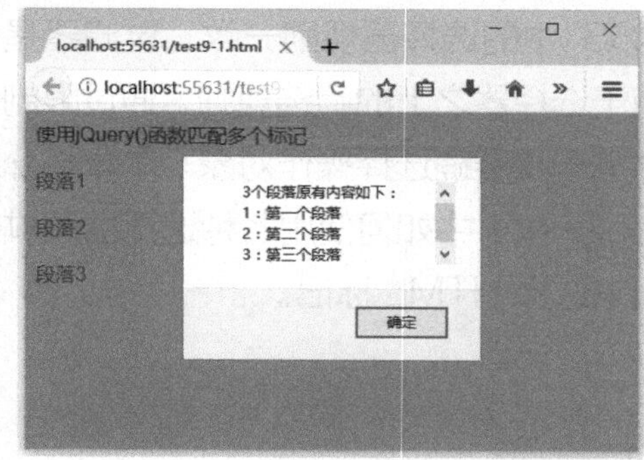

图 9-1　使用 jQuery()函数操作多个 HTML 标记

9.1.2 上下文

jQuery()函数的第 2 个参数指定上下文——HTML 标记的选择范围。如果没有指定上下文，则在整个 HTML 文档中寻找选择标记。

【例 9-2】 修改例 9-1，选择<div>标记内部的<p>标记。源文件：09\test9-2.html。

```
…
    <script>
        $(document).ready(function () {
```

```
            var ps = $('p','div')                    //返回<div>标记内部的<p>标记
            ...
        })
    </script>
</body>
</html>
```

在浏览器中的运行结果如图 9-2 所示。

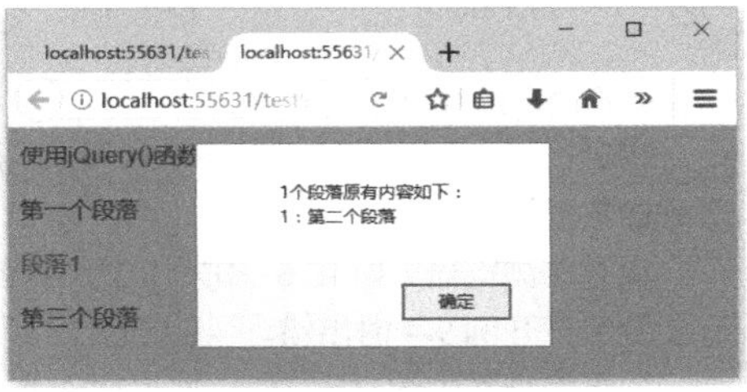

本例的“$('p','div')”表示选择<div>标记内部的<p>标记，所以函数返回的 jQuery 对象中只包含了页面中的第 2 个<p>标记。虽然 jQuery 对象只包含一个标记，但是仍然可将其视为对象数组来使用。

图 9-2　在上下文中匹配标记

9.1.3　使用$(document).ready()

读者可能会发现，在 jQuery 相关书籍中，习惯性将所有 jQuery 脚本放在$(document).ready()回调函数中，jQuery 也推荐这种做法。例 9-1 和例 9-2 也是这样的。不同的浏览器构建 DOM 有所区别，如果 HTML 文档的 DOM 还未构造完成就访问 DOM 结点，这会导致脚本出错。ready()函数在浏览器构建完 DOM 之后才调用，从而保证脚本正确执行。

jQuery 提供了多种调用 ready()函数的方式。

- $(回调函数)。
- $(document).ready(回调函数)。
- $("document").ready(回调函数)。
- $("img").ready(回调函数)。
- $().ready(回调函数)。

jQuery 3.×推荐使用第 1 种方法，其他方法仍可使用但已过时。参数“回调函数”可以是函数名称，也可以是一个匿名函数。

【例 9-3】 使用$()封装脚本代码。源文件：09\test9-3.html。

```
...
<body>
    使用jQuery()函数匹配多个标记<p>第一个段落</p>
    <div><p>第二个段落</p></div><p>第三个段落</p>
    <script>
        $(function () {
            var ps = $('p', 'div')                    //返回<div>标记内部的<p>标记
            ps.css({ color: "red" })                  //设置<p>标记样式
            var s = "<p>标记原有内容：" + ps.text()
            ps.text("新段落内容")                      //改变段落内容
            alert(s)
        })
    </script>
</body>
</html>
```

在浏览器中的运行结果如图 9-3 所示。

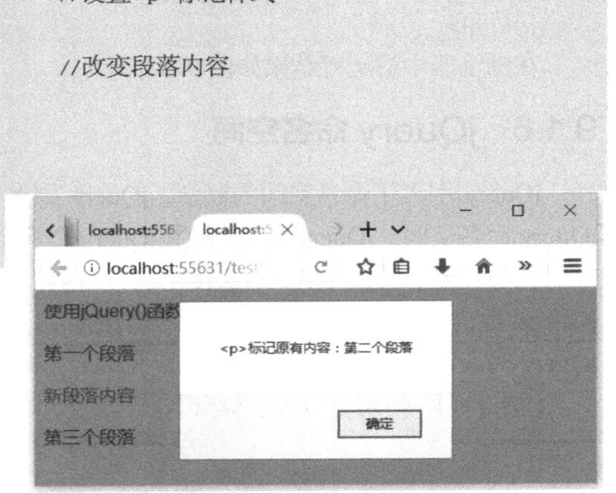

图 9-3　使用$()封装脚本代码

9.1.4　封装现有标记

将现有标记作为参数时，jQuery()函数可将其封装为 jQuery 对象。先看下面的例子。

【例 9-4】动态添加表格内容。源文件：09\test9-4.html。

```
...
<body>
    <table id="t1" border="1"></table>
    <script>
        var t1 = document.getElementById('t1')
        t1.innerHTML ='<tr><td>数据1</td><td>数据2</td></tr>'
    </script>
</body>
</html>
```

在浏览器中的运行结果如图 9-4 所示。脚本通过 innerHTML 属性为表格添加数据。

图 9-4　动态添加表格内容

在某些浏览器（如 IE 6～IE 9）中，表格的 innerHTML 属性是只读的，这会导致打开例 9-4 时出错。

如果将脚本中的语句：

```
t1.innerHTML ='<tr><td>数据1</td><td>数据2</td></tr>'
```

修改为：

```
$(t1).html('<tr><td>数据1</td><td>数据2</td></tr>')
```

$(t1)意味着将 t1 封装为 jQuery 对象，因为 jQuery 兼容了浏览器的各种差异，所以修改后的代码可以正确执行。jQuery 对象的 html()方法可获取和设置元素的 HTML 内容。

9.1.5　使用链接方法调用

jQuery 中的大部分方法都会返回其操作的 jQuery 对象，所以可使用句点符号来实现链接方法调用，使代码更简洁、紧凑。

【例 9-5】 使用链接方法调用。源文件：09\test9-5.html。

```
...
<body>
    <div>原始数据</div>
    <script>
        $(function () {
            $('div').append('<br>第2行')
                .css({ color: "red" })
                .append('<br>')
                .append('第3行')
        })
    </script>
</body>
</html>
```

在浏览器中的运行结果如图 9-5 所示。

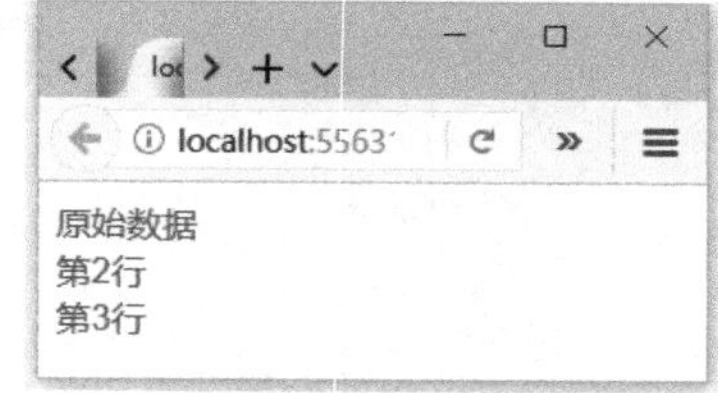

图 9-5　使用链接方法调用

9.1.6　jQuery 命名空间

jQuery 引入了命名空间的概念。jQuery 脚本中的所有全局变量均属于 jQuery 命名空间，jQuery 和$均表示 jQuery 命名空间。

在与其他 JavaScript 库一起使用时，可能会出现$标识符冲突的情况。jQuery 提供了 noConflict()方法用于避免冲突。noConflict()方法返回全局 jQuery 对象，可将其赋值给一个变量，然后用该变量来代替$标识符。

【例 9-6】 使用变量代替$标识符。源文件：09\test9-6.html。

```
...
<body>
```

```
        <script>
            var $j = jQuery.noConflict();
            $j(function () { alert('页面中的<script>标记个数：' + $j('script').length) })
        </script>
    </body>
    </html>
```

在浏览器中的运行结果如图 9-6 所示。

图 9-6　使用变量代替$标识符

另一种可行的避免冲突的方式是将所有脚本代码放在 ready()方法中，并将$作为 ready()方法参数。这样，ready()方法内部的$标识符代表 jQuery，方法外的$标识符代表其他库。

【例 9-7】 修改例 9-6，在 ready()方法中封装$标识符。源文件：09\test9-7.html。

```
<!DOCTYPE html>
<html lang="en" xmlns="http://www.w3.org/1999/xhtml">
<head>
    <meta charset="utf-8" />
    <script src="jquery-3.2.1.min.js"></script>
    <script>
        jQuery.noConflict()
        jQuery(document).ready(function ($) {
            alert('页面中的<script>标记个数：' + $('script').length)
        })
    </script>
</head>
<body></body>
</html>
```

在浏览器中的运行结果如图 9-7 所示。

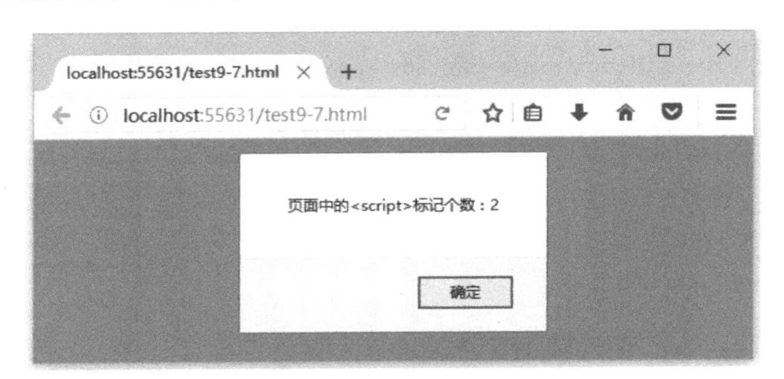

图 9-7　在 ready()方法中封装$标识符

9.2　基础选择器

jQuery 选择器

基础选择器包括 ID 选择器、类名选择器、元素选择器、复合选择器和通配符选择器等。

9.2.1　ID 选择器

ID 选择器利用 HTML 元素的 id 属性值来选择元素，其基本格式为：

```
$("#id属性值")
```

【例 9-8】 使用 ID 选择器。源文件：09\test9-8.html。

```
…
<body>
    <div class="tgdiv">第一个DIV元素</div><div id="tgdiv">第二个DIV元素</div>
    <script>
        $(function () { alert($('#tgdiv').text()) })          //用对话框显示<div>文本
    </script>
</body>
</html>
```

在浏览器中的运行结果如图 9-8 所示。结果说明，脚本中的$('#tgdiv')选择的是第 2 个<div>元素。

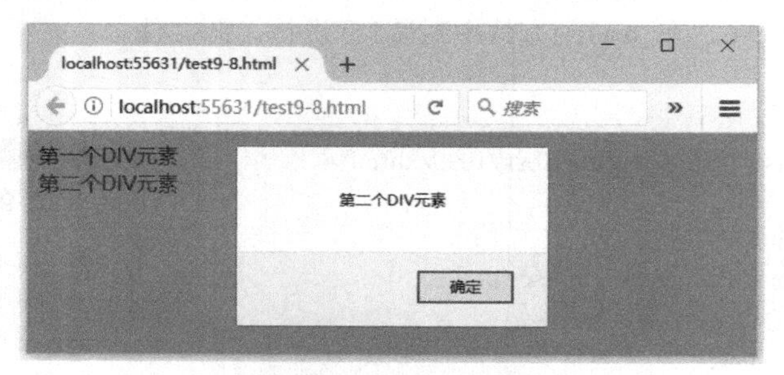

图 9-8　使用 ID 选择器

9.2.2　类名选择器

类名选择器利用 HTML 元素的 class 属性值来选择元素，其基本格式为：

```
$(".class属性值")
```

【例 9-9】 使用类名选择器。源文件：09\test9-9.html。

```
…
<body>
    <div class="tgdiv">第一个DIV元素</div> <div id="tgdiv">第二个DIV元素</div>
    <script>
        $(function () {alert($('.tgdiv').text()) })       //用对话框显示<div>文本
    </script>
</body>
</html>
```

在浏览器中的运行结果如图 9-9 所示。

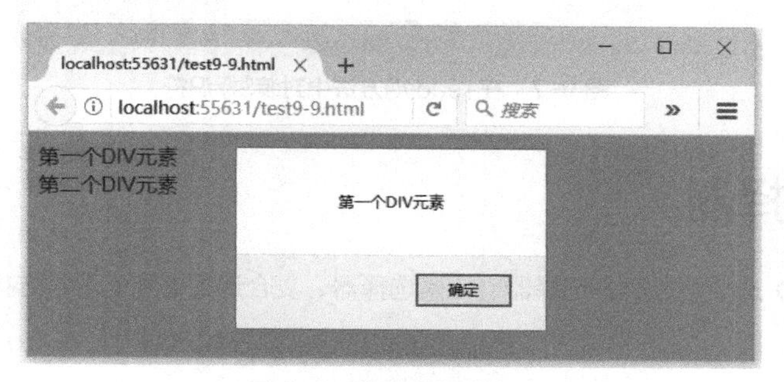

图 9-9　使用类名选择器

在例 9-8 和例 9-9 中，第 1 个<div>的 class 属性值和第 2 个<div>的 id 属性值虽然相同，但 ID 选择器和类名选择器格式不同，所以能够准确匹配对应的<div>。

9.2.3 元素选择器

元素选择器使用 HTML 元素名称来匹配 HTML 元素，其基本格式为：

```
$("元素名称")
```

【例 9-10】 使用元素选择器匹配页面中的全部<div>。源文件：09\test9-10.html。

```
…
<body>
    <div class="tgdiv">第一个DIV元素</div><div id="tgdiv">第二个DIV元素</div>
    <script>
        $(function () { alert($('div').text()) })
    </script>
</body>
</html>
```

在浏览器中的运行结果如图 9-10 所示，对话框显示了页面中两个<div>中的文本。

9.2.4 复合选择器

复合选择器使用多个 ID 选择器、类名选择器或元素选择器的组合来匹配 HTML 元素，其基本格式为：

```
$("选择器1,选择器2,…")
```

【例 9-11】 使用复合选择器。源文件：09\test9-11.html。

```
…
<body>
    <div class="tgdiv">第一个DIV元素</div><div id="tgdiv">第二个DIV元素</div>
    <script>
        $(function () { alert( $('#tgdiv,.tgdiv').text()) })
    </script>
</body>
</html>
```

在浏览器中的运行结果如图 9-11 所示。

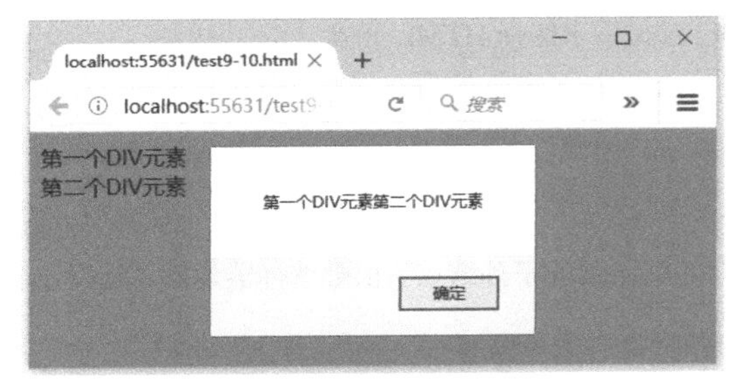

图 9-10 使用元素选择器

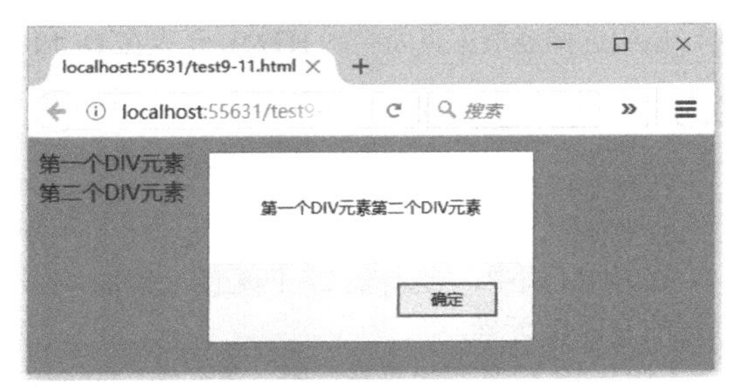

图 9-11 使用复合选择器

在复合选择器中，选择器之间不区分先后顺序。HTML 元素在页面中的先后顺序决定了复合选择器返回的 jQuery 对象中元素的先后顺序。

9.2.5 通配符选择器

*（星号）作为通配符选择器，用于选择页面中所有的 HTML 元素，其基本格式为：

```
$("*")
```

【例 9-12】 使用通配符选择器。源文件：09\test9-12.html。

```
…
<body>
```

```
        <div class="tgdiv">第一个DIV元素</div><div id="tgdiv">第二个DIV元素</div>
        <script>
            $(function () {
                all = $('*')
                s=""
                for (i = 0; i < all.length;i++)
                    s += (i+1) + "、" + all[i].nodeName+'; '
                alert("页面包含的HTML元素有：\n"+s)//用对话框显示<div>文本
            })
        </script>
    </body>
</html>
```

在浏览器中的运行结果如图 9-12 所示。

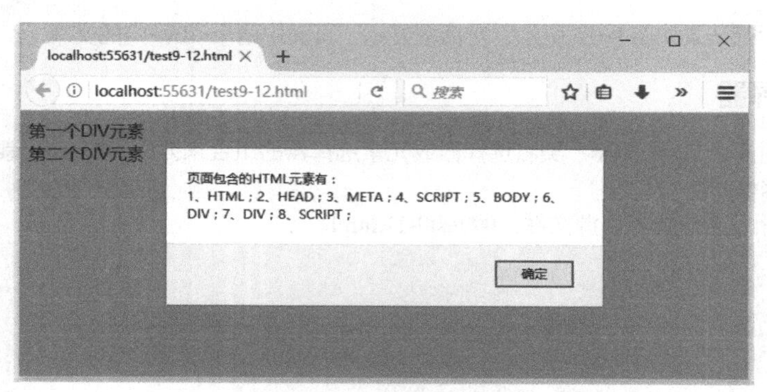

图 9-12 使用通配符选择器

9.3 层级选择器

层级选择器根据页面中的 HTML 元素在 DOM 树中的位置关系来选择 HTML 元素。

9.3.1 祖孙选择器

祖孙选择器的基本格式为：

```
$("选择器1 选择器2")
```

在 DOM 树中，“选择器 2”匹配的元素是“选择器 1”匹配元素的子孙结点。祖孙选择器返回“选择器 2”匹配的 HTML 元素。

【例 9-13】 使用祖孙选择器。源文件：09\test9-13.html。

```
…
<body>
    <div id="books1">脚本程序设计教材：
        <ol id="s1">
            <li id="s11">Python 3基础教程</li>
            <li id="s12">JavaScript+jQuery教程</li>
            <li id="s13">JavaScript教程</li>
        </ol>
    </div>
    <div id="books2">程序设计教材：
        <ol><li>Java程序设计</li><li>C++程序设计</li></ol>
```

```
        </div>
        <script>
            $(function () {alert("教材总数："+$('div li').length) })
        </script>
    </body>
    </html>
```

在浏览器中的运行结果如图 9-13 所示。脚本代码中的$('div li')返回了页面中所有<div>包含的<li>元素。

图 9-13　使用祖孙选择器

9.3.2　父子选择器

父子选择器的基本格式为：

```
$("选择器1>选择器2")
```

父子选择器与祖孙选择器类似，只是“选择器 2”匹配的元素是“选择器 1”匹配元素的直接子结点，选择器返回“选择器 2”匹配的 HTML 元素。

【例 9-14】 使用父子选择器。源文件：09\test9-14.html。

```
    …
    <body>
        <div id="books1">脚本程序设计教材：
            <ol id="s1">
                <li id="s11">Python 3基础教程</li>
                <li id="s12">JavaScript+jQuery教程</li>
                <li id="s13">JavaScript教程</li>
            </ol>
        </div>
        <div id="books2">程序设计教材：
            <ol><li>Java程序设计</li><li>C++程序设计</li></ol>
        </div>
        <script>
            $(function () { alert($('#s1>li')[1].innerText) })
        </script>
    </body>
    </html>
```

在浏览器中的运行结果如图 9-14 所示。脚本代码中，$('#s1>li')返回第 1 个列表包含的全部列表项，$('#s1>li')[1]表示其中的第 2 个列表项。

9.3.3　相邻结点选择器

相邻结点选择器的基本格式为：

```
$("选择器1+选择器2")
```

图 9-14　使用父子选择器

“选择器 1”和“选择器 2”匹配的元素在 DOM 树中的父结点相同。“选择器 2”匹配的结点为“选择器 1”匹配的结点之后的第 1 个兄弟结点。

【例 9-15】 使用相邻结点选择器。源文件：09\test9-15.html。

```
…
<body>
    <div id="books1">脚本程序设计教材：
        <ol id="s1">
            <li id="s11">Python 3基础教程</li>
            <li id="s12">JavaScript+jQuery教程</li>
            <li id="s13">JavaScript教程</li>
        </ol>
    </div>
    <script>
        $(function () { alert($('#s11+li').text())})
    </script>
</body>
</html>
```

在浏览器中的运行结果如图 9-15 所示。脚本代码中的$('#s11+li')返回第 2 个列表项，等价于$('#s12')。

图 9-15　使用相邻结点选择器

9.3.4　兄弟结点选择器

兄弟结点选择器的基本格式为：

```
$("选择器1~选择器2")
```

兄弟结点选择器与相邻结点选择器类似，“选择器 2”匹配的结点为“选择器 1”匹配的结点之后的所有兄弟结点。

【例 9-16】 使用兄弟结点选择器。源文件：09\test9-16.html。

修改例 9-15，将脚本中的“$('#s11+li')”修改为“$('#s11~li')”。在浏览器中的运行结果如图 9-16 所示，说明$('#s11~li')返回了第 2 个和第 3 个列表项。

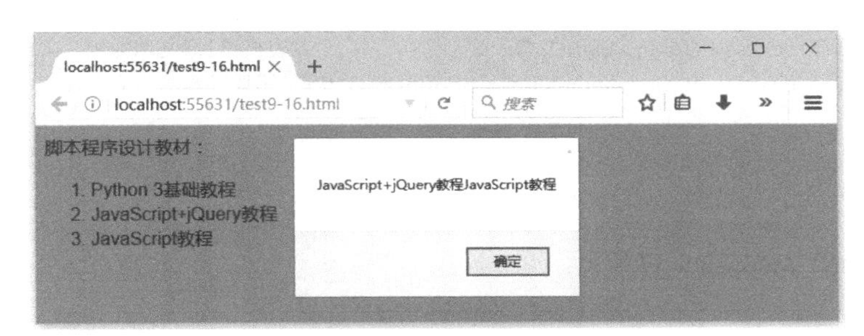

图 9-16　使用兄弟结点选择器

9.4　过滤器

过滤器是在选择器之后用冒号分隔的筛选条件，对选择器匹配的元素进一步进行筛选。

9.4.1　基础过滤器

常用基础过滤器如表 9-1 所示。

表 9-1　常用基础过滤器

过滤器	说明
:animated	正在执行动画的元素
:eq(*n*)	索引值等于 *n* 的元素
:gt(*n*)	索引值大于 *n* 的元素
:lt(*n*)	索引值小于 *n* 的元素
:even	索引值为偶数的元素
:odd	索引值为奇数的元素
:first	第 1 个元素
:last	最后一个元素
:focus	获得焦点的元素
:header	所有标题元素（h1、h2、h3 等）
:lang(语言代码)	lang 属性值与指定语言代码相同的元素
:not(选择器)	与指定选择器不匹配的元素

【例 9-17】 使用基础过滤器设计表格。源文件：09\test9-17.html。

```
…
<body>
    <table border="1">
        <tr><td> </td><td>周一</td><td>周二</td><td>周三</td><td>周四</td></tr>
        <tr><td>第一节</td><td>语文</td><td>物理</td><td>语文</td><td>数学</td></tr>
        <tr><td>第二节</td><td>语文</td><td>物理</td><td>生物</td><td>科学</td></tr>
        <tr><td>第三节</td><td>数学</td><td>化学</td><td>数学</td><td>语文</td></tr>
        <tr><td>第四节</td><td>数学</td><td>化学</td><td>地理</td><td>政治</td></tr>
    </table>
    <script>
        $(function () {
            $('td').css({ width: "100px", "text-align":"center"}) //设置单元格宽度，文本居中
```

```
            $('tr:first').css({ "font-weight": "bold" })              //表格第1行文本加粗
            $('tr:odd').css({"background-color":"#B8B8B8"})//设置偶数行背景色（第1行序号为0）
        })
    </script>
</body>
</html>
```

在浏览器中的运行结果如图 9-17 所示。

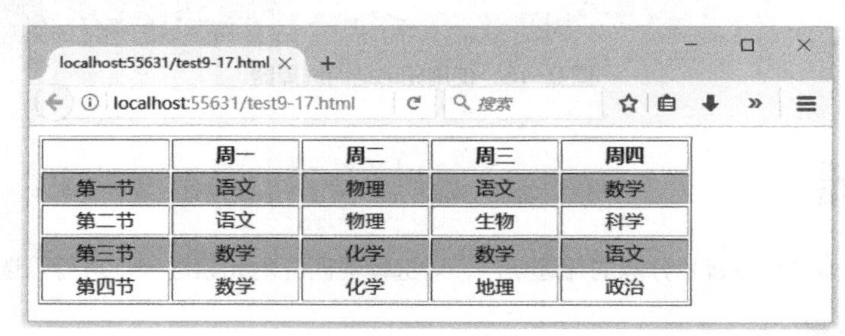

图 9-17　使用基础过滤器

9.4.2　内容过滤器

内容过滤器如表 9-2 所示。

表 9-2　内容过滤器

过滤器	说明
:contains（文本）	内容包含指定文本的元素
:empty	没有子结点的元素（包括文本结点）
:has（选择器）	选择器至少能够匹配一个元素，该元素为直接子结点或后代子结点
:parent	所有父元素

【例 9-18】 使用内容过滤器设计表格。源文件：09\test9-18.html。

修改例 9-17，为语文和数学课设置不同前景色。添加的脚本代码如下。

```
$('td:contains("语文")').css({ color: "#00FF99" })
$('td:contains("数学")').css({ color: "#CC6666" })
```

在浏览器中的运行结果如图 9-18 所示。

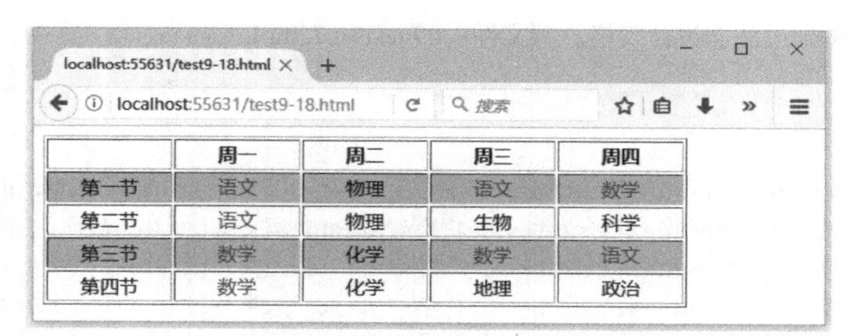

图 9-18　使用内容过滤器

9.4.3　子元素过滤器

子元素过滤器用于选择符合条件的子元素，如表 9-3 所示。

表 9-3　子元素过滤器

过滤器	说明
:first-child	选择第 1 个子元素。例如$("li:first-child")
:last-child	选择最后一个子元素。例如$("li:last-child")
:only-child	选择是其父结点的唯一子结点的元素。例如$("li:only-child")
:nth-child()	选择符合参数指定规则的子元素，参数可以是索引值（最小值为 1）、even（索引为偶数）、odd（索引为奇数）或者是“*n*”的等式。例如，3*n* 表示 3 的倍数，3*n*+1 表示 3 的倍数加 1。例如，$("li:nth-child(2n)")选择偶数项
:nth-last-child()	选择符合参数指定规则中的最后一个子元素，参数含义与:nth-child()相同。例如，$("li:nth-last -child(2n)")选择偶数项中的最后一项
:first-of-type	选择相邻的多个相同类型 HTML 元素中的第 1 个子结点，该结点不一定是父结点的第 1 个子结点。例如$("li:first-of-type")
:last-of-type	选择相邻的多个相同类型 HTML 元素中的最后一个子结点，该结点不一定是父结点的最后一个子结点。例如$("li:last-of-type")
:only-of-type	选择的元素没有相同类型的兄弟结点。例如，button:only-of-type 表示选择兄弟结点中唯一的 button 元素。例如$("li: only-of-type ")
:nth-of-type()	选择符合参数指定规则的某类型子元素，参数含义与:nth-child()相同。例如$("li: nth-of-type(2n)")
:nth-last-of-type()	选择符合参数指定规则的某类型子元素中的最后一个，参数含义与:nth-child()相同。例如$("li: nth-last-of-type(2n)")

【例 9-19】 使用子元素过滤器。源文件：09\test9-19.html。

```
…
<body>
    <ol><li>香蕉</li><li>苹果</li><li>梨子</li><li>葡萄</li></ol>
    <ol><span>坚果类</span><li>核桃</li><li>花生</li><li>板栗</li></ol>
    <script>
        $(function () {
            $('li:first-child').css({ color: "red" })
            $('li:first-of-type').css({ "background-color": "yellow" })
            $("li:nth-child(2n)").append("<span>    2n!</span>")
        })
    </script>
</body>
</html>
```

在浏览器中的运行结果如图 9-19 所示。

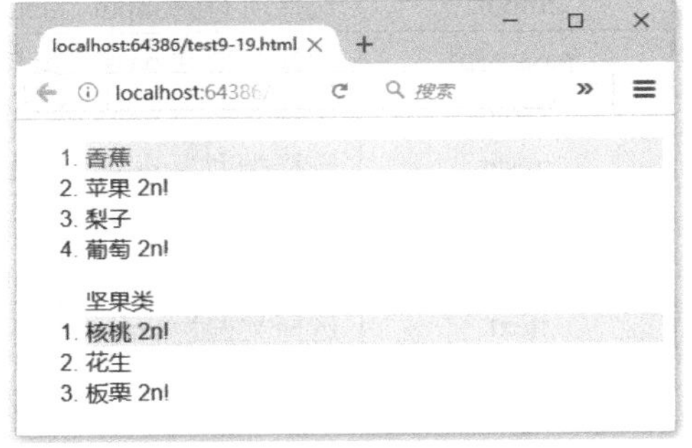

图 9-19　使用子元素过滤器

9.4.4　可见性过滤器

可见性过滤器通过元素的可见状态（显示或隐藏）来匹配元素，:visible 过滤器匹配所有可见元素，:hidden 过滤器匹配所有不可见元素。

【例 9-20】使用可见性过滤器。源文件：09\test9-20.html。

```
…
    <style>.hide{display:none} </style>
</head>
<body>
```

```
<div>第一个DIV</div><div class="hide">第二个DIV</div><div>第三个DIV</div>
    <div class="hide">第四个DIV</div>
    <button>显示隐藏元素</button>
    <script>
        $("button").click(function () {
            $("div:visible").css({ "background-color":"red"})//可见元素设置背景色
            $("div:hidden").show(3000)//隐藏元素动态显示出来
        })
    </script>
</body>
</html>
```

在浏览器中的运行结果如图 9-20 所示。第 1 个图为初始状态，单击“显示隐藏元素”按钮后，以动画方式显示出隐藏的两个<div>，并设置初始两个可见元素的背景色。

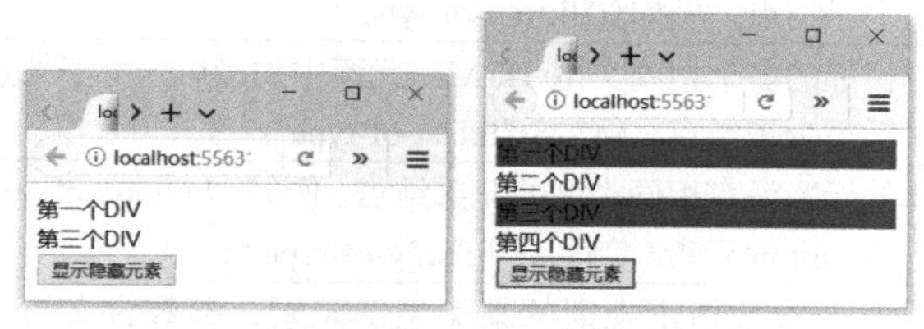

图 9-20　使用可见性过滤器

9.4.5 表单过滤器

表单过滤器用于选择表单包含的子元素，如表 9-4 所示。

表 9-4　表单过滤器

过滤器	说明
:button	选择类型为 button 的元素
:checkbox	选择类型为 checkbox 的元素
:checked	选择所有选中的 radio、checkbox 或 option
:disabled	选中状态为 disabled 的元素
:enabled	选中状态为 enabled 的元素
:file	选择类型为 file 的元素
:focus	选择获得焦点的元素
:image	选择类型为 image 的元素
:input	选择所有的 input、textarea、select 和 button 元素
:password	选择类型为 password 的元素
:radio	选择类型为 radio 的元素
:reset	选择类型为 reset 的元素
:selected	选择选中的<option>元素
:submit	选择类型为 submit 的元素
:text	选择类型为 text 的元素

【例 9-21】 使用表单过滤器获取表单中选中的单选项、复选框和列表项的值。源文件：09\test9-21.html。

```
...
    <style>.hide{display:none} </style>
```

```
</head>
<body>
    <form><input type="radio" name="sex" checked="checked" value="男"/>男
        <input type="radio" name="sex" value="女"/>女<br/>
        <input type="checkbox" value="复选框1"/>复选框1
        <input type="checkbox" checked="checked"   value="复选框2" />复选框2<br />
        <select><option value="选项1">选项1</option>
            <option value="选项2">选项2</option>
        </select>
        <input type="button" value="确定"/>
        <div></div>
    </form>
    <script>
        $(':button').click(function() {
            s = $(":checked").map(function (index, elem) {
                return $(elem).val();
            }).get().join(',');     //将所有选中项的值连接起来
            $('div').text('所有选中项的值：'+s)
        })
    </script>
</body>
</html>
```

在浏览器中的运行结果如图 9-21 所示。

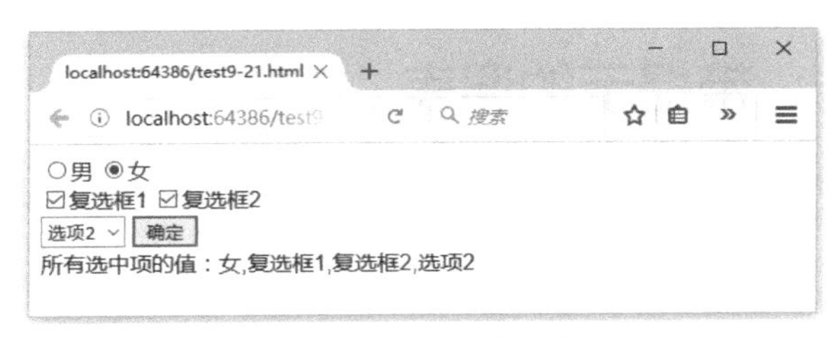

图 9-21　使用表单过滤器

9.4.6　属性过滤器

属性过滤器通过元素属性来选择 HTML 元素，如表 9-5 所示。

表 9-5　属性过滤器

过滤器	说明
[p|="value"]	选择的元素的 p 属性值等于 value，或者以“value-”作为前缀
[p*=value]	选择的元素的 p 属性值包含 value
[p~=value]	选择的元素的 p 属性值包含单词 value
[p$=value]	选择的元素的 p 属性值以 value 结尾
[p=value]	选择的元素的 p 属性值等于 value
[p!=value]	选择的元素的 p 属性值不等于 value
[p^=value]	选择的元素的 p 属性值以字符串 value 开头
[p]	选择的元素有 p 属性
[p=value][p2=value2]	通过多个属性过滤器来选择元素

【例 9-22】 使用属性过滤器。源文件：09\test9-22.html。

```
…
    <style>.hide{display:none} </style>
</head>
<body>
    <div id="first">第一段</div><div id="second">第二段</div><div id="third">第三段</div>
    <div id="forth con">第四段</div>
    <script>
        $("div[id*='ir']").css({ color: 'red' })//前景色设为红色
        $("div[id~='con']").css({ "border":"4px dotted green"})//加边框
    </script>
</body>
</html>
```

在浏览器中的运行结果如图 9-22 所示。

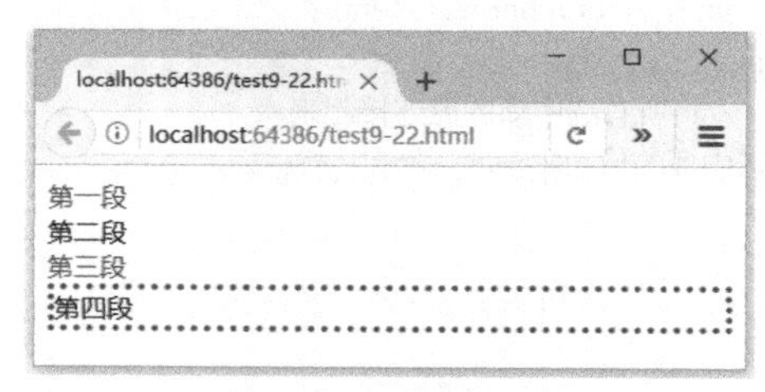

图 9-22　使用属性过滤器

9.5　编程实践：带提示的课表

本节综合应用本章所学知识，设计一个带有提示的课表，鼠标指针指向课程时，自动提示任课教师和教师信息，如图 9-23 所示。

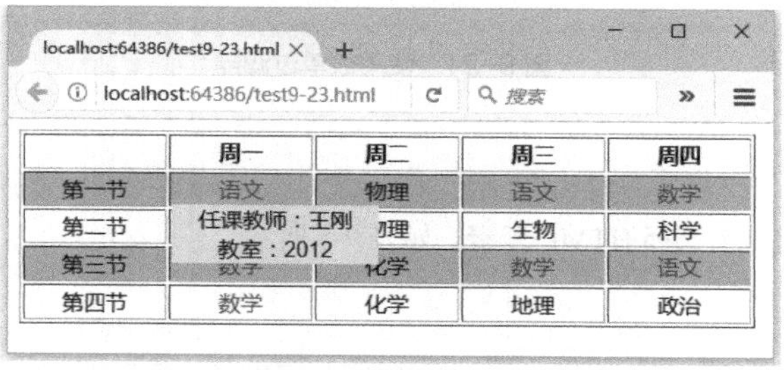

图 9-23　带有提示的课表

具体操作步骤如下。

（1）在 Visual Studio 中选择“文件\新建\文件”命令，创建一个新的 HTML 文件。

（2）修改 HTML 文件，代码如下。

```
…
    <style>
        .hint{display:none;width:150px;position:absolute;background-color:yellow;color:black}
        td:hover span{
            display: block
        }
    </style>
```

```
</head>
<body>
    <table border="1">
        <tr><td>时间</td><td>周一</td><td>周二</td><td>周三</td><td>周四</td></tr>
        <tr><td>第一节</td><td>语文</td><td>物理</td><td>语文</td><td>数学</td></tr>
        <tr><td>第二节</td><td>语文</td><td>物理</td><td>生物</td><td>科学</td></tr>
        <tr><td>第三节</td><td>数学</td><td>化学</td><td>数学</td><td>语文</td></tr>
        <tr><td>第四节</td><td>数学</td><td>化学</td><td>地理</td><td>政治</td></tr>
    </table>
    <script>
        $(function () {
            $('td').css({ width: "100px", "text-align":"center"})//设置单元格宽度，文本居中
            $('tr:first').css({ "font-weight": "bold" })//表格第1行文本加粗
            $('tr:odd').css({ "background-color": "#B8B8B8" })//设置偶数行背景色
            $('td:contains("语文")').css({ color: "green" })
            $('td:contains("数学")').css({ color: "red" })
            $('td:contains("语文")').append('<span class="hint">任课教师：王刚<br>教室：2012</span>')
            $('td:contains("数学")').append('<span class="hint">任课教师：刘雷<br>教室：2015</span>')
            $('td:contains("物理")').append('<span class="hint">任课教师：马力<br>教室：2013</span>')
        })
    </script>
</body>
</html>
```

（3）按【Ctrl+S】组合键保存 HTML 文件，文件名为 test9-23.html。

（4）按【Ctrl+Shift+W】组合键，打开浏览器，查看 HTML 文件显示结果。

9.6 小结

jQuery 的选择器和过滤器提供了在 HTML 文档中选择元素的快捷方法，主要包括基础选择器、层级选择器和各种过滤器等。选择器和过滤器是 jQuery 脚本操作 HTML 文档的基础，熟练掌握这些知识是学习后继章节的基础。

9.7 习题

1. 简述 jQuery()函数的主要作用。
2. 为何使用$(document).ready()来封装 jQuery 脚本代码？最佳做法是什么？
3. 有哪些基础选择器？
4. 有哪些层级选择器？
5. 请写出选择文本中包含“jQuery”的<div>元素的选择器和过滤器。

PART10

第10章

操作页面元素

重点知识：

- 元素内容操作
- 插入结点
- 包装结点
- 替换结点
- 删除结点
- 复制结点
- 样式操作

■ 选择器和过滤器为 jQuery 提供了在 HTML 文档中选择元素的能力。对选中的元素，可执行查看、修改或者删除等操作，也可在页面中插入新的元素。本章将介绍如何使用 jQuery 执行这些操作。

10.1 元素内容操作

jQuery 提供的 html()、text()、val()和 attr()等方法用于访问元素内容。

10.1.1 html()和 text()

html()方法类似于传统 DOM 的 innerHTML 属性，用于读取或设置元素的 HTML 内容。text()方法类似于传统 DOM 的 innerText 属性，用于读取或设置 HTML 元素的纯文本内容。方法指定参数时，参数设置为元素的新内容。

【例 10-1】 使用 html()和 text()方法。源文件：10\test10-1.html。

```
…
<body>
    <div><b>人邮教材：</b><u>JavaScript基础教程</u></div>
    <button id="btn1">用html()读内容</button>
    <button id="btn2">用text()读内容</button>
    <button id="btn3">用html()写内容</button>
    <button id="btn4">用text()写内容</button>
    <script>
        $(function () {
            $('#btn1').click(function () { alert($('div').html()) })
            $('#btn2').click(function () { alert($('div').text()) })
            $('#btn3').click(function () {
                $('div').html('<a href="http://www.jikexueyuan.com/">极客学院</a>')
            })
            $('#btn4').click(function () {
                $('div').text('<a href="http://www.jikexueyuan.com/">极客学院</a>')
            })
        })
    </script>
</body>
</html>
```

在浏览器中运行时，初始页面如图 10-1（a）所示。单击“用 html()读内容”按钮，对话框显示了读取的内容包含<div>元素内容的子元素，如图 10-1（b）所示。而在单击“用 text()读内容”按钮时，对话框显示了读取的内容只包含<div>元素内部的纯文本内容，不包含 HTML 元素，如图 10-1（c）所示。同样，在单击“用 html()写内容”按钮时，写入<div>元素的超级链接在浏览器中正常显示，如图 10-1（d）所示。单击“用 text()写内容”按钮时写入的超级链接则作为文本显示在浏览器中，如图 10-1（e）所示。

10.1.2 val()

val()方法用于读取或设置表单字段的值，无参数时方法返回字段的值，有参数时将参数设置为字段值。

【例 10-2】 使用 val()方法访问表单字段。源文件：10\test10-2.html。

```
…
<body>
    <form><input type="text"/> </form>
    <button id="btn1">读内容</button><button id="btn2">写内容</button>
    <div id="show"></div>
    <script>
        $(function () {
            $('#btn1').click(function () {$('div').text($(':text').val())})//读输入框内容
            $('#btn2').click(function () {$(':text').val('请输入新内容') })//设置输入框内容
```

```
        })
    </script>
</body>
</html>
```

（a）初始页面

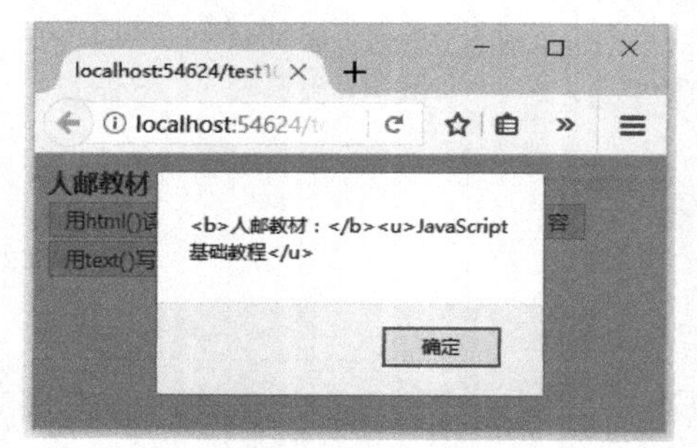

（b）单击“用 html()读内容”按钮读内容

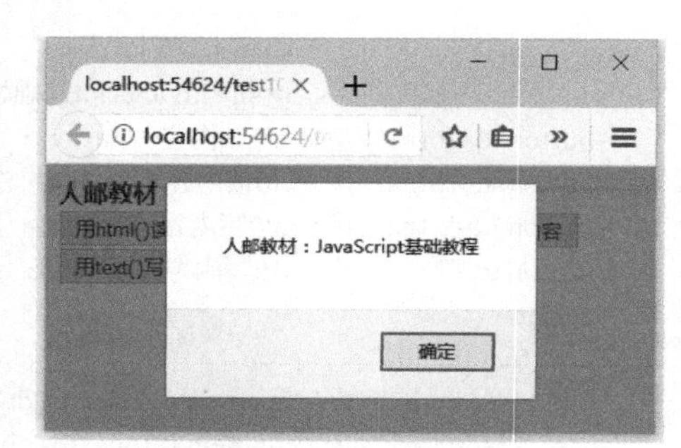

（c）单击“用 text()读内容”按钮读内容

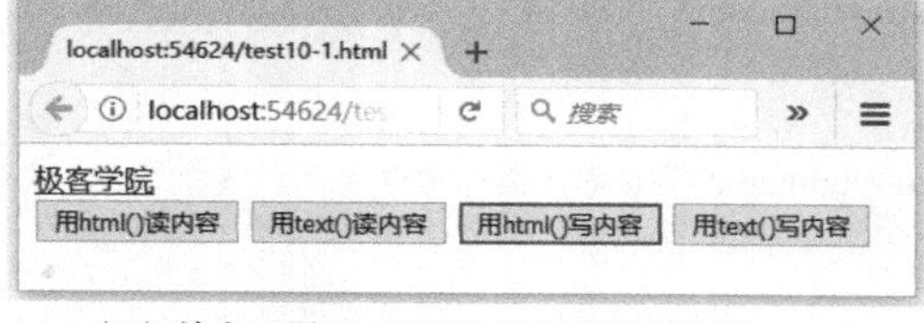

（d）单击“用 html()写内容”按钮写内容

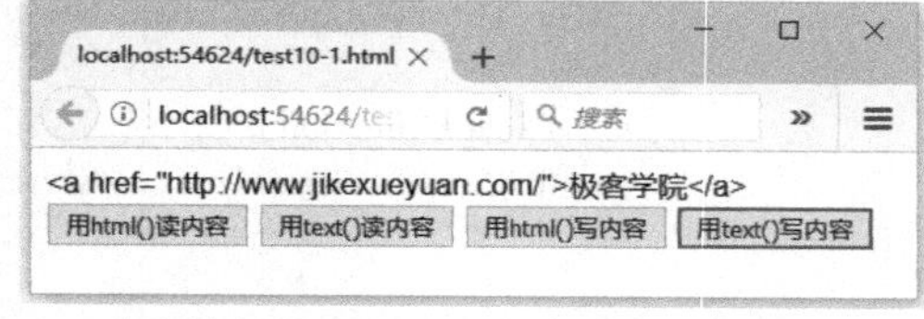

（e）单击“用 text()写内容”按钮写内容

图 10-1　使用 html()和 text()方法

在浏览器中的运行结果如图 10-2 所示。单击“读内容”按钮，可将输入的文本显示到按钮下方的<div>元素中。单击“写内容”按钮，将输入框中的文本设置为“请输入新内容”。

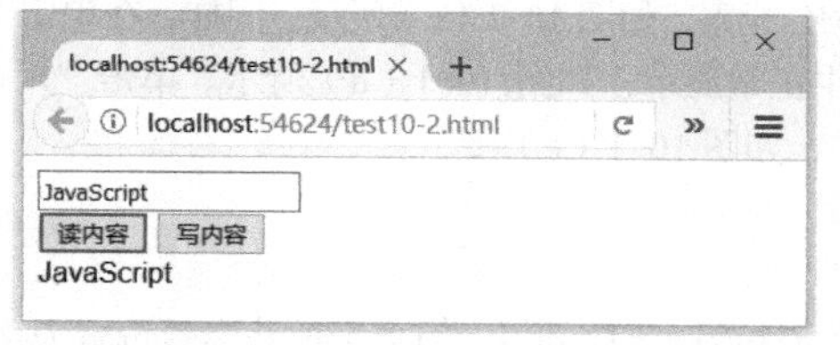

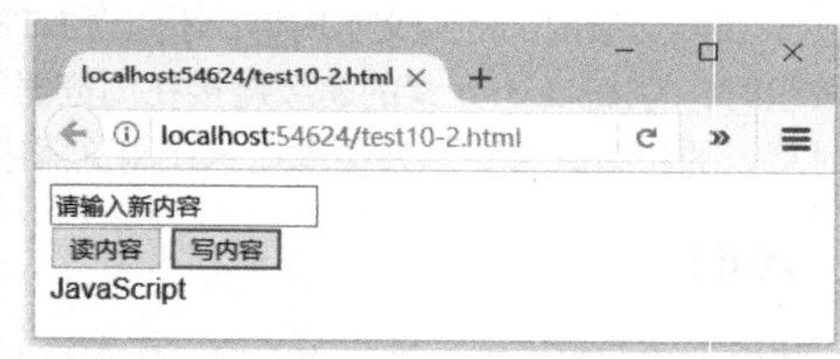

图 10-2　使用 val()方法访问表单字段

10.1.3　attr()

使用 attr()方法指定一个参数时，返回参数对应的元素属性值；同时指定第 2 个参数时，将设置指定属性的值。

【例 10-3】 使用 attr()方法访问<img>元素的 src 属性。源文件：10\test10-3.html。

```
…
<body>
    <img src="images/img0.jpg" width="200" height="100"/>
    <button id="btn1">上一张</button> <button id="btn2">下一张</button>
```

```
    <div id="show"></div>
    <script>
        n=0
        $(function () {
            $('#btn1').click(function () {
                n--
                if(n<0) n=5
                $('img').attr('src', 'images/img' + n + '.jpg')//读输入框内容
                $('#show').text($('img').attr('src'))       })
            $('#btn2').click(function () {
                n++
                if (n > 5) n = 0
                $('img').attr('src', 'images/img' + n + '.jpg')//读输入框内容
                $('#show').text($('img').attr('src'))       })
        })
    </script>
</body>
</html>
```

在浏览器中的运行结果如图 10-3 所示。单击“上一张”按钮，可向前切换图片。单击“下一张”按钮，可向后切换图片。

图 10-3 使用 attr()方法

10.2 插入结点

jQuery 添加元素

html()方法可将包含 HTML 元素的字符串作为当前结点内容。也可用 jQuery 提供的 append()、prepend()、appendTo()、prependTo()、after()、before()、insertAfter()和 insertBefore()等方法向文档插入结点。

10.2.1 append()和 appendTo()

append()和 appendTo()将添加的元素作为当前元素的最后一个子结点，方法基本格式如下。

```
$(选择器).append(参数1[,参数2]…)
$(参数).appendTo(选择器)
```

选择器匹配的目标元素作为添加元素的父元素。若匹配多个元素，则同时为这些元素添加相同子结点。

参数可以是 HTML 字符串、HTML 元素、文本、数组或 jQuery 对象，也可以是返回这些内容的函数。append()方法提供多个参数时，同时添加多个子结点。

【例 10-4】 使用 append()和 appendTo()方法添加子结点。源文件：10\test10-4.html。

```
…
<body>
    <div class="div1">顶层DIV1
```

```
            <div class="div11">子元素11</div><div class="div11">子元素12</div>
        </div>
        <button id="btn1">append添加子元素</button><button id="btn2">appendTo添加子元素</button>
        <script>
            $(function () {
                $('#btn1').click(function () { $('.div11').append('<b>append子元素</b>')})
                $('#btn2').click(function () { $('<b>appendTo子元素</b>').appendTo('.div11') })
            })
        </script>
    </body>
</html>
```

在浏览器中运行时，初始页面结果如图 10-4（a）所示。单击"append 添加子元素"和"appendTo 添加子元素"按钮后，添加两个子结点，如图 10-4（b）所示。<div>元素的边框显示了顶层 div 和各个子元素之间的关系。

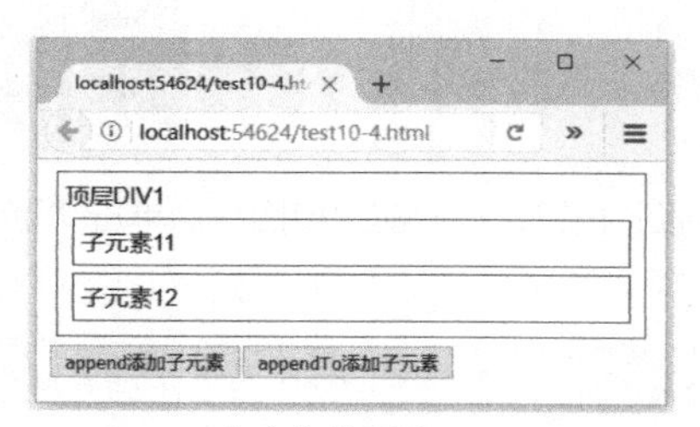

（a）初始页面

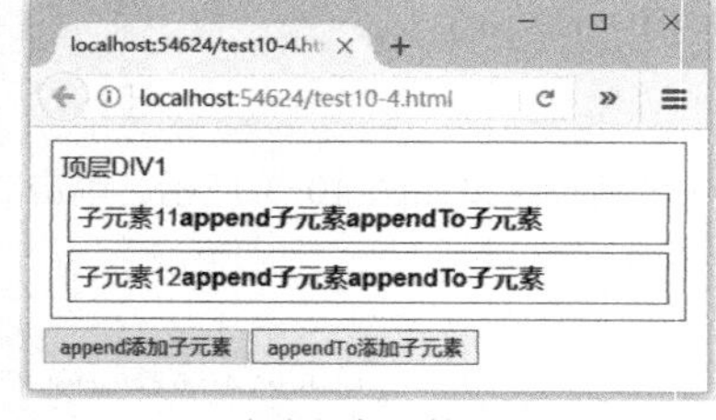

（b）添加子结点后

图 10-4　使用 append()和 appendTo()方法添加子结点

在 Firefox 浏览器中，可在鼠标右键菜单中选择"查看元素"命令，在查看器中查看 HTML 文档页面中元素之间的层次关系，如图 10-5 所示。

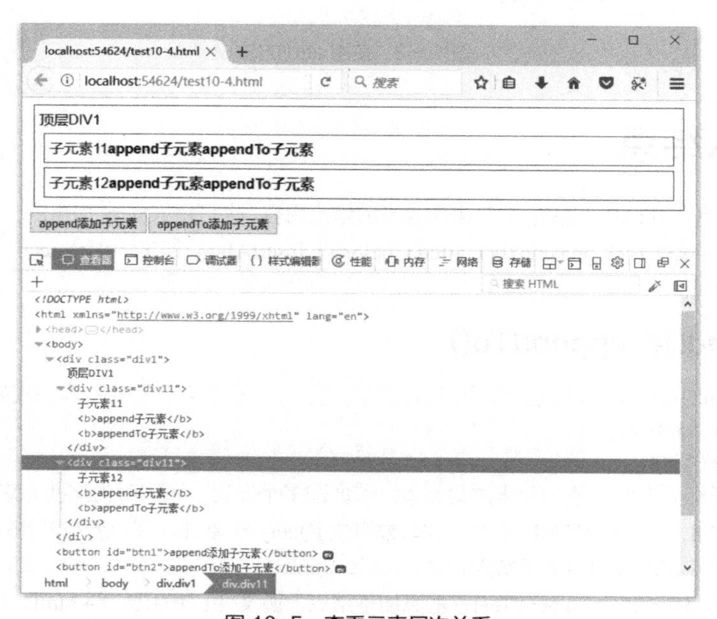

图 10-5　查看元素层次关系

如果在 append()和 appendTo()方法中，参数指定的元素是页面中已经存在的元素，jQuery 会删除原来位置的元素，然后将其作为子结点添加到目标元素。

【例 10-5】 使用 append()和 appendTo()移动、复制现有元素。源文件：10\test10-5.html。

```
…
    <style>
        div {border: 1px solid red; padding: 1px; margin: 1px}
    </style>
</head>
<body>
    <div class="div1">顶层DIV1<div class="div11">子元素11</div><div class="div11">子元素12</div>
    </div><div id="div2">顶层DIV2</div><div id="div3">顶层DIV3</div>
    <button id="btn1">append移动子元素</button><button id="btn2">appendTo移动子元素</button>
    <script>
        $(function () {
            $('#btn1').click(function () {$('.div11').append($('#div2')) })
            $('#btn2').click(function () {$('#div3').appendTo('.div11:last')})
        })
    </script>
</body>
</html>
```

在浏览器中运行时，初始页面如图 10-6（a）所示。单击“append 移动子元素”按钮后，“<div id="div2">顶层 DIV2</div>”被移动，同时添加为“<div class="div11">子元素 11</div>”和“<div class="div11">子元素 12</div>”的子结点，如图 10-6（b）所示。单击“appendTo 移动子元素”按钮后，“<div id="div3">顶层 DIV3</div>”被移动，添加为“<div class="div11">子元素 12</div>”的子结点，如图 10-6（c）所示。

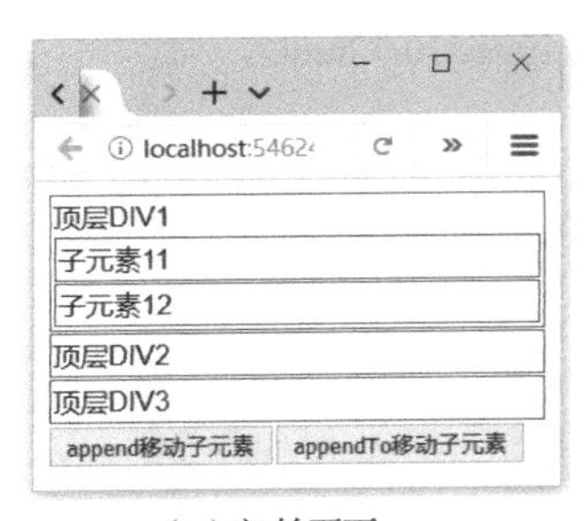

（a）初始页面

（b）append 移动子元素后

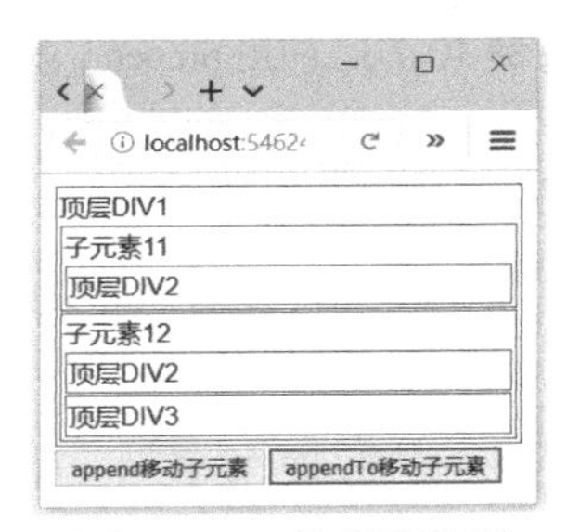

（c）appendTo 移动子元素后

图 10-6 使用 append()和 appendTo()移动现有元素

10.2.2 prepend()和 prependTo()

prepend()和 prependTo()方法与 append()和 appendTo()方法类似，只是将添加的元素作为当前元素的第 1 个子结点，方法基本格式如下。

```
$(选择器). prepend(参数1[,参数2]…)
$(参数).prependTo(选择器)
```

【例 10-6】 使用 prepend()和 prependTo()方法添加子结点。源文件：10\test10-6.html。

```
…
    <style>div{border:1px solid red;padding:1px;margin:1px}</style>
</head>
<body>
    <div id="div1">顶层DIV1<div>div子元素</div></div>
    <div id="div2">顶层DIV2<div>div子元素</div> </div>
    <button id="btn1">prepend添加子元素</button><button id="btn2">prependTo添加子元素</button>
    <script>
        $(function () {
```

```
            $('#btn1').click(function () {$('#div1').prepend('<div>prepend子元素</div>') })
            $('#btn2').click(function () {$('<div>prependTo子元素</div>').prependTo('#div2') })
        })
    </script>
</body>
</html>
```

在浏览器中运行时，初始页面如图 10-7（a）所示。分别单击“prepend 添加子元素”和“prependTo 添加子元素”按钮后，添加两个子结点，如图 10-7（b）所示。

（a）初始页面

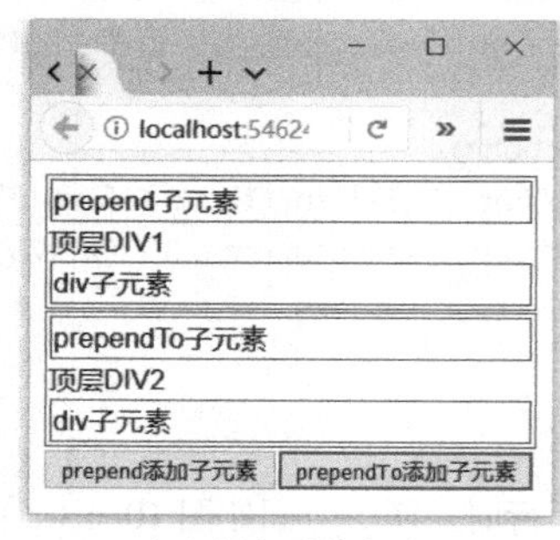

（b）添加子结点后

图 10-7　使用 prepend()和 prependTo()方法添加子结点

同样，prepend()和 prependTo()方法可以移动、复制页面中的现有元素。

【例 10-7】 使用 prepend()和 prependTo()方法移动现有元素。源文件：10\test10-7.html。

页面中各个<div>的结构如下。

```
<div class="div1">
    顶层DIV1
    <div class="div11">子元素11</div>
    <div class="div11">子元素12</div>
</div>
<div id="div2">顶层DIV2</div>
<div id="div3">顶层DIV3</div>
```

执行下面的脚本移动 div2。

```
$('.div11').prepend($('#div2'))
```

移动后，页面中各个<div>的结构如下。

```
<div class="div1">
    顶层DIV1
    <div class="div11">
        <div id="div2">顶层DIV2</div>
        子元素11
    </div>
    <div class="div11">
        <div id="div2">顶层DIV2</div>
        子元素12
    </div>
</div>
<div id="div3">顶层DIV3</div>
```

$('.div11')选择了内部的两个<div>，所以 div2 同时添加为两个<div>的子结点。

再执行下面的脚本移动 div3。

```
$('#div3').prependTo('.div11:last')
```

移动后，页面中各个<div>的结构如下。

```
<div class="div1">
    顶层DIV1
    <div class="div11">
        <div id="div2">顶层DIV2</div>
        子元素11
    </div>
    <div class="div11">
        <div id="div3">顶层DIV3</div>
        <div id="div2">顶层DIV2</div>
        子元素12
    </div>
</div>
```

选择器“.div11:last”匹配内部的第 2 个<div>，所以 div3 移动到其内部，作为第 1 个子结点。

10.2.3 after()和 insertAfter()

after()和 insertAfter()方法将新结点作为兄弟结点添加到当前结点之后，方法基本格式如下。

```
$(选择器). after(参数1[,参数2]…)
$(参数). insertAfter(选择器)
```

【例 10-8】 使用 after()和 insertAfter()方法添加子结点。源文件：10\test10-8.html。

```
…
    <style>div{border:1px solid red;padding:1px;margin:1px}</style>
</head>
<body>
    <div class="div1">顶层DIV1
        <div class="div11">子元素11</div>
        <div class="div11">子元素12</div>
    </div>
    <button id="btn1">after添加子元素</button><button id="btn2">insertAfter添加子元素</button>
    <script>
        $(function () {
            $('#btn1').click(function () {$('.div11').after('<b>after子元素</b>') })
            $('#btn2').click(function () {$('<b>insertAfter子元素</b>').insertAfter('.div11') })
        })
    </script>
</body>
</html>
```

在浏览器中运行时，初始页面如图 10-8（a）所示。分别单击“after 添加子元素”和“insertAfter 添加子元素”按钮后，添加两个子结点，如图 10-8（b）所示。

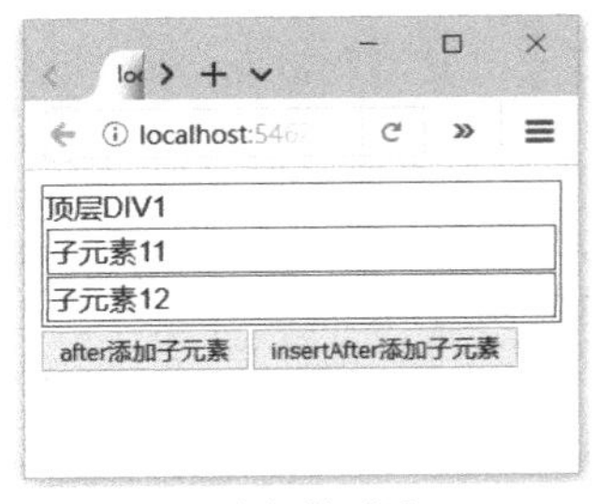

（a）初始页面

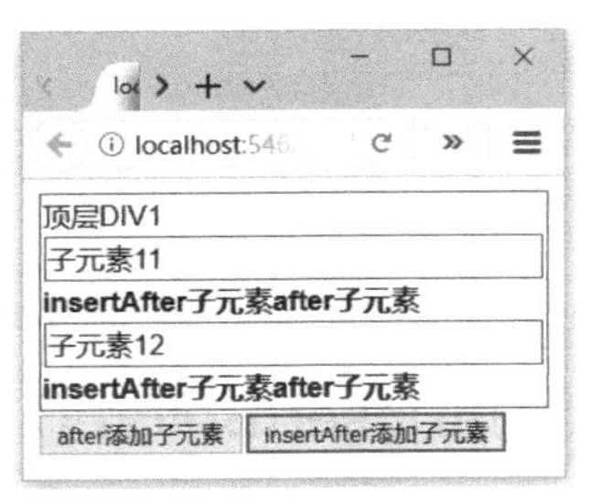

（b）添加子结点后

图 10-8　使用 after()和 insertAfter()方法添加子结点

添加结点后，页面中的<div>元素结构如下。

```
<div class="div1">
    顶层DIV1
    <div class="div11">子元素11</div>
    <b>insertAfter子元素</b>
    <b>after子元素</b>
    <div class="div11">子元素12</div>
    <b>insertAfter子元素</b>
    <b>after子元素</b>
</div>
```

同样，after()和 insertAfter()方法可移动、复制页面中的现有元素。

【例 10-9】 使用 after()和 insertAfter()方法移动子结点。源文件：10\test10-9.html。

页面中的各<div>元素结构如下。

```
<div class="div1">
    顶层DIV1
    <div class="div11">子元素11</div>
    <div class="div11">子元素12</div>
</div>
<div id="div2">顶层DIV2</div>
<div id="div3">顶层DIV3</div>
```

执行下面的脚本移动 div2。

```
$('.div11').after($('#div2'))
```

移动后，页面中的各个<div>结构如下。

```
<div class="div1">
    顶层DIV1
    <div class="div11">子元素11</div>
    <div id="div2">顶层DIV2</div>
    <div class="div11">子元素12</div>
    <div id="div2">顶层DIV2</div>
</div>
<div id="div3">顶层DIV3</div>
```

$('.div11')选择了内部的两个<div>，所以同时在这两个<div>之后添加了 div2。

再执行下面的脚本移动 div3。

```
$('#div3').insertAfter('.div11:last')
```

移动后，页面中的各个<div>结构如下。

```
<div class="div1">
    顶层DIV1
    <div class="div11">子元素11</div>
    <div id="div2">顶层DIV2</div>
    <div class="div11">子元素12</div>
    <div id="div3">顶层DIV3</div>
    <div id="div2">顶层DIV2</div>
</div>
```

选择器“.div11:last”匹配内部的第 2 个<div>，所以 div3 移动到其之后。

10.2.4 before()和 insertBefore()

before()和 insertBefore()方法将新结点作为兄弟结点添加到当前结点之前，方法基本格式如下。

```
$(选择器). before(参数1[, 参数2]…)
$(参数). insertBefore(选择器)
```

【例 10-10】 使用 before()和 insertBefore()方法添加子结点。源文件：10\test10-10.html。

```
…
    <style>div{border:1px solid red;padding:5px;margin:5px}</style>
</head>
<body>
    <div class="div1">顶层DIV1
        <div class="div11">子元素11</div><div class="div11">子元素12</div>
    </div>
    <button id="btn1">before添加子元素</button><button id="btn2">insertBefore添加子元素</button>
    <script>
        $(function () {
            $('#btn1').click(function () {$('.div11').before('<b>before子元素</b>') })
            $('#btn2').click(function () {$('<b>insertBefore子元素</b>').insertBefore('.div11') })
        })
    </script>
</body>
</html>
```

在浏览器中运行时，初始页面如图 10-9（a）所示。分别单击“before 添加子元素”和“insertBefore 添加子元素”按钮，添加两个子结点，如图 10-9（b）所示。

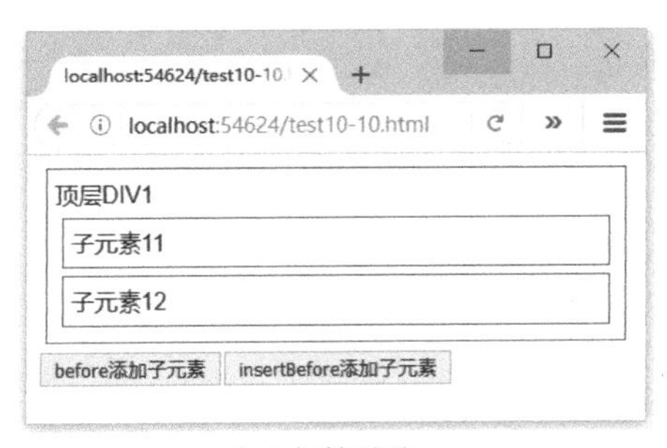

（a）初始页面

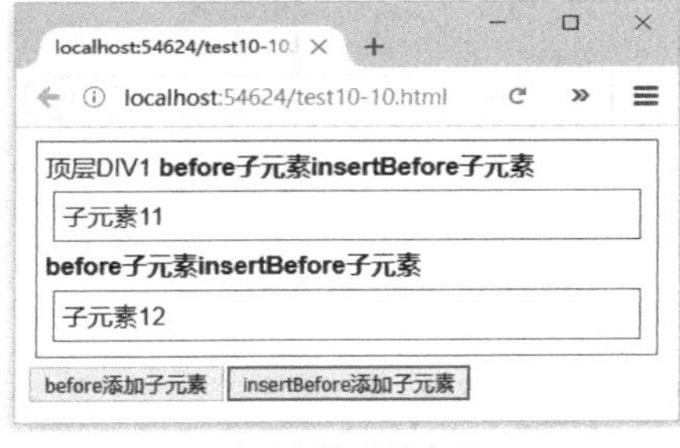

（b）添加子结点后

图 10-9 使用 before()和 insertBefore()方法添加子结点

添加结点后，页面中的<div>元素结构如下。

```
<div class="div1">
    顶层DIV1
    <b>before子元素</b>
    <b>insertBefore子元素</b>
    <div class="div11">子元素11</div>
    <b>before子元素</b>
    <b>insertBefore子元素</b>
    <div class="div11">子元素12</div>
</div>
```

同样，before()和 insertBefore()方法可移动、复制页面中的现有元素。

【例 10-11】 使用 before()和 insertBefore()方法移动子结点。源文件：10\test10-11.html。

页面中的各<div>元素结构如下。

```
<div class="div1">
    顶层DIV1
    <div class="div11">子元素11</div>
    <div class="div11">子元素12</div>
</div>
```

```
<div id="div2">顶层DIV2</div>
<div id="div3">顶层DIV3</div>
```

执行下面的脚本移动 div2。

```
$('.div11').before($('#div2'))
```

移动后，页面中的各个<div>结构如下。

```
<div class="div1">
    顶层DIV1
    <div id="div2">顶层DIV2</div>
    <div class="div11">子元素11</div>
    <div id="div2">顶层DIV2</div>
    <div class="div11">子元素12</div>
</div>
<div id="div3">顶层DIV3</div>
```

$('.div11')选择了内部的两个<div>，所以同时在这两个<div>之前添加了 div2。

再执行下面的脚本移动 div3。

```
$('#div3').insertBefore('.div11:last')
```

移动后，页面中的各个<div>结构如下。

```
<div class="div1">
    顶层DIV1
    <div id="div2">顶层DIV2</div>
    <div class="div11">子元素11</div>
    <div id="div2">顶层DIV2</div>
    <div id="div3">顶层DIV3</div>
    <div class="div11">子元素12</div>
</div>
```

选择器“.div11:last”匹配内部的第 2 个<div>，所以 div3 移动到其之前。

10.3 包装结点

包装结点指用指定 HTML 结构包装现有元素，被包装元素成为结构的子结点。

10.3.1 wrap()方法

wrap()方法用指定 HTML 结构包装结点，参数可以是 HTML 字符串、选择器或者 jQuery 对象。匹配多个结点时，分别包装各个结点。

【例 10-12】 用 wrap()方法包装页面中的<span>元素。源文件：10\test10-12.html。

```
…
    <script src="jquery-3.2.1.min.js"></script>
    <style>div { border: 1px solid red; padding: 5px; margin: 5px} </style>
</head>
<body>操作页面元素<span>极客学院</span>在线<span>JavaScript教程</span>
    <button id="btn1">wrap元素</button>
    <script>
        $(function () { $('#btn1').click(function () {$('span').wrap('<div><b></b></div>') }) })
    </script>
</body>
</html>
```

在浏览器中的运行结果如图 10-10 所示。

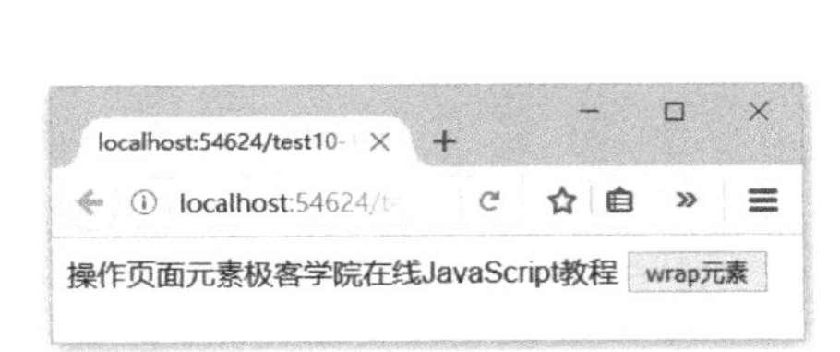

（a）初始页面

（b）单击“wrap 元素”按钮后

图 10-10　使用 wrap()方法包装元素

单击“wrap 元素”按钮后，页面中元素的基本结构如下。

```
操作页面元素
<div><b><span>极客学院</span></b></div>
在线
<div><b><span>JavaScript教程</span></b></div>
<button id="btn1">wrap元素</button>
<script>…</script>
```

页面中原来的两个<span>元素，被“<div><b></b></div>”结构包装起来了。

10.3.2　wrapAll()方法

wrapAll()方法将所有选中的结点包装在一个 HTML 结构中，参数可以是 HTML 字符串、选择器或者 jQuery 对象。

【例 10-13】 用 wrapAll()方法包装页面中的<span>元素。源文件：10\test10-13.html。

```
…
    <script src="jquery-3.2.1.min.js"></script>
    <style>
        div {border: 1px solid red; padding: 5px; margin: 5px}
    </style>
</head>
<body>操作页面元素<span>极客学院</span>在线<span>JavaScript教程</span>
    <button id="btn1">wrapAll元素</button>
    <script>
        $(function () {   $('#btn1').click(function () {$('span').wrapAll('<div><b></b></div>') }) })
    </script>
</body>
</html>
```

在浏览器中的运行结果如图 10-11 所示。

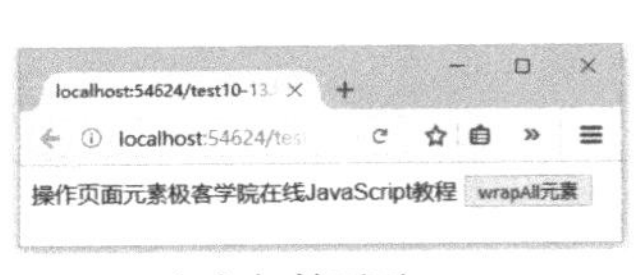

（a）初始页面

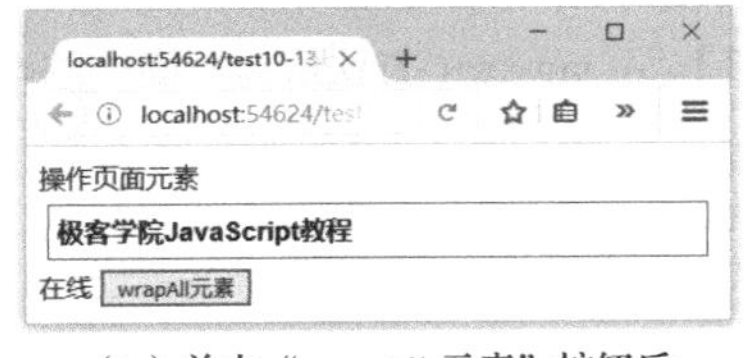

（b）单击“wrapAll 元素”按钮后

图 10-11　使用 wrapAll()方法包装元素

单击“wrapAll 元素”按钮后，页面中的元素基本结构如下。

```
操作页面元素
```

```
<div><b>
        <span>极客学院</span>
        <span>JavaScript教程</span>
</b></div>
在线
<button id="btn1">wrap元素</button>
<script>...</script>
```

页面中原来不相邻的两个<span>元素，被包装在一个“<div><b></b></div>”结构中。

10.3.3 wrapInner()方法

wrapInner()方法用指定 HTML 结构包装选中结点的内部元素。

【例 10-14】 用 wrapInner()方法包装页面中的<span>元素。源文件：10\test10-14.html。

```
...
    <script src="jquery-3.2.1.min.js"></script>
    <style>
        div {border: 1px solid red; padding: 5px; margin: 5px}
    </style>
</head>
<body>
    操作页面元素<span>极客学院</span>在线<span>JavaScript教程</span>
    <button id="btn1">wrapInner元素</button>
    <script>
        $(function () {
                $('#btn1').click(function () { $('span').wrapInner('<div><b></b></div>') }) })
    </script>
</body>
</html>
```

在浏览器中的运行结果与例 10-12 使用 wrap()方法包装结点的结果相同，如图 10-10 所示，但页面元素的结构不同。本例中，单击“wrapInner 元素”按钮后，页面中的元素基本结构如下。

```
操作页面元素
<span><div><b>极客学院</b></div></span>
在线
<span><div><b>JavaScript教程</b></div></span>
<button id="btn1">wrap元素</button>
<script>...</script>
```

页面中原来的两个<span>元素内部的文本，分别被“<div><b></b></div>”结构包装起来了。

10.3.4 unwrap()方法

unwrap()方法可解除包装，即删除其父结点，原来的祖父结点成为其父结点。

【例 10-15】 用 unwrap()方法解包页面中的<span>元素。源文件：10\test10-15.html。

```
...
    <script src="jquery-3.2.1.min.js"></script>
    <style>div {border: 1px solid red; padding: 1px; margin: 1px}</style>
</head>
<body>
    操作页面元素<div><b><span>极客学院</span></b></div>在线
    <div><b><span>JavaScript教程</span></b></div>
    <button id="btn1">wrap元素</button>
    <script>
```

```
        $(function () {$('#btn1').click(function () {$('span').unwrap()})})
    </script>
</body>
</html>
```

在浏览器中的运行结果如图 10-12 所示。

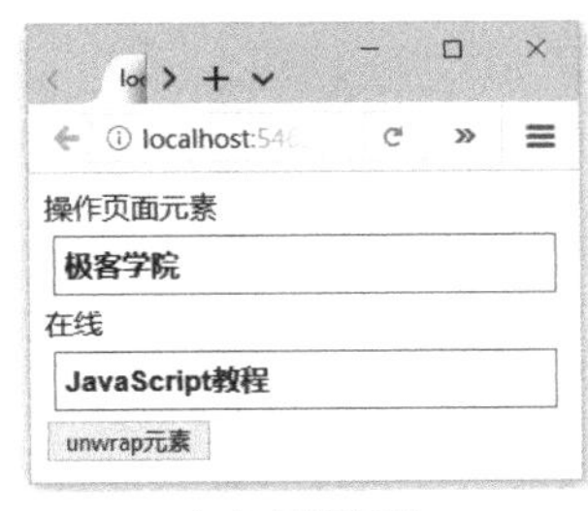

（a）初始页面

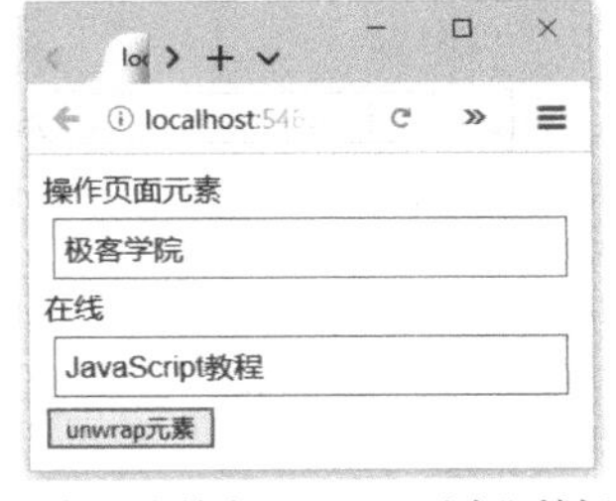

（b）第 1 次单击“unwrap 元素”按钮后

（c）第 2 次单击“unwrap 元素”按钮后

图 10-12　使用 unwrap()方法解包元素

10.4　替换结点

使用 jQuery 提供的 replaceWith()和 replaceAll()方法可将页面中的元素替换为新的内容。

10.4.1　replaceWith()

replaceWith()方法用指定参数替换选中的结点，参数可以是 HTML 字符串、DOM 元素、DOM 元素数组或者 jQuery 对象。

【例 10-16】 用 replaceWith ()方法替换元素。源文件：10\test10-16.html。

```
…
<body>
    操作页面元素<span>极客学院</span>在线<span>JavaScript教程</span>
    <button id="btn1">替换元素</button>
    <script>
        $(function () {
            $('#btn1').click(function () {$('span').replaceWith('<B>新段落</B>') })
        })
    </script>
</body>
</html>
```

在浏览器中的运行结果如图 10-13 所示。

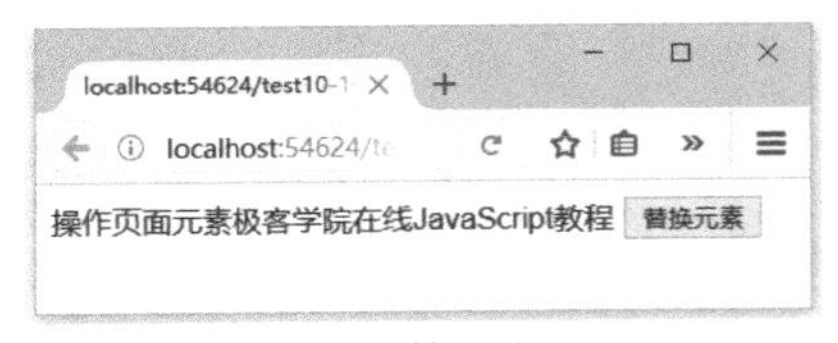

（a）初始页面

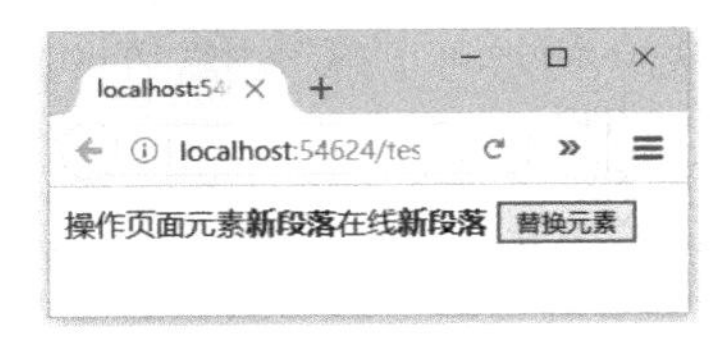

（b）单击“替换元素”按钮后

图 10-13　使用 replaceWith()方法替换元素

单击“替换元素”按钮后，页面中的“<span>极客学院</span>”和“<span>JavaScript 教程</span>”均被替换为“<B>新段落</B>”。

replaceWith()方法会删除页面中的选中元素，并将这些元素封装在 jQuery 对象中，作为方法返回结果。

【例 10-17】 修改例 10-16，在页面中显示被 replaceWith ()方法替换的内容。源文件：10\test10-17.html。

```
…
    <script src="jquery-3.2.1.min.js"></script>
    <style> div {border: 1px solid red; padding: 5px; margin: 5px }</style>
</head>
<body>
    操作页面元素<span>极客学院</span>在线<span>JavaScript教程</span>
    <button id="btn1">replaceWith元素</button>
    <div></div>
    <script>
        $(function () {
            $('#btn1').click(function () {
                obj = $('span').replaceWith('<B>新段落</B>')//引用封装被替换元素的jQuery对象
                s = ''
                for (i = 0; i < obj.length; i++)
                    s +=(i+1)+'、'+ $(obj[i]).prop('outerHTML') + ' ';//获得被删除的HTML代码
                $('div').text('被替换的内容：' +s)
            })
        })
    </script>
</body>
</html>
```

在浏览器中运行时，单击“替换元素”按钮后的结果如图 10-14 所示。

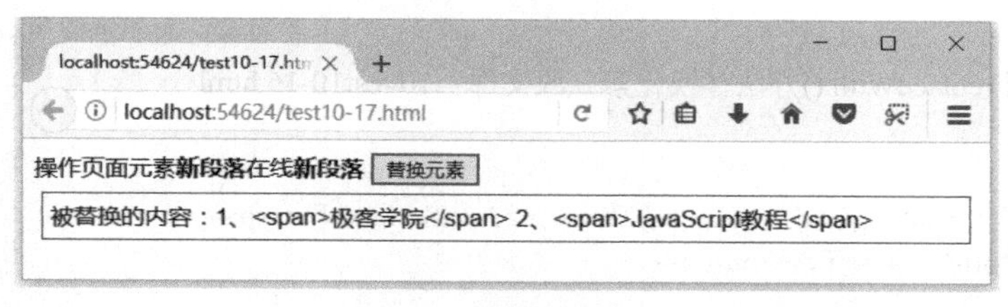

图 10-14　显示被替换内容

replaceWith()方法还可用页面中的现有元素去替换另一个元素，相当于将元素移动到另一个元素的位置，另一个元素被删除。

【例 10-18】 用页面中的现有元素去替换另一个元素。源文件：10\test10-18.html。

```
…
<body>
    <div>段落1</div><div>段落2</div><div>段落3</div><div>段落4</div>
    <button id="btn1">替换元素</button>
    <script>
        $(function () {
            $('#btn1').click(function () { $('div:first').replaceWith($('div:last')) })
        })
    </script>
</body>
</html>
```

在浏览器中的运行结果如图 10-15 所示。

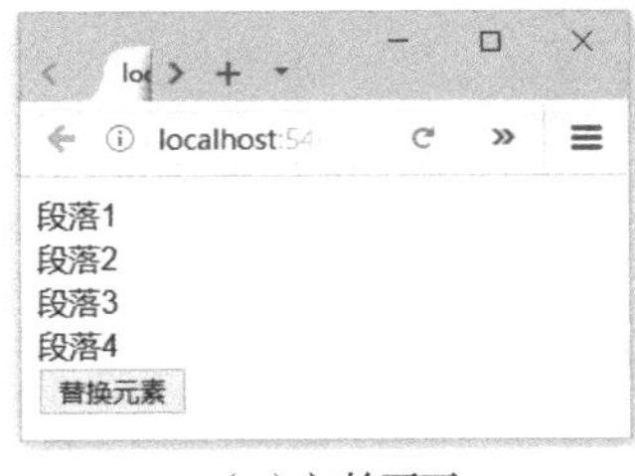

（a）初始页面

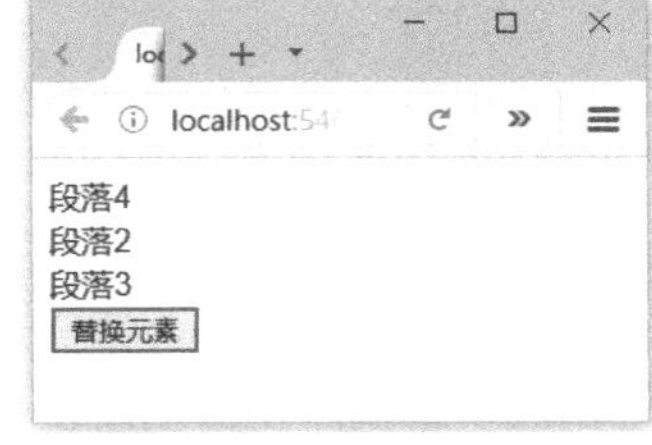

（b）第 1 次单击“替换元素”按钮后

（c）第 2 次单击“替换元素”按钮后

图 10-15　用页面中的现有元素去替换另一个元素

10.4.2　replaceAll()

replaceAll()和 replaceWith()作用相同，但语法格式不同。replaceAll()将被替换对象作为方法参数，其语法基本格式为：

```
$(参数).replaceAll(选择器)
```

“参数”可以是 HTML 字符串、DOM 元素、DOM 元素数组或者 jQuery 对象。页面中“选择器”匹配的元素都会被“参数”替换。

【例 10-19】 修改例 10-16，使用 replaceAll ()方法完成替换。源文件：10\test10-19.html。

```
...
<body>
    操作页面元素<span>极客学院</span>在线<span>JavaScript教程</span>
    <button id="btn1">替换元素</button>
    <script>
        $(function () {
            $('#btn1').click(function () {   $('span').replaceWith('<B>新段落</B>') })
        })
    </script>
</body>
</html>
```

在浏览器中的运行结果与例 10-16 相同。

10.5　删除结点

除了可用 unwrap()方法删除父结点外，jQuery 还提供了 detach()、empty()和 remove()等方法用于删除页面中的结点。

jQuery 删除元素

10.5.1　empty()

empty()方法删除匹配结点的全部子结点。

【例 10-20】 使用 empty()方法删除子结点。源文件：10\test10-20.html。

```
...
    <style> div {border: 1px solid red; padding: 5px; margin: 5px } </style>
</head>
<body>
    <div class="c1">段落1</div><div class="c1"><div>段落2</div></div>
    <button id="btn1">empty删除</button>
    <script>
        $(function () { $('#btn1').click(function () {$('.c1').empty()}) })
    </script>
```

```
</body>
</html>
```

在浏览器中的运行结果如图 10-16 所示。

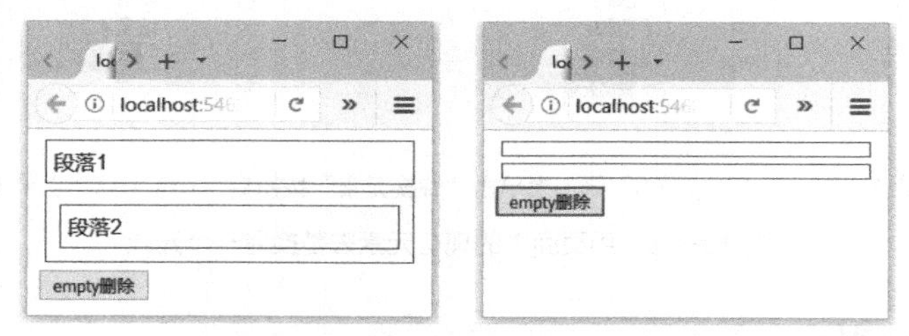

图 10-16　使用 empty()方法删除子结点

单击“empty 删除”按钮后，两个 class 属性为“c1”的<div>内部的文本和子元素均被删除，只保留空的<div>。删除子结点后的<div>结构如下。

```
<div class="c1"></div>
<div class="c1"></div>
```

10.5.2　remove()

remove()方法删除匹配结点及其子结点。

【例 10-21】 使用 remove ()方法删除子结点。源文件：10\test10-21.html。

将例 10-20 中的“empty”替换为“remove”，在浏览器中的运行结果如图 10-17 所示。

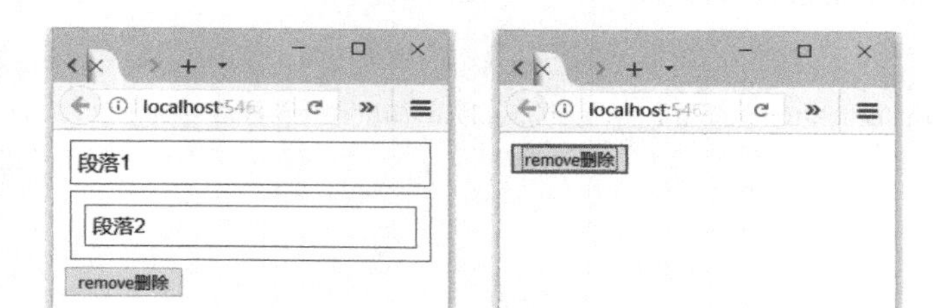

图 10-17　使用 remove ()方法删除结点

单击“remove 删除”按钮后，两个 class 属性为“c1”的<div>及其内容均被删除。

10.5.3　detach()

detach()方法与 remove()方法类似，但 detach()方法可返回被删除的结点，以便将其重新插入页面或做他用。被删除的结点重新插入页面时，原有的数据和事件处理器保持不变。

【例 10-22】 使用 detach()方法删除结点，并将其重新插入页面。源文件：10\test10-22.html。

```
…
    <style>
        div {border: 1px solid red;padding: 5px;margin: 5px}
        .c1.back{background-color:aqua}
    </style>
</head>
<body>
    <div id="out">使用detach()方法:
        <div class="c1">段落1</div><hr /> <div class="c1"><div>段落2</div></div>
    </div>
    <button id="btn1">删除</button><button id="btn2">插入</button>
```

```
    <span id="show"></span>
    <script>
        $(function () {
            var obj
            $('#btn1').click(function () { obj = $('.c1').detach() })
            $('#btn2').click(function () {
                if (obj)
                    $('#show').append(obj)//将删除的结点重新插入页面
            })
            $('.c1').click(function () {$(this).toggleClass('back') }) //单击时切换背景
        })
    </script>
</body>
</html>
```

在浏览器中运行时，单击段落可改变背景颜色，如图 10-18（a）所示。单击“删除”按钮后，两个段落被删除，如图 10-18（b）所示。单击“插入”按钮后，被删除的段落插入到按钮下方，此时单击段落同样可改变背景颜色，如图 10-18（c）所示。

（a）初始页面

（b）单击“删除”按钮后

（c）重新插入删除的结点

图 10-18　使用 detach()方法

10.6　复制结点

clone()方法可用于复制结点，并可修改其内容。

【例 10-23】 使用 clone()方法复制结点。源文件：10\test10-23.html。

```
…
    <style>
        span {border: 1px solid red;padding: 5px;margin: 5px}
    </style>
</head>
<body>
    <span id="c1">文本</span><span id="out"></span><button id="btn1">复制结点</button>
    <script>
        $(function () {
            var n=0
            $('#btn1').click(function () {
                obj = $('#c1').clone()
                n++
                obj.text(obj.text()+" 副本"+n)
                $('#out').append(obj)
```

```
                })
            })
        </script>
    </body>
</html>
```

在浏览器中的运行结果如图 10-19 所示。

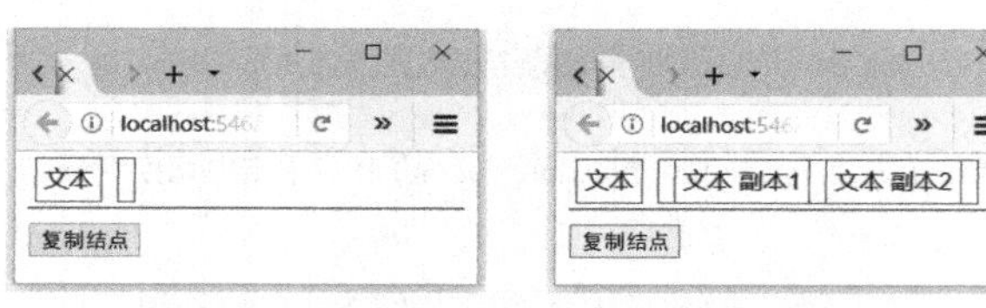

图 10-19　单击“复制结点”按钮复制结点

10.7　样式操作

在 HTML 文件中，CSS（Cascading Style Sheet，层叠样式表）用于格式化元素。jQuery 提供了用于操作 CSS 的方法。

10.7.1　css()方法

css()方法可获取或设置 CSS 样式。

【例 10-24】 使用 css()方法设置和查看元素 CSS 样式。源文件：10\test10-24.html。

```
...
<body>
    <div>文本1</div><div>文本2</div>
    <button id="btn1">设置样式</button><button id="btn2">查看样式</button>
    <div id="out"></div>
    <script>
        $(function () {
            $('#btn1').click(function () {
                $('div:lt(2)').css({padding: "5px", margin: "5px" })      //为前两个div设置样式
                $('div:lt(2)').css("border","1px solid red")              //为前两个div设置样式
            })
            $('#btn2').click(function () {$('#out').text($('div').css("borderTopWidth")) })//获取样式
        })
    </script>
</body>
</html>
```

在浏览器中运行时，首先单击“查看样式”按钮，获取<div>边框宽度，显示在页面中，如图 10-20（a）所示。再单击“设置样式”按钮，改变其宽度，如图 10-20（b）所示。

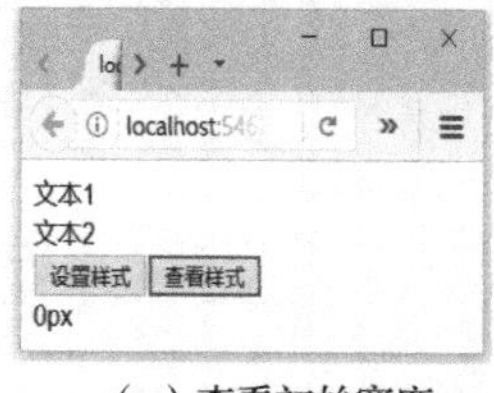

（a）查看初始宽度

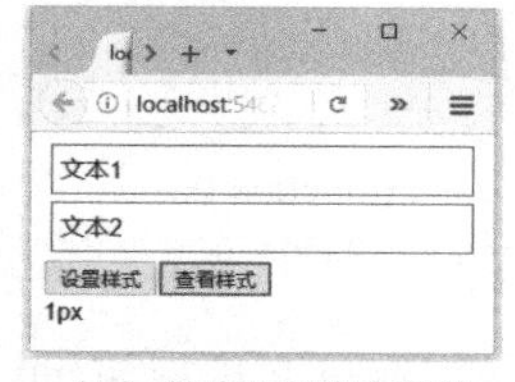

（b）查看改变后的宽度

图 10-20　使用 css()方法设置和查看元素 CSS 样式

本例中用到了 css()方法设置样式的两种格式。第 1 种是用对象常量作为参数。例如：

```
$('div:lt(2)').css({padding: "5px", margin: "5px" })
```

这种格式中，CSS 样式属性名可直接使用，属性值必须为字符串。当属性名为多个单词组合时，可使用 CSS 样式名字符串，例如{"background-color":"red"}；或者带大写的多单词格式，例如{backgroundColor:"red"}。

第 2 种格式用 CSS 样式属性名和属性值作为参数。例如：

```
$('div:lt(2)').css("border","1px solid red")
```

该语句中的 border 使用了 CSS 样式名称的简略写法，但在获取样式时不支持简略写法。所以本例在 btn2 按钮的 click 事件处理程序中，用了“$('div').css("borderTopWidth")”来获取<div>元素的顶部边框宽度。

在获取样式时，css()方法只返回匹配的多个元素中的第 1 个元素的样式设置。

10.7.2 CSS 类操作方法

jQuery 提供了直接操作元素 class 属性的方法。

- addClass()：添加类。
- removeClass()：删除类。
- toggleClass()：切换类。若元素无指定类，则为其添加该类；若有指定类，则将其删除。

【例 10-25】 使用 CSS 类操作方法。源文件：10\test10-25.html。

```
…
    <style>
        .bp{border: 1px solid red;padding:5px}
        .c{color:red}
        .bc{background-color:aqua}
    </style>
</head>
<body>
    <span id="s1">文本1</span><span id="s2">文本2</span><br>
    <button id="btn1">添加样式</button><button id="btn2">删除样式</button>
    <button id="btn3">切换样式</button>
    <script>
        $(function () {
            $('#btn1').click(function () { $('span').addClass("bp c") })//添加类
            $('#btn2').click(function () { $('span:last').removeClass("c") })//删除类
            $('#btn3').click(function () { $('span').toggleClass("bc") })//切换类
        })
    </script>
</body>
</html>
```

在浏览器中运行时，初始页面如图 10-21（a）所示。单击“添加样式”按钮，为两个<span>添加样式，如图 10-21（b）所示。单击“删除样式”按钮，删除第 2 个<span>的前景颜色，如图 10-21（c）所示。单击“切换样式”按钮，可切换两个<span>的背景颜色，如图 10-21（d）所示。

（a）初始页面

（b）添加样式

图 10-21 使用 CSS 类操作方法

（c）删除样式

（d）切换样式

图 10-21　使用 CSS 类操作方法（续）

10.8　编程实践：jQuery 版的动态人员列表

本节综合应用本章所学知识，修改第 6 章中实现的“动态人员列表”，使用 jQuery 实现人员列表的动态添加和删除，如图 10-22 所示。

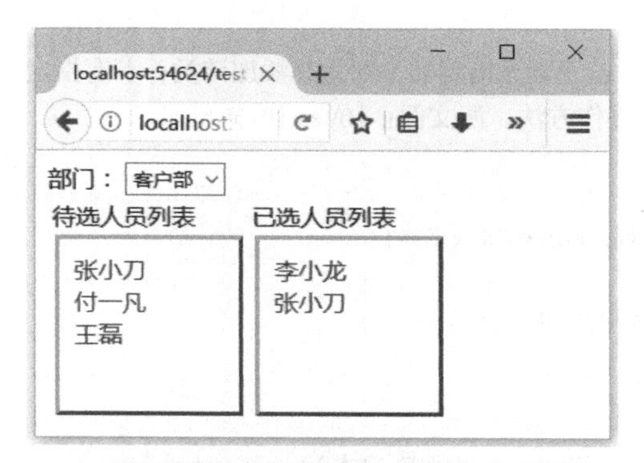

图 10-22　jQuery 版的动态人员列表

在部门下拉列表中选择不同部门时，待选人员列表自动显示该部门人员名单。在待选人员列表中双击人员名称，将其添加到已选人员列表（人员不重复）。在已选人员列表中双击人员名称，将其从列表中删除。

具体操作步骤如下。

（1）在 Visual Studio 中选择“文件\新建\文件”命令，创建一个新的 HTML 文件。

（2）修改 HTML 文件，代码如下。

```
…
    <script src="jquery-3.2.1.min.js"></script>
    <style>
        a { text-decoration: none; }
        a:hover{color:red;}
        div {outline-style:outset; border-width: 1px; margin: 5px; padding: 10px; width:100px;
            height:100px; }
    </style>
</head>
<body>部门:
    <select id="dep">
        <option value="0" selected>客户部</option>
        <option value="1" >销售部</option>
        <option value="2" >生产部</option>
    </select><br>
    <table border="0">
        <tr><td valign="top">待选人员列表<div id="slist"></div>
```

```
            </td><td    valign="top">已选人员列表<div id="tlist" ></div>
            </td></tr>
    </table>
    <script>
        var ps = [['张小刀', '付一凡', '王磊'], ['李小龙', '成龙', '王达三'], ['赵春风', '李丽', '成都']]
        $(function(){
            changeList(0)//显示初始人员列表
            $("#dep").change(function () {
                changeList($(this).val())//在改变部门时，更新待选人员列表
            })
        })
        function changeList(n) {
            var slist = $('#slist')
            slist.empty()//清除原有人员列表
            $.each(ps[n], function (index, value) {
                slist.append("<a href='#' class='source_list'>"+value+'</a><br>')//添加待选人员
            })
            $('.source_list').bind('dblclick', addToTarget)//改变人员列表后，重新绑定事件处理器
        }
        function addToTarget() {
            var cl = $('#tlist').children('a:contains("' + $(this).text() + '")')
            if(cl.length>0) return          //如果已选择相同人员，不执行后继操作
            $('#tlist').append("<a href='#' class='target_list'>" + $(this).text() + '</a><br>')//添加人员
            $('.target_list').bind('dblclick', removeFromTarget)//改变人员列表后，重新绑定事件处理器
        }
        function removeFromTarget() {
            $(this).next().remove()//删除<br>
            $(this).remove()//删除<a>
        }
    </script>
</body>
</html>
```

（3）按【Ctrl+S】组合键保存 HTML 文件，文件名为 test10-26.html。

（4）按【Ctrl+Shift+W】组合键，打开浏览器，查看 HTML 文件显示结果。

10.9 小结

本章主要介绍了如何操作 HTML 文件中的元素，包括元素内容操作、插入结点、包装结点、替换结点、删除结点、复制结点及样式操作等。熟练掌握本章内容，可以在脚本中利用 jQuery 轻松实现动态改变页面内容。

10.10 习题

1. 有下面的 HTML 代码，请用一条 jQuery 脚本语句，将第 1 个<div>元素的内容移动到第 2 个<div>元素中。

```
<div><i>Python</i>基础教程</div>
<div></div>
```

2. 假设表单中有一个有序列表<ol>，请写一段 jQuery 脚本，将列表中的选项按相反的顺序排列。
3. 请说明 jQuery 中 empty()方法和 remove()方法的区别。
4. 请说明使用 css()方法和 addClass()方法设置 CSS 样式属性的区别。

PART11

第11章

jQuery事件处理

重点知识：

jQuery事件对象 ■
附加和解除事件处理函数 ■
事件快捷方法 ■

■ 事件处理是 jQuery 的重要特点之一。JavaScript 的事件处理机制并不完善，使用 jQuery 可以简化文档的事件处理，并使脚本更加安全，更具兼容性。

11.1 jQuery 事件对象

jQuery 事件对象封装了浏览器差异，并按照 W3C 标准进行了规范和统一，确保在所有浏览器中采用统一的处理方法。

11.1.1 事件对象构造函数

jQuery 的 Event()构造函数用事件名称作为参数来创建事件对象。使用构造函数创建事件对象时，可不使用 new 关键字。例如：

```
var e1 = $.Event('click')                    //创建事件对象
var e2 = new $.Event('click')                //创建事件对象
```

事件对象可作为 trigger()方法的参数来触发事件。例如：

```
$('body').trigger(e1)                        //触发事件
```

【例 11-1】 使用事件对象。源文件：11\test11-1.html。

```
…
<body>
    使用事件对象
    <script>
        $(function () {
            var n = 0
            $('body').on('click', function () {
                    $('body').append('<div>you click me:' + (++n) + '</div>')})
            var e1 = $.Event('click')                               //创建事件对象
            var e2 = new $.Event('click')                           //创建事件对象
            for (i = 0; i < 3; i++)   $('body').trigger(e1)         //触发事件
            for (i = 0; i < 3; i++)   $('body').trigger(e2)         //触发事件
        })
    </script>
</body>
</html>
```

在浏览器中的运行结果如图 11-1 所示。

脚本代码中，变量 e1 和 e2 引用了事件对象。在两个 for 循环中，$('body').trigger()方法触发 HTML 文档中 body 对象的 click 事件，事件处理函数将单击信息显示在页面中。从输出结果可看到 body 对象的 click 事件发生次数。

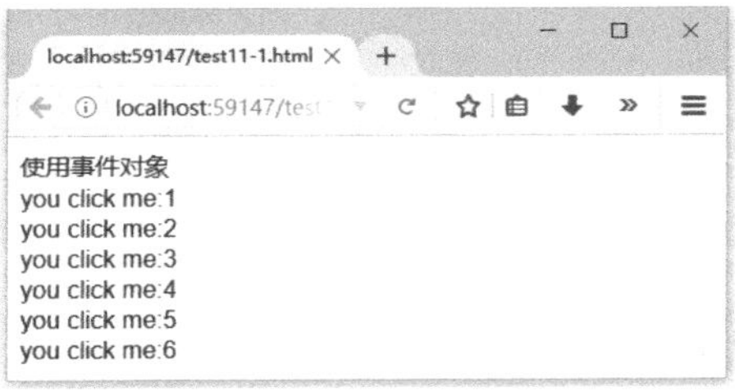

图 11-1 使用事件对象

11.1.2 事件对象属性

事件对象封装了事件相关的所有信息，其常用属性如下。

- event.currentTarget：事件冒泡过程中的当前 DOM 结点。
- event.data：事件对象存储的附加数据。
- event.pageX、event.pageY：鼠标事件发生时，鼠标指针在浏览器窗口中的坐标。
- event.relatedTarget：和事件有关的其他 DOM 元素，如鼠标离开的对象。
- event.result：事件处理程序的最新返回值。
- event.target：最初发生事件的 DOM 元素。
- event.timeStamp：事件发生的时间戳，单位为毫秒。
- event.type：事件类型。

- event.which：在发生键盘事件时，属性返回按键的 ASCII 码。发生鼠标事件时，属性返回所按下的鼠标键（1 表示左键，2 表示右键）。

jQuery 将事件对象作为第 1 个参数传递给事件处理函数，在事件处理函数中通过它来访问事件对象属性。

【例 11-2】 查看事件对象属性。源文件：11\test11-2.html。

```
…
<body>
    <button>查看事件对象属性</button>
    <div></div>
    <script>
        $(function () {
            $('button').click(function (event) {
                var s = '事件类型：' + event.type + '<br>'
                    + '事件目标：' + event.target.nodeName + '<br>'
                    + '鼠标坐标：' + event.pageX + ',' + event.pageY + '<br>'
                    + '事件按键：' + event.which + '<br>'
                    + '发生时间：' + event.timeStamp
                $('div').html(s)
            })
        })
    </script>
</body>
</html>
```

在浏览器中运行时，单击“查看事件对象属性”按钮，页面中显示 click 事件对象的相关属性，如图 11-2 所示。

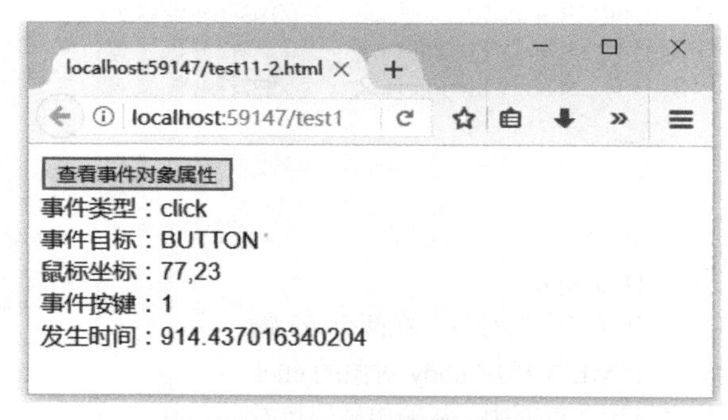

图 11-2　查看事件对象属性

11.1.3　事件对象方法

事件对象的常用方法如下。

- event.preventDefault()：阻止事件默认行为。
- event.stopImmediatePropagation()：停止执行元素的所有事件处理函数，同时阻止事件冒泡。
- event.stopPropagation()：阻止事件冒泡。

【例 11-3】 阻止事件默认行为和事件冒泡。源文件：11\test11-3.html。

```
…
<body>
    <div id="div1"><a href="http://www.jikexueyuan.com">极客学院</a></div>
    <div id="div2"><a href="#">段落2</a></div>
    <script>
```

```
            $(function () {
                $('a:first').click(function (event) {
                    $(this).css('color', 'blue')
                    event.preventDefault()//阻止默认行为，即单击链接后不跳转
                })
                $('a:last').click(function (event) {
                    $(this).css('color', 'red')
                    event.stopPropagation()//阻止事件冒泡
                })
                $('#div1').click(function () {
                    $(this).append('<span class="news">冒泡事件已处理</span>')
                })
                $('#div2').click(function () {
                    $(this).append('<span class="news">冒泡事件已处理</span>')//不会执行
                })
            })
        </script>
    </body>
    </html>
```

在浏览器中的运行结果如图 11-3 所示。单击页面中的“极客学院”链接时，正常情况下，浏览器跳转到指定的 URL。本例中执行了 preventDefault()方法，所以不会发生跳转。同时，click 事件可以冒泡，传递给它外部的<div>，该<div>的 click 事件处理函数被执行，在页面中添加文字，显示“冒泡事件已处理”，如图 11-3（a）所示。

单击页面中的“段落 2”链接，在改变链接文字颜色的同时阻止了事件冒泡，所以第 2 个<div>的 click 事件处理函数不会执行，如图 11-3（b）所示。

（a）阻止事件默认行为

（b）阻止事件冒泡

图 11-3　阻止事件默认行为和事件冒泡

11.2　附加和解除事件处理函数

附加事件处理函数指将函数和事件关联起来，在发生事件时执行该函数来处理事件。解除事件处理函数则是解除函数和事件的关联关系。

11.2.1　附加事件处理函数

on()方法用于为事件关联处理函数，早期的 bind()方法已被弃用。on()方法的基本语法格式如下。

```
$('selector').on('eventname', func)
```

$('selector')为要附加事件处理函数的目标对象。eventname 为事件名称，如 click。func 可以是函数名或者匿名函数。可以为元素的同一个事件附加多个处理函数。

【例 11-4】 为元素附加事件处理函数。源文件：11\test11-4.html。

```
…
<body>
```

```
        <div>附加多个事件处理函数</div><button>改变DIV</button>
        <script>
            $(function () {
                $('button').on('click',function (event) { $('div').css('border', 'dashed 1px red') })//设置边框
                $('button').on('click',function (event) { $('div').css('color', 'red') })//改变文字颜色
                $('button').on('click', addSub)
                function addSub() {$('div').append('<span>____子元素</span>') }
            })
        </script>
    </body>
    </html>
```

在浏览器中的运行结果如图 11-4 所示。脚本中，on()方法为<button>元素附加了 3 个 click 事件处理函数，前两个为匿名函数，第 3 个为命名函数。在页面中单击“改变 DIV”按钮时，触发<button>元素的 click 事件，3 个事件处理函数依次被调用，分别为页面中的<div>元素添加边框、改变文字颜色和增加子元素。

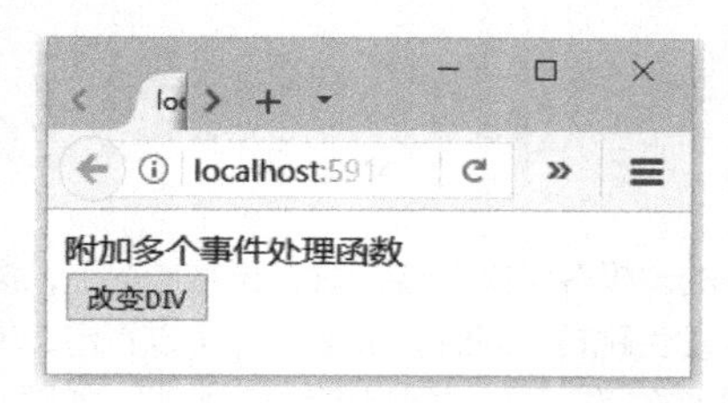

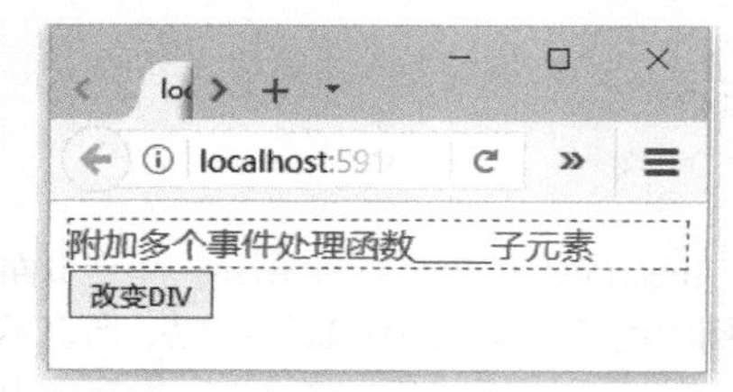

图 11-4　为目标元素附加事件处理函数

11.2.2　解除事件处理函数

off()方法用于解除附加到元素事件的处理函数，其基本语法格式如下。

```
$('selector').off('eventname',func)
```

代码含义为解除$('selector')匹配元素的 eventname 事件附加的 func 函数。不带参数的 off()方法解除匹配元素所有的事件处理函数。

【例 11-5】 解除事件处理函数。源文件：11\test11-5.html。

修改例 11-4，增加一个按钮来解除事件处理函数。

```
…
<body>
    <div>附加多个事件处理函数</div>
    <button id="btn1">改变DIV</button><button id="btn2">解除事件</button>
    <script>
        $(function () {
            $('#btn1').on('click', function (event) { $('div').css('border', 'dashed 1px red') })//设置边框
            $('#btn1').on('click', function (event) { $('div').css('color', 'red') })//改变文字颜色
            $('#btn1').on('click', addSub)
            function addSub() { $('div').append('<span>____子元素</span>') }
            $('#btn2').on('click', function (event) { $('#btn1').off('click', addSub) })//解除事件处理函数
        })
    </script>
</body>
</html>
```

在浏览器中运行时，若直接单击“改变 DIV”按钮，为按钮 btn1 绑定的 3 个函数均会执行，结果如图 11-5（a）所示。刷新页面，先单击“解除事件”按钮，再单击“改变 DIV”按钮，此时为按钮 btn1 绑定的 addSub 函数已被解除，所以不会添加子结点，结果如图 11-5（b）所示。

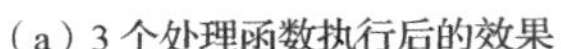
（a）3 个处理函数执行后的效果

（b）解除添加子元素函数后的效果

图 11-5　解除事件处理函数

11.3　事件快捷方法

jQuery 提供了一系列事件快捷方法来处理事件处理函数。例如，click()方法可以为对象附加 click 事件处理函数，不带参数时则可触发 click 事件。

11.3.1　浏览器事件快捷方法

浏览器事件快捷方法如下。

- resize()：带参数时，为对象附加 resize 事件处理函数。
- scroll()：带参数时，为对象附加 scroll 事件处理函数。

【例 11-6】 实时获取窗口大小。源文件：11\test11-6.html。

```
…
<body>
    <div></div>
    <script>
        $(function () {
            $(window).resize(function () {
                $('div').text('窗口宽度：' + $(window).width() + '，窗口高度：' + $(window).height())
            })
        })
    </script>
</body>
</html>
```

在浏览器中的运行结果如图 11-6 所示。

脚本中，$(window).resize(function ()…)为 Window 对象附加了一个处理 resize 事件的匿名函数，在窗口大小发生变化时，在页面中显示当前窗口的宽度和高度。

图 11-6　实时获取窗口大小

11.3.2　表单事件快捷方法

表单事件快捷方法如下。

- blur()：带参数时为对象附加 blur 事件处理函数。
- change()：带参数时为对象附加 change 事件处理函数。
- focus()：带参数时为对象附加 focus 事件处理函数。
- focusin()：带参数时为对象附加 focusin 事件处理函数。
- focusout()：带参数时为对象附加 focusout 事件处理函数。
- select()：带参数时为对象附加 select 事件处理函数。
- submit()：带参数时为对象附加 submit 事件处理函数。

另外，无参数时的方法触发对象的对应事件。

【例 11-7】 使用从列表选择的颜色改变文本颜色。源文件：11\test11-7.html。

```
…
<body>
    请选择颜色：
    <select>
        <option value="red">红色</option><option value="green">绿色</option>
        <option value="blue">蓝色</option>
    </select>
    <div>应用颜色的文本</div>
    <script>
        $(function () { $('select').change(function () {$('div').css('color',$(this).val())})  })
    </script>
</body>
</html>
```

在浏览器中的运行结果如图 11-7 所示。

11.3.3 键盘事件快捷方法

键盘事件快捷方法如下。

- keydown()：带参数时附加 keydown 事件处理函数。
- keypress()：带参数时附加 keypress 事件处理函数。
- keyup()：带参数时附加 keyup 事件处理函数。

另外，无参数时的方法触发对象的对应事件。

【例 11-8】 同步显示输入字符的 ASCII 码。源文件：11\test11-8.html。

在<input>中输入时，在<div>中同步显示输入字符 ASCII 码。

```
…
<body>
    请输入：<input type="text"/> <div>输入字符ASCII码：</div>
    <script>
        $(function () {
            $('input').keypress(function (event) { $('div').text($('div').text() + " " + event.which) })
        })
    </script>
</body>
</html>
```

在浏览器中的运行结果如图 11-8 所示。

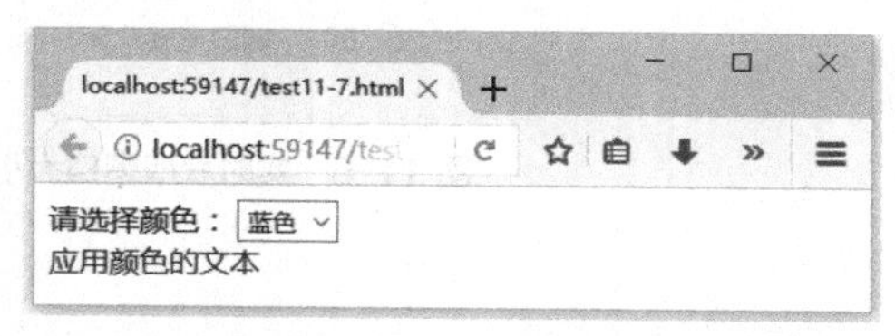

图 11-7　使用从列表选择的颜色改变文本颜色

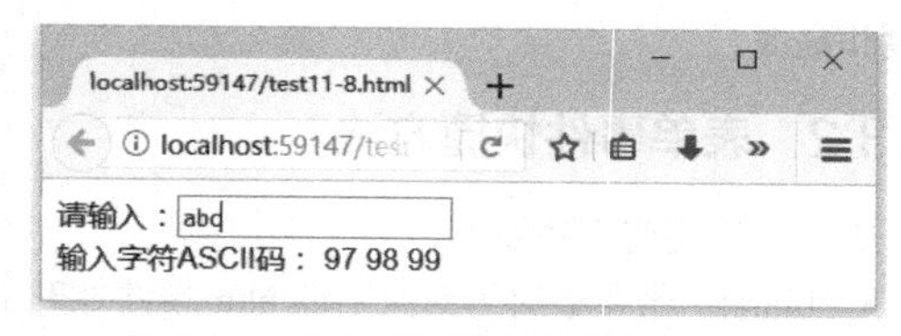

图 11-8　同步显示输入字符的 ASCII 码

11.3.4 鼠标事件快捷方法

鼠标事件快捷方法如下。

- click()：带参数时附加 click 事件处理函数。
- contextmenu()：带参数时附加 contextmenu 事件处理函数。

- dblclick()：带参数时附加 dblclick 事件处理函数。
- hover()：只带一个参数时附加 mouseleave 事件处理函数。带两个参数时，第 1 个为 mouseenter 事件处理函数，第 2 个为 mouseleave 事件处理函数。
- mousedown()：带参数时附加 mousedown 事件处理函数。
- mouseenter()：带参数时附加 mouseenter 事件处理函数。
- mouseleave()：带参数时附加 mouseleave 事件处理函数。
- mousemove()：带参数时附加 mousemove 事件处理函数。
- mouseout()：带参数时附加 mouseout 事件处理函数。
- mouseover()：带参数时附加 mouseover 事件处理函数。
- mouseup()：带参数时附加 mouseup 事件处理函数。

【例 11-9】 鼠标指针进入时将<div>背景色设置为绿色，鼠标指针离开时设置为灰色。源文件：11\test11-9.html。

```
…
<body>
    <div>响应鼠标改变背景颜色</div>
    <script>
        $(function () {
            $('div').hover(function () { $('div').css('background-color','green')},
                           function () { $('div').css('background-color', 'grey')  })
        })
    </script>
</body>
</html>
```

在浏览器中的运行结果如图 11-9 所示。

图 11-9　在鼠标指针进入和离开时改变背景颜色

11.4　编程实践：jQuery 版的自由拖放

本节综合应用本章所学知识，修改 4.3 节中实现的标记自由拖放，使用 jQuery 来实现，如图 11-10 所示。

图 11-10　jQuery 版的自由拖放

具体操作步骤如下。

（1）在 Visual Studio 中选择“文件\新建\文件”命令，创建一个新的 HTML 文件。

（2）修改 HTML 文件，代码如下。

```
…
<body>
    <div style="position:absolute">任意拖放</div>
    <img src="img1.png" width="100" height="100"
                                        style="position:absolute;left:10px;top:50px" />
    <script>
        $(function () {
            $('div').mousedown(dealDrag)
            $('img').mousedown(dealDrag)
        })
        function dealDrag(event) {                          //按下鼠标时处理拖动
            var target = event.currentTarget
            var coordinate = $(target).offset()             //获得当前坐标
            var xoff = event.pageX - coordinate.left;       //计算新位置的偏移量
            var yoff = event.pageY - coordinate.top;        //计算新位置的偏移量
            event.stopPropagation()
            event.preventDefault()
            $(document).on('mousemove', function (ev) {
                $(target).offset({ left: ev.pageX - xoff, top: ev.pageY - yoff })   //设置新坐标
                ev.stopPropagation()
                ev.preventDefault()
            })
            $(document).on('mouseup', function (ev) {
                $(document).off('mousemove') //解除附加的mousemove事件处理函数
            })
        }
    </script>
</body>
</html>
```

（3）按【Ctrl+S】组合键保存 HTML 文件，文件名为 test11-10.html。

（4）按【Ctrl+Shift+W】组合键，打开浏览器，查看 HTML 文件显示结果。

11.5 小结

本章主要介绍了 jQuery 事件处理机制，包括 jQuery 事件对象、附加和解除事件处理函数，以及如何使用事件快捷方法。

11.6 习题

1. 请说明 jQuery 事件对象的 currentTarget 和 target 属性有何区别。

2. 请说明 jQuery 事件对象的 stopImmediatePropagation()和 stopPropagation()方法有何区别。

3. 页面中有一个 ID 为“btn1”的按钮，请用两种不同的方法处理按钮 click 事件，在单击按钮时用 alert 对话框显示“hello btn1”。

PART12

第12章

jQuery特效

重点知识：

- 简单特效
- 透明度特效
- 滑动特效
- 自定义动画
- 动画相关的属性和方法

■ 在 JavaScript 中，要实现元素的动画效果，意味着需要编写大段的脚本。jQuery 提供了一系列特效动画方法，只需调用这些方法，即可实现动画效果。

12.1 简单特效

简单特效利用 jQuery 提供的方法来实现元素的隐藏和显示。隐藏和显示的过程可具有动画特效。

12.1.1 隐藏元素

hide()方法用于隐藏元素，并可根据参数实现不同的动画效果。

1. 直接隐藏

无参数的 hide()方法可直接隐藏元素，没有动画效果。

【例 12-1】 单击隐藏图片。源文件：12\test12-1.html。

```
…
    <img width="200" height="80" src="img1.png" />
    <script>
        $(function () {
            $('img').click(function () { $(this).hide() })
…
```

在浏览器中的运行结果如图 12-1 所示。单击图片后，图片被隐藏。

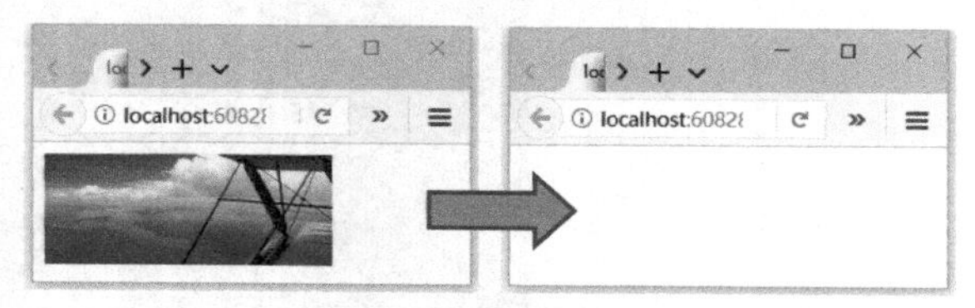

图 12-1 单击隐藏图片

2. 控制隐藏的快慢

可用 3 个字符串控制动画完成的快慢："slow""normal"和"fast"，这适用于所有特效方法。为 hide()方法提供参数后，会以动画的方式完成隐藏。

【例 12-2】 慢速完成图片隐藏。源文件：12\test12-2.html。

为例 12-1 脚本中的 hide()方法加上 slow 作为参数，即可以较慢的动画效果完成图片的隐藏。

```
…
$('img').click(function () { $(this).hide("slow") })
…
```

在浏览器中的运行结果如图 12-2 所示。

图 12-2 慢速完成图片隐藏

3. 设置完成动作的时间

可为特效方法指定一个时间（单位为毫秒）作为参数，以限制完成动作的时间。

jQuery 默认动作完成时间为 400ms，"fast"为 200ms，"normal"为默认的 400ms，"slow"为 600ms。

【例 12-3】 按指定时间完成图片隐藏。源文件：12\test12-3.html。

为例 12-1 脚本中的 hide()方法加上 5000 作为参数，在 5s 内完成图片的隐藏。

```
…
$('img').click(function () { $(this).hide(5000) })//5s内完成隐藏
…
```

在浏览器中的运行结果与图 12-2 类似。

4. 指定完成函数

可以为 hide()方法指定的一个函数，该函数在动作完成时执行，基本格式为：

```
.hide(param1,func)
```

参数 param1 是表示动画快慢的字符串或完成时间。参数 func 为函数名或者匿名函数。

【例 12-4】 完成图片隐藏，并显示完成提示。源文件：12\test12-4.html。

修改例 12-1，在 5s 内完成图片隐藏，然后显示文字。

```
…
$(this).hide(5000, function () {//5s内完成隐藏，然后显示文字
    $('body').append('已完成图片的隐藏')
})
…
```

在浏览器中的运行结果如图 12-3 所示。

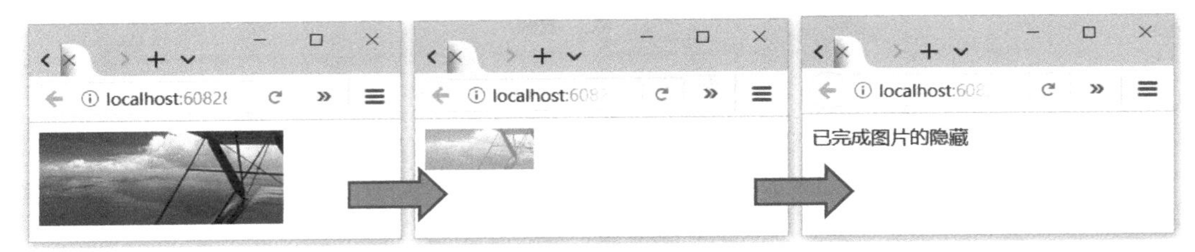

图 12-3 完成图片隐藏并显示文字

这里介绍的各种特效参数适用于其他特效方法。jQuery 特效方法还支持过渡特效（easing），过度特效需安装 easing 插件，如 jquery.easing.1.3.js。读者可访问 easing 插件主页了解详情。

12.1.2 显示元素

show()方法与 hide()方法的作用刚好相反，用于将隐藏的元素显示出来。在不指定参数时，show()方法直接显示元素。也可通过指定完成动作的快慢、完成时间及完成动作时的回调函数来显示元素。

【例 12-5】 以多种方法完成图片显示。源文件：12\test12-5.html。

```
…
<body>
    <img width="200" height="80" src="img1.png" style="display:none" /><br>
    <button id="btn1">直接显示</button>
    <button id="btn2">slow显示</button>
    <button id="btn3">5秒显示</button>
    <button id="btn4">显示完成提示</button><br>
    <button id="btn5">隐藏</button>
    <script>
        $(function () {
            $('#btn1').click(function () { $('img').show() })          //直接显示
```

```
        $('#btn2').click(function () { $('img').show('slow') })      //慢动作完成显示
        $('#btn3').click(function () { $('img').show(5000) })      //5s内完成显示
        $('#btn4').click(function () {
            $('img').show(5000, function () {                      //5s内完成显示，然后显示文字
                $('body').prepend('<div>已完成图片的隐藏<div>')
            })
        })
        $('#btn5').click(function () {
            $('img').hide()                //隐藏图片
            $('div').remove()              //删除显示的文字
...
```

在浏览器中运行时，图片最初是隐藏的，单击“直接显示”按钮显示图片，如图 12-4 所示。

图 12-4　直接显示图片

单击页面中的“隐藏”按钮可隐藏显示出来的图片。

单击“slow 显示”按钮，可以慢动作完成图片的显示，如图 12-5 所示。隐藏图片后，单击“5 秒显示”按钮，可在 5s 内完成图片的显示。

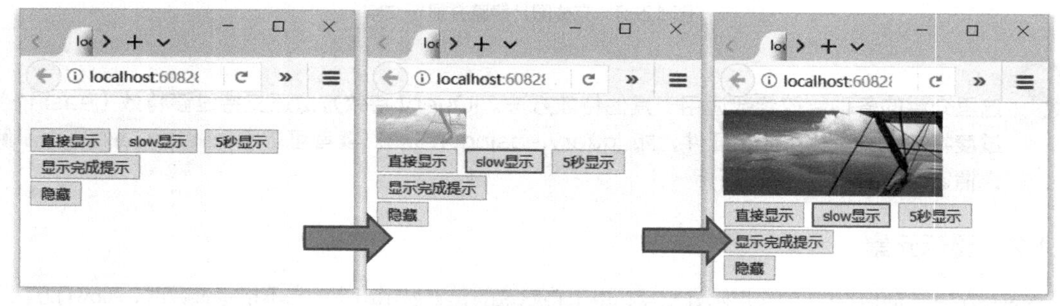

图 12-5　以慢动作完成图片的显示

隐藏图片后，单击“显示完成提示”按钮，可在 5s 内完成图片的显示，并显示完成提示，如图 12-6 所示。

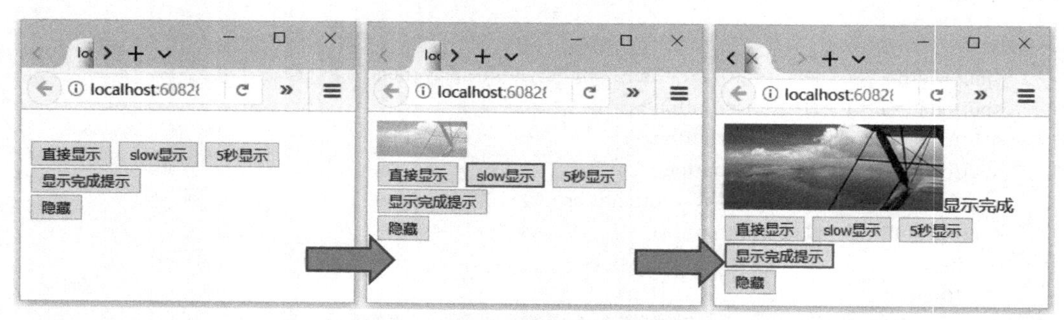

图 12-6　在完成图片显示后显示提示

12.1.3 隐藏/显示切换

toggle()方法兼具 hide()和 show()方法两者的功能，用法类似，可隐藏已显示的元素，或者显示已隐藏的元素。

【例 12-6】 修改例 12-5，将脚本中的 show()方法替换为 toggle()方法。源文件：12\test12-6.html。

```
...
<body>
    <img width="200" height="80" src="img1.png"/><br>
    <button id="btn1">直接显示/隐藏</button>
    <button id="btn2">slow显示/隐藏</button>
    <button id="btn3">5秒显示/隐藏</button>
    <button id="btn4">显示完成提示</button><br>
    <script>
        $(function () {
            $('#btn1').click(function () { $('img').toggle() })           //直接切换
            $('#btn2').click(function () { $('img').toggle('slow') })     //慢动作完成切换
            $('#btn3').click(function () { $('img').toggle(5000) })       //5s内完成切换
            $('#btn4').click(function () {
                $('img').toggle(5000, function () {//5s内完成切换，然后显示对话框
                    alert('动作完成')
...
```

在浏览器中运行时，图片最初是显示的，单击“直接显示/隐藏”按钮可隐藏图片，再单击“直接显示/隐藏”按钮则可重新显示图片，如图 12-7 所示。

图 12-7 直接隐藏及显示图片

单击“slow 显示/隐藏”按钮，可以慢动作完成图片的显示及隐藏，如图 12-8 所示。

图 12-8 以慢动作完成图片的显示及隐藏

单击“5 秒显示/隐藏”按钮，可在 5s 内完成图片的显示或者隐藏。单击“显示完成提示”按钮，可在 5s 内完成图片的显示或者隐藏，并在完成显示对话框中进行提示，如图 12-9 所示。

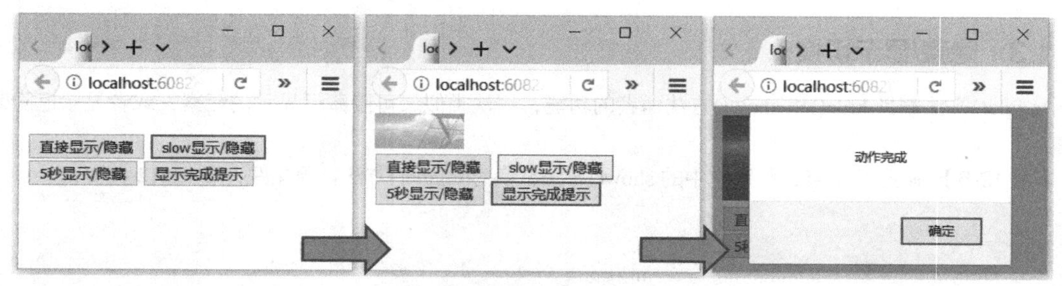

图 12-9　在完成动作后显示提示

12.2　透明度特效

透明度特效通过改变元素的透明度来实现动画效果。

12.2.1　淡入效果

fadeIn()方法可实现淡入效果，将透明元素的透明度从 100 减到 0，即从不可见变为可见。

【例 12-7】 图片淡入。源文件：12\test12-7.html。

```
…
<body>
    <img width="200" height="80" src="img1.png" style="display:none" /><br>
    <button id="btn1">fadeIn</button>
    <script>
        $(function () {
            $('#btn1').click(function () { $('img').fadeIn(5000) })//5s淡入
…
```

在浏览器中的运行结果如图 12-10 所示。

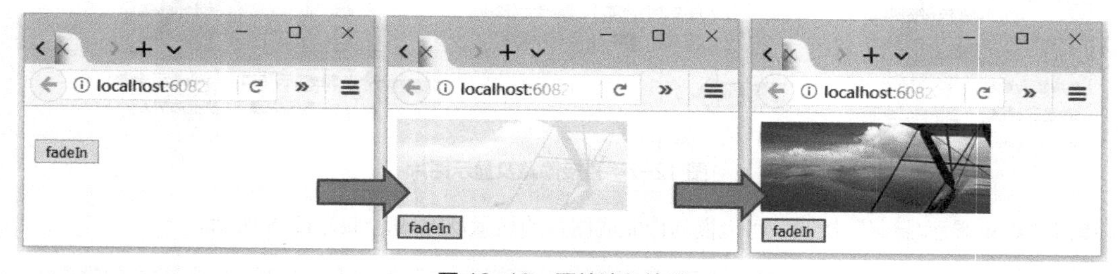

图 12-10　图片淡入效果

12.2.2　淡出效果

fadeOut()方法可实现淡出效果，将可见元素的透明度从 0 增加到 100，即从可见变为不可见。

【例 12-8】 图片淡出。源文件：12\test12-8.html。

```
…
<body>
    <img width="200" height="80" src="img1.png"/><br>
    <button id="btn1">fadeOut</button>
    <script>
        $(function () {
            $('#btn1').click(function () { $('img').fadeOut(5000) })//5s淡出
…
```

在浏览器中的运行结果如图 12-11 所示。

图 12-11　图片淡出效果

12.2.3 调整透明度

fadeTo()方法调整元素的透明度，参数取值范围为[0,1]。

【例 12-9】 动态调整透明度。源文件：12\test12-9.html。

```
…
<body>
    <img width="200" height="80" src="img1.png"/><br>
    <button id="btn1">fadeTo</button>
    <script>
        $(function () {
            $('#btn1').click(function () { $('img').fadeTo(5000,0.2) })//5s调整透明度
…
```

代码中，0.2 表示透明度为原来的 20%。在浏览器中的运行结果如图 12-12 所示。

图 12-12　动态调整透明度

12.2.4 淡入淡出切换

fadeToggle()方法用于实现淡入淡出切换，即对可见元素施加淡出效果（fadeOut），对不可见元素施加淡入效果（fadeIn）。

【例 12-10】 淡入淡出切换。源文件：12\test12-10.html。

```
…
<body>
    <img width="200" height="80" src="img1.png" /><br>
    <button id="btn1">fadeToggle</button>
    <script>
        $(function () {
            $('#btn1').click(function () { $('img').fadeToggle(5000) })//5s调整透明度
…
```

在浏览器中的运行结果如图 12-13 所示。

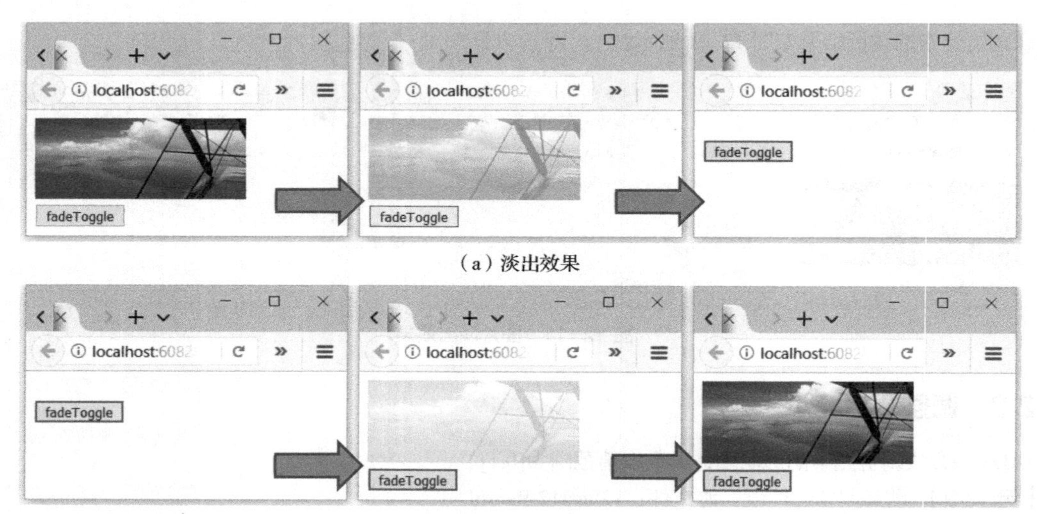

（a）淡出效果

（b）淡入效果

图 12-13　淡入淡出切换

12.3　滑动特效

滑动特效通过调整元素的高度来实现动画效果。

12.3.1　滑入效果

slideDown()方法将不可见元素的高度从 0 增加到实际高度。

【例 12-11】 实现图片滑入效果。源文件：12\test12-11.html。

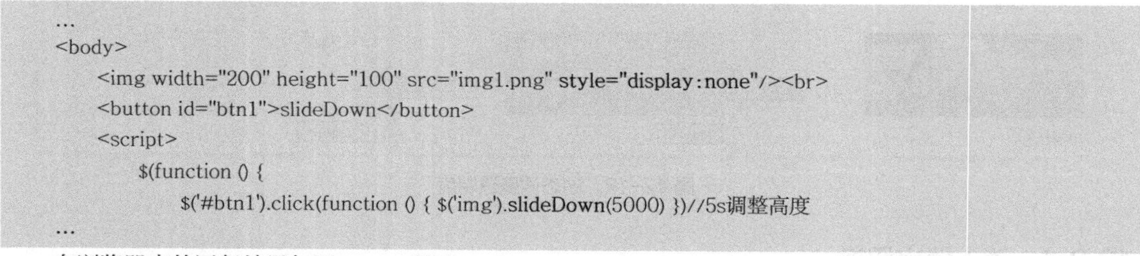

```
…
<body>
    <img width="200" height="100" src="img1.png" style="display:none"/><br>
    <button id="btn1">slideDown</button>
    <script>
        $(function () {
            $('#btn1').click(function () { $('img').slideDown(5000) })//5s调整高度
…
```

在浏览器中的运行结果如图 12-14 所示。

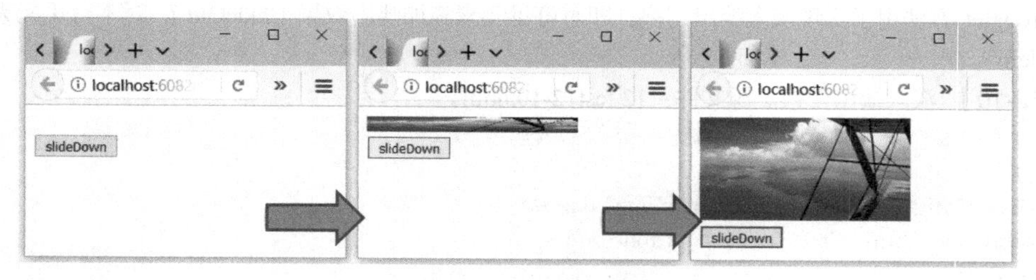

图 12-14　图片滑入效果

12.3.2　滑出效果

slideUp()方法将可见元素的高度从实际高度减少到 0。

【例 12-12】 实现图片滑出效果。源文件：12\test12-12.html。

```
…
<body>
    <img width="200" height="100" src="img1.png"/><br>
    <button id="btn1">slideUp</button>
    <script>
        $(function () {
            $('#btn1').click(function () { $('img').slideUp(5000) })//5s调整高度
…
```

在浏览器中的运行结果如图 12-15 所示。

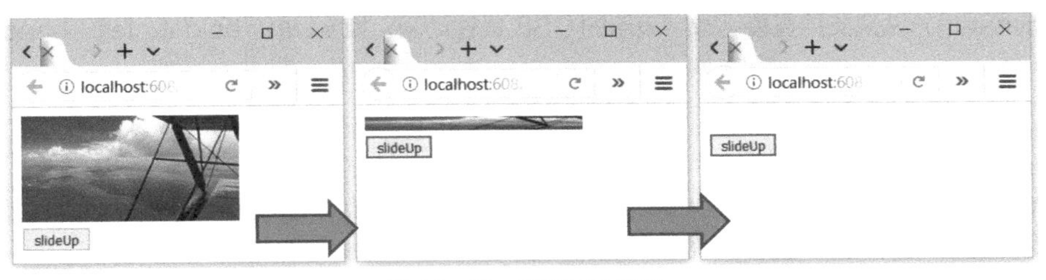

图 12-15　图片滑出效果

12.3.3　滑入滑出切换效果

slideToggle()方法对可见元素施加滑出效果，对不可见元素施加滑入效果。

【例 12-13】 实现图片滑入滑出切换效果。源文件：12\test12-13.html。

```
…
<body>
    <img width="200" height="100" src="img1.png"/><br>
    <button id="btn1">slideToggle</button>
    <script>
        $(function () {
            $('#btn1').click(function () { $('img').slideToggle(5000) })//5s调整高度
…
```

在浏览器中的运行结果如图 12-16 所示。

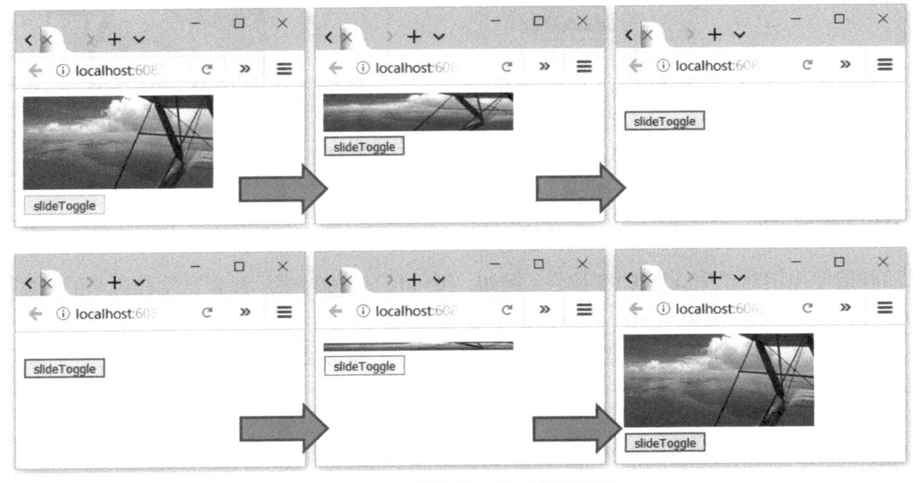

图 12-16　图片滑入滑出切换效果

12.4 自定义动画

animate()方法可实现自定义动画，其基本语法格式如下。

```
.animate( properties [, duration ] [, complete ] )
```

其中，properties 为以对象格式表示的 CSS 属性，如{width:"200",left:"100px"}。duration 为动画完成时间（单位为毫秒），或者是表示快慢的字符串（"slow" "normal" 或 "fast"），complete 为动画完成时调用的函数。

animate()方法只支持直接用数字表示的 CSS 属性动画，如 width、height、left、opacity 等。

12.4.1 直接量动画

在 animate()方法中使用直接量设置 CSS 属性时，jQuery 将会把现有的属性值通过动画效果调整为新的值。

【例 12-14】 使用直接量调整图片宽度和高度。源文件：12\test12-14.html。

```
…
<body>
    <img width="20" height="10" src="img1.png"/><br>
    <button id="btn1">animate</button>
    <script>
        $(function () {
            $('#btn1').click(function () {
                $('img').animate({ width: '200', height: '80' }, 5000, function () {
                    $('img').after('动画结束')
…
```

在浏览器中的运行结果如图 12-17 所示。脚本在 5s 内将图片宽度增加到 200，将高度增加到 80。动画完成时，通过回调函数在页面中添加文字提示。

图 12-17 用直接量调整图片宽度和高度

12.4.2 相对量动画

相对量动画指使用相对量来设置 CSS 属性。例如，{width: '+=200'}表示元素宽度在原来的基础上增加 200，{width: '-=200'}则表示元素宽度在原来的基础上减少 200。

【例 12-15】 使用相对量调整图片宽度和高度。源文件：12\test12-15.html。

```
…
<body>
    <img width="20" height="100" src="img1.png"/><br>
    <button id="btn1">animate</button>
```

```
    <script>
        $(function () {
            $('#btn1').click(function () {
                $('img').animate({ width: '+=200', height: '-=50' }, 5000)
...
```

在浏览器中的运行结果如图 12-18 所示。单击 "animate" 按钮后，图片宽度增加 200，高度减少 50。

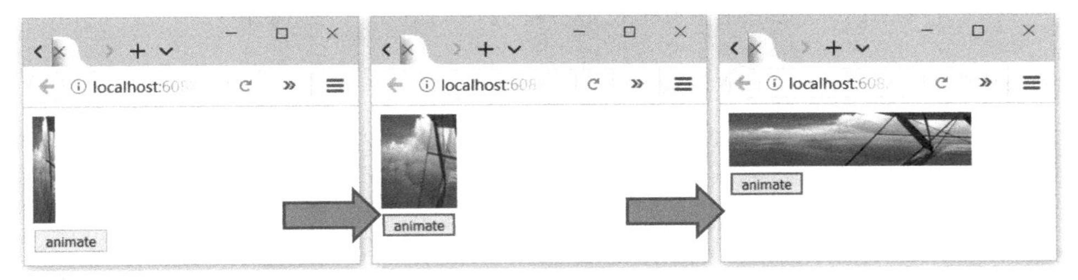

图 12-18 用相对量调整图片宽度和高度

12.4.3 自定义显示或隐藏

在使用 animate()方法定义动画时，CSS 属性可使用 "show" "hide" 或 "toggle" 字符串，来实现元素的显示或隐藏，类似于 show()、hide()或 toggle()方法。例如，{ width: 'toggle'}表示在元素可见时，将其宽度逐渐减为 0；元素不可见时，增加其宽度，直到其实际宽度。

【例 12-16】 通过调整宽度和高度实现图片的显示和隐藏。源文件：12\test12-16.html。

```
...
<body>
    <img width="200" height="80" src="img1.png"/><br>
    <button id="btn1">animate</button>
    <script>
        $(function () {
            $('#btn1').click(function () {
                $('img').animate({ width: 'toggle',height:'toggle'}, 5000)//5s完成宽度和高度调整
...
```

图 12-19 显示了图片通过减小宽度和高度实现图片隐藏的动画过程。图片隐藏后，再单击 "animate" 按钮，则可实现从隐藏到完全显示的动画过程。

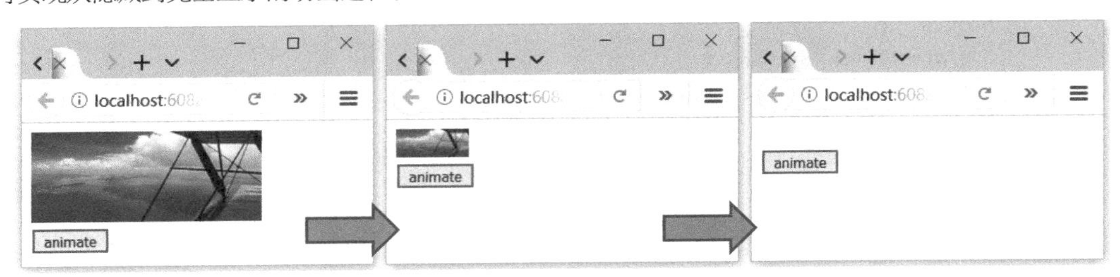

图 12-19 调整宽度和高度实现图片的显示和隐藏

12.4.4 位置动画

在 animate()方法中改变元素的 left 或 top 属性，可实现位置动画。实现元素位置动画时，需要将 CSS position 属性设置为 absolute、relative 或 fixed。position 属性值为 static（默认值）时，无法实现元素的移动。

【例 12-17】 移动图片。源文件：12\test12-17.html。

```
...
<body>
```

```
    <button id="btn1">animate</button><br>
    <img width="120" height="60" src="img1.png" style="position:absolute"/>

    <script>
        $(function () {
            $('#btn1').click(function () {
                $('img').animate({ left: '160px',top:'60px'}, 5000)//5s完成边距调整
...
```

在浏览器中的运行结果如图 12-20 所示。

图 12-20　移动图片

12.5　动画相关的属性和方法

本节介绍几个与动画有关的属性和方法。

12.5.1　动画延时

delay()方法用于实现延时操作，参数为时间（单位为毫秒）。

【例 12-18】 使用 delay()方法实现延时操作。源文件：12\test12-18.html。

```
...
<body>
    <button id="btn1">延时淡出淡入</button><br>
    <img width="120" height="60" src="img1.png" style="position:absolute"/>
    <script>
        $(function () {
            $('#btn1').click(function () {
                $('img').fadeOut(1000)//1s淡出
                    .delay(1000)//延时1s
                    .fadeIn(1000)//1s淡入
...
```

在浏览器中的运行结果如图 12-21 所示。

图 12-21　延时操作

12.5.2 停止动画

stop()方法用于停止正在执行的动画，目标对象的 CSS 属性为动画停止时的状态。

【例 12-19】 使用 stop ()方法停止动画。源文件：12\test12-19.html。

```
…
<body>
    <button id="btn1">淡出淡入</button><button id="btn2">停止</button><br>
    <img width="120" height="60" src="img1.png" style="position:absolute"/>
    <script>
        $(function () {
            $('#btn1').click(function () { $('img').fadeToggle(2000) })//2s完成切换
            $('#btn2').click(function () { $('img').stop() })//停止动画
…
```

12.5.3 结束动画

finish()方法结束正在执行的动画，目标对象的 CSS 属性设置为动画正常结束时的状态，即跳过还未完成的动画过程，直接显示结束状态。

【例 12-20】 使用 finish ()方法结束动画。源文件：12\test12-20.html。

```
…
<body>
    <button id="btn1">左移入</button><button id="btn2">结束</button><br>
    <img width="120" height="60" src="img1.png" style="position:absolute"/>
    <script>
        $(function () {
            $('#btn1').click(function () { $('img').animate({left:"+=100px"},2000) })//2s完成左移
            $('#btn2').click(function () { $('img').finish() })//结束动画
…
```

12.5.4 禁止动画效果

jQuery.fx.off 属性设置为 true 时，可禁止页面中所有的动画效果，直接将目标元素设置为最终状态。

【例 12-21】 禁止动画效果。源文件：12\test12-21.html。

```
…
<body>
    <button id="btn1">右移</button><button id="btn2">禁止效果</button><br>
    <img width="120" height="60" src="img1.png" style="position:absolute"/>
    <script>
        $(function () {
            $('#btn1').click(function () { $('img').animate({ left: "+=100px" }, 2000) })//2s右移
            $('#btn2').click(function () { $.fx.off=true })//禁止效果
…
```

在浏览器中运行时，若未禁止效果，单击“右移”按钮时，图片以动画方式向右移动 100px。单击“禁止效果”按钮禁止效果，再单击“右移”按钮时，图片直接向右跳动（左边距增加 100px）。

12.6 编程实践：永不停止的动画

本节综合应用本章所学知识，让图片在页面中淡入、向右移动 200px、淡出、延时 2s、淡入、向左移动 200px、淡出，再循环上述效果，如图 12-22 所示。

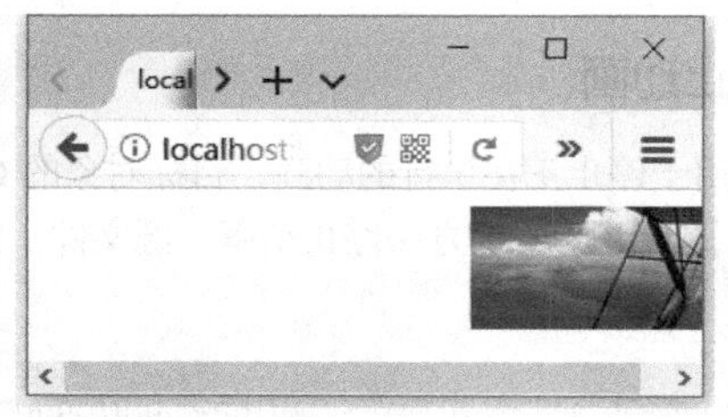

图 12-22　永不停止的动画

具体操作步骤如下。

（1）在 Visual Studio 中选择“文件\新建\文件”命令，创建一个新的 HTML 文件。

（2）修改 HTML 文件，代码如下。

```
<!DOCTYPE html>
<html lang="en" xmlns="http://www.w3.org/1999/xhtml">
<head>
    <meta charset="utf-8" />
    <script src="jquery-3.2.1.min.js"></script>
</head>
<body>
    <img width="120" height="60" src="img1.png" style="position:absolute;display:none"/>
    <script>
        $(function () { run() })                          //运行动画
        function run() {
            $('img').fadeIn(2000)                         //2s淡入
                .animate({ left: "+=200px" }, 2000)       //2s右移
                .fadeOut(2000)                            //2s淡出
                .delay(2000)                              //延时2s
                .fadeIn(2000)                             //2s淡入
                .animate({ left: "-=200px" }, 2000)       //2s左移
                .fadeOut(2000)                            //2s淡出
            run()                                         //循环动画
        }
    </script>
</body>
</html>
```

（3）按【Ctrl+S】组合键保存 HTML 文件，文件名为 test12-22.html。

（4）按【Ctrl+Shift+W】组合键，打开浏览器，查看 HTML 文件显示结果。

12.7　小结

本章主要介绍了 jQuery 动画效果的相关方法，主要包括简单特效、透明度特效、滑动特效和自定义动画等。

12.8　习题

1. 用于表示动画快慢的字符串分别有哪些？
2. 如何精确控制动画效果时间？举例说明。
3. 说明 finish()、stop()和 jQuery.fx.off 的区别。

PART13

第13章

jQuery AJAX

重点知识：

加载服务器数据 ■
get()方法和post()方法 ■
获取JSON数据 ■
获取脚本 ■
事件处理 ■

■ jQuery 的 AJAX 功能封装了使用 JavaScript 脚本实现 AJAX 的细节，解决了平台兼容问题。只需简单的方法调用，即可完成 AJAX 请求。

本章将介绍如何使用 jQuery 提供的快捷方法来完成 AJAX 操作。

13.1 加载服务器数据

jQuery 提供的 load()方法可通过 AJAX 请求来获取服务器数据，并将其显示在当前页面元素中。

13.1.1 加载简单数据

load()方法最简单的用法是直接将服务器返回数据加载到页面元素中，其基本语法格式为：

```
$(选择器).load(url)
```

其中，$(选择器)匹配的页面元素用于显示服务器返回的数据。url 为请求的服务器资源的 URL，返回的数据通常为 HTML 格式的文本。

【例 13-1】 从服务器加载简单数据。源文件：13\test13-1.html、data.txt。

data.txt 是一个文本文件，包含一段 HTML 代码，代码如下。

```
<h2>jQuery AJAX load()方法载入的数据</h2>
<b>jQuery AJAX so easy</b>
```

test13-1.html 使用 load()方法请求 data.txt，将其内容显示在页面的两个<div>元素中，代码如下。

```
…
<body>
    <button id="btn1">载入数据</button>
    <div></div><div></div>
    <script>
        $(function () {
            $('#btn1').click(function () { $('div').load('data.txt')})
…
```

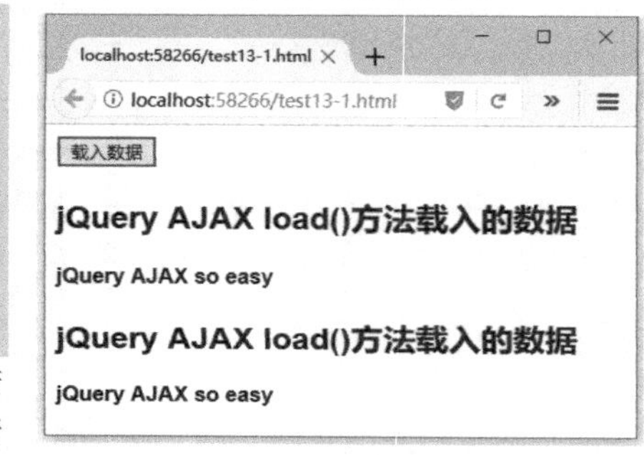

图 13-1 加载简单数据

在浏览器中的运行结果如图 13-1 所示。单击“载入数据”按钮后，因为$('div')匹配两个<div>元素，所以 load()方法将 AJAX 请求返回的数据分别显示在这两个元素中。

本例中，test13-1.html 和 data.txt 必须采用一致的编码格式（如 UTF-8），否则会出现中文乱码。

13.1.2 筛选加载的数据

可对 load()方法返回的服务器数据应用选择器，只将选择器匹配的元素加载到当前页面元素中。load()方法应用选择器的基本语法格式如下。

```
$(选择器).load("url 选择器")
```

【例 13-2】 筛选加载的数据。源文件：13\test13-2.html、data2.txt。

data2.txt 代码如下。

```
<div>jQuery教程</div>
<span>apple</span>
<div>JavaScript教程</div>
<span>pear</span>
```

test13-2.html 在 load()方法应用筛选器，将 data2.txt 中的两个<div>元素加载到当前页面中，代码如下。

```
…
<body>
    <button id="btn1">载入数据</button>
    <div></div>
    <script>
        $(function () {
```

```
            $('#btn1').click(function () { $('div').load('data2.txt div')})
...
```

test13-2.html 在浏览器中的运行结果如图 13-2 所示。

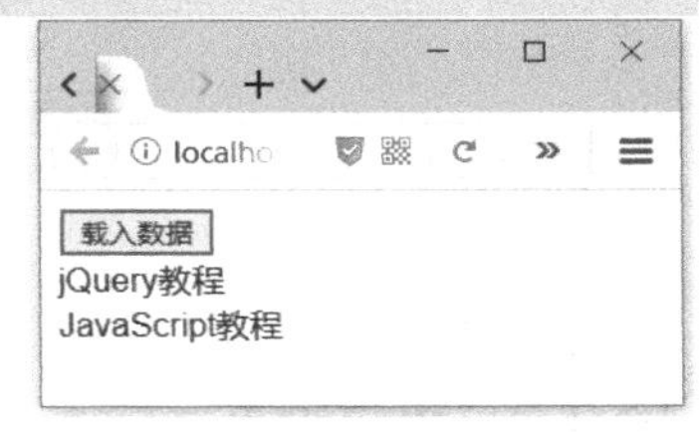

图 13-2　筛选加载的数据

13.1.3　向服务器提交数据

可在 load()方法的第 2 个参数中指定提交给服务器的数据，其基本语法格式如下。

```
$(选择器).load(url, data)
```

其中，参数 data 为提交的数据，可以是对象或字符串。

【例 13-3】 向服务器提交数据。源文件：13\test13-3.html、test13-server.asp。

test13-server.asp 是一个 ASP 文件，在服务器端处理客户端提交的数据，并返回处理结果，代码如下。

```
<%
    Response.Write("你上传的数据是：")
    Response.Write(Request("data"))
%>
```

test13-3.html 请求 test13-server.asp 并提交数据，代码如下。

```
...
<body>
    <button id="btn1">载入数据</button>
    <div></div>
    <script>
        $(function () {
            $('#btn1').click(function () {
                $('div').load('test13-server.asp', {data:'jQuery AJAX'})
...
```

test13-3.html 在浏览器中的运行结果如图 13-3 所示。

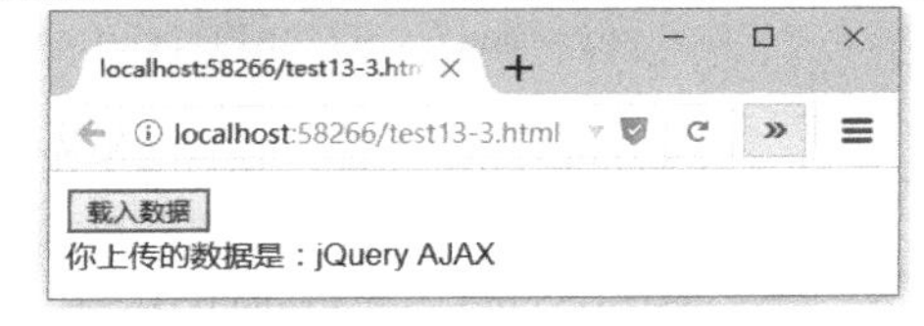

图 13-3　向服务器提交数据

13.1.4　指定回调函数

可为 load()方法指定一个回调函数，该函数在 AJAX 请求返回数据且数据已经显示到当前页面后执行。基本语法格式如下。

```
$(选择器).load(url[, data][, callback])
```

其中，callback 为回调函数名称，也可是一个匿名函数。

【例 13-4】 在 load()方法中使用回调函数。源文件：13\test13-4.html、test13-server.asp。

test13-4.html 请求 test13-server.asp，代码如下。

```
...
<body>
    <button id="btn1">载入数据</button>
    <div></div>
    <script>
        $(function () {
            $('#btn1').click(function () {
                $('div').load('test13-server.asp', { data: 'jQuery AJAX' },
                    function (text, code, xhr) {
                        msg ='状态码：' + xhr.status + '\n状态：' + code+'\n响应文本：' + text
                        $('div').text(msg)
...
```

在浏览器中的运行结果如图 13-4 所示。在单击“载入数据”按钮后，在页面中显示 AJAX 请求的详细信息。

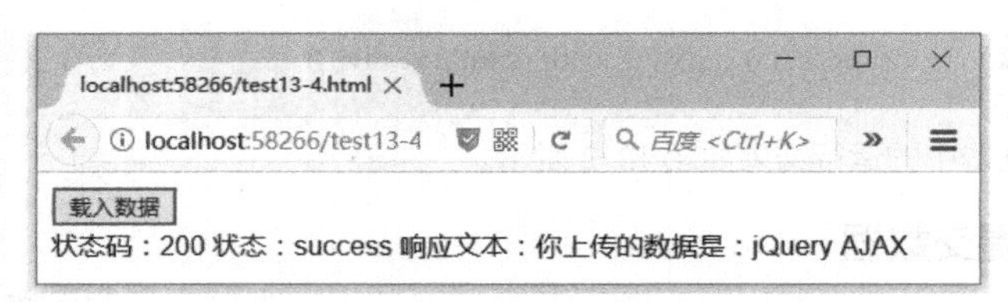

图 13-4　在 load()方法中使用回调函数

13.1.5　执行脚本

load()方法返回的数据包含脚本时，是否执行脚本由 load()方法的 url 参数是否附带了选择器来决定。如果 url 参数中没有附带选择器，则脚本作为数据的一部分加载到当前页面元素中，脚本被执行；否则脚本不会执行。

【例 13-5】 执行来自服务器的脚本。源文件：13\test13-5.html、test13-5-2.html。

test13-5-2.html 作为服务器端被请求加载的文件，代码如下。

```
<h3>包含脚本的HTML</h3>
<div>jQuery Ajax</div>
<script>
    $(function () { $('div').css('border','1px solid red') })
</script>
```

test13-5.html 使用 load()方法请求加载 test13-5-2.html，代码如下。

```
…
<body>
    <button id="btn1">载入数据</button>
    <div></div>
    <script>
        $(function () { $('#btn1').click(function () { $('div').load('test13-5-2.html') }) })
…
```

test13-5.html 在浏览器中的运行结果如图 13-5（a）所示。从运行结果可以看出，因为没有在 url 中附带选择器，所以从 test13-5-2.html 中加载的脚本也被执行了，页面中的<div>元素设置了边框样式。

修改 test13-5.html 中的 load()方法，在 url 中添加选择器，代码如下。

```
$('div').load('test13-5-2.html h3')
```

修改后的 test13-5.html 在浏览器中的运行结果如图 13-5（b）所示。从结果可以看出，test13-5-2.html 中的脚本没有执行。

（a）无选择器，脚本执行后的结果

（b）有选择器，脚本未执行的结果

图 13-5　执行来自服务器的脚本

13.2　get()方法和 post()方法

客户端向服务器端发起请求通常采用 GET 或 POST 方式。在使用 load()方法发起 AJAX 请求时，如果参数包含了向服务器提交的数据，则采用 POST 方式，否则采用 GET 方式。jQuery 对象的 get()方法用于采用 GET 方式发起 AJAX 请求，post()方法用于采用 POST 方式发起 AJAX 请求。

13.2.1 get()方法

get()方法基本语法格式如下。

```
jQuery.get( url [, data ] [, success ] [, dataType ] )
```

或者：

```
jQuery.get( {url:请求url [, data:提交的数据 ] [, success:回调函数 ] [, datatype:返回数据的类型 ]})
```

其中，参数 url 为请求的服务器资源的 URL。参数 data 为对象或字符串，包含向服务器提交的数据。参数 success 为 AJAX 请求成功完成时调用的回调函数。参数 dataType 为服务器返回数据的数据类型，通常 jQuery 可自动决定数据类型。常用的数据类型有 xml、json、script、text 或 html 等。

get()方法的参数 url 是必需的，其他参数均可省略。load()方法类似于 get(url, data, success)。

get()方法返回的数据通常在 success 参数指定的回调函数中进行处理。回调函数的 3 个参数依次为封装了返回数据的简单对象、表示 AJAX 请求完成状态的字符串（通常为 success）和执行当前 AJAX 请求的 XMLHTTPRequest 对象。

【例 13-6】 使用 get()方法执行 AJAX 请求。源文件：13\test13-6.html、test13-server.asp。

```
…
<body>
    <button id="btn1">载入数据</button> <div></div>
    <script>
        $(function () {
            $('#btn1').click(function () {
                $.get('test13-server.asp', {data:'实例test13-6'}, function (data, status, xhr) {
                    msg = '状态码：' + xhr.status + '    状态：' + status + '    响应数据：' + data
                    $('div').text(msg)
…
```

在浏览器中的运行结果如图 13-6 所示。

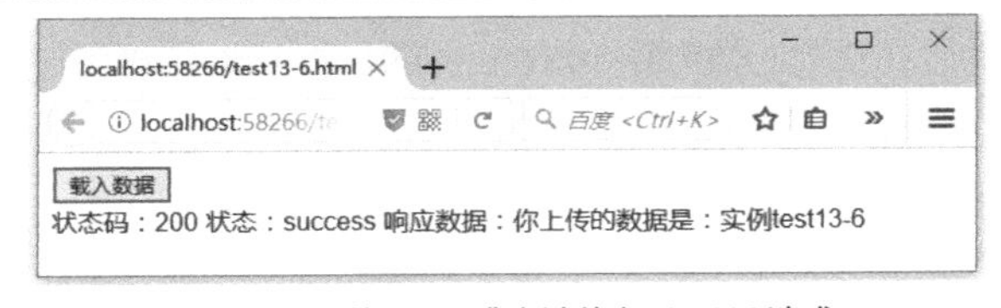

图 13-6　使用 get()方法执行 AJAX 请求

13.2.2 post()方法

post()方法的基本语法格式如下。

```
jQuery.post( url [, data ] [, success ] [, dataType ] )
```

或者：

```
jQuery.post( {url:请求url [, data:提交的数据 ] [, success:回调函数 ] [, datatype:返回数据的类型 ]})
```

各参数含义与 get()方法参数相同。

【例 13-7】 使用 post()方法执行 AJAX 请求。源文件：13\test13-7.html、test13-server.asp。

```
…
<body>
    <button id="btn1">载入数据</button> <div></div>
    <script>
        $(function () {
            $('#btn1').click(function () {
                $.post('test13-server.asp', {data:'实例test13-7'}, function (data, status, xhr) {
                    msg = '状态码：' + xhr.status + '    状态：' + status + '    响应数据：' + data
                    $('div').text(msg)
…
```

在浏览器中的运行结果如图 13-7 所示。

图 13-7 使用 post()方法执行 AJAX 请求

13.3 获取 JSON 数据

getJSON()方法用于从服务器返回 JSON 格式的数据，其基本语法格式如下。

```
jQuery.getJSON( url [, data ] [, success ])
```

其中，参数 url 为请求的服务器资源的 URL。参数 data 为对象或字符串，包含向服务器提交的数据。参数 success 为 AJAX 请求成功完成时调用的回调函数。回调函数的 3 个参数依次为封装了 JSON 数据的简单对象、表示 AJAX 请求完成状态的字符串（通常为 success）和执行当前 AJAX 请求的 XMLHTTPRequest 对象。

【例 13-8】 获取服务器端的 JSON 数据。源文件：13\test13-8.html、test13-json.asp。

服务器端的脚本 test13-json.asp 向客户端写入一个 JSON 数据，代码如下。

```
<%
    Response.Write("{"+chr(34)+"name"+chr(34)+":"+chr(34)+"韩梅梅"+chr(34)+",")
    Response.Write(chr(34)+"sex"+chr(34)+": "+chr(34)+"女"+chr(34)+",")
    Response.Write(chr(34)+"age"+chr(34)+": "+"20}")
%>
```

test13-8.html 请求 test13-json.asp，并将返回的 JSON 数据显示在页面中，代码如下。

```
…
<body>
    <button id="btn1">载入数据</button> <div></div>
    <script>
        $(function () {
            $('#btn1').click(function () {
                $.getJSON('test13-json.asp', function (data) {
                    msg=''
                    $.each(data, function (key, val) {msg +=key+': '+val+'<br>' })
                    $('div').html(msg)
…
```

在浏览器中的运行结果如图 13-8 所示。

本例中，在服务器端使用脚本 test13-json.asp 动态生成 JSON 数据。getJSON()方法也可请求服务器端静态的 JSON 数据文件。例如，JSON 数据文件 test13-json.json 代码如下。

```
{  "name": "韩梅梅",   "sex": "女",   "age": 20}
```

将 test13-8.html 代码中 getJSON() 方法的 url 参数修改为 test13-json.json，即可请求 JSON 数据文件，运行结果不变。

图 13-8 获取服务器端的 JSON 数据

13.4 获取脚本

getScript ()方法用于请求服务器端的 JavaScript 脚本文件，其基本语法格式如下。

```
jQuery.getJSON( url [, success ])
```

其中，参数 url 为请求的服务器资源的 URL。参数 success 为 AJAX 请求成功完成时调用的回调函数。回调函数的 3 个参数依次为包含脚本代码的字符串、表示 AJAX 请求完成状态的字符串（通常为 success）和执行当前 AJAX 请求的 XMLHTTPRequest 对象。

【例 13-9】 获取服务器端的脚本。源文件：13\test13-9.html、test13-9.js。

服务器端的脚本 test13-9.js 使页面中的<div>元素在页面中左右移动，代码如下。

```
$(function () { run() })
function run() {
    $('div').animate({ left: "+=200px" }, 2000)
        .delay(1000)
        .animate({ left: "-=200px" }, 2000)
    run()//循环动画
}
```

test13-9.html 加载 test13-9.js，代码如下。

```
...
<body>
    <button id="btn1">载入脚本</button>
    <div style="width:100px;height:60px;background-color:blue;position:absolute"></div>
    <script>
        $(function () {
            $('#btn1').click(function () {
                $.getScript('test13-9.js', function () { alert('脚本加载完毕！') }) }
...
```

在浏览器中的运行结果如图 13-9 所示。单击“载入脚本”按钮后，成功加载脚本时，首先显示提示对话框。关闭对话框之后开始执行脚本，页面中的<div>元素开始左右移动。

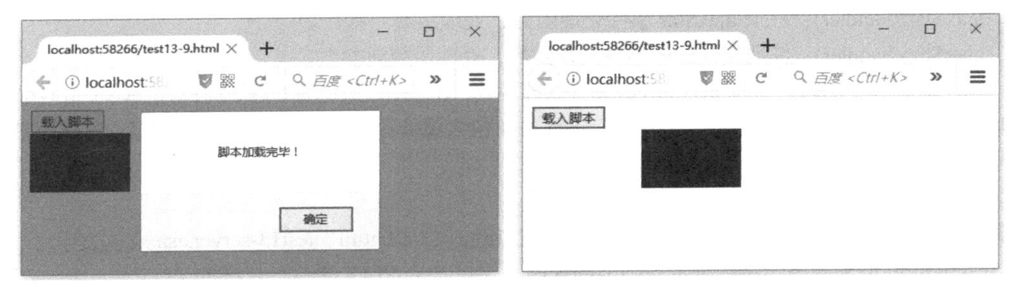

图 13-9 获取服务器端的脚本

13.5 事件处理

jQuery 在处理 AJAX 请求时，会产生一系列 AJAX 事件。可为这些事件注册事件处理函数，在 AJAX 事件发生时执行相应的处理操作。

13.5.1 AJAX 事件

jQuery 定义的 AJAX 事件可分为两种类型：本地事件和全局事件。本地 AJAX 事件指执行 AJAX 请求的 XMLHTTPRequest 对象所发生的事件。全局 AJAX 事件指在执行 AJAX 请求时 document 对象发生的事件，对当前页面中执行的所有 AJAX 请求均有效。

jQuery 定义的 AJAX 事件如下。

- ajaxStart：全局事件，在开始一个 AJAX 请求时会发生该事件。
- beforeSend ：本地事件，在开始一个 AJAX 请求之前发生该事件，此时，允许修改 XMLHTTPRequest

对象（如添加 HTTP 请求头参数等）。

- ajaxSend：全局事件，在开始一个 AJAX 请求之前发生该事件。
- succes：本地事件，在 AJAX 请求成功完成时发生该事件。
- ajaxSuccess：全局事件，在 AJAX 请求成功完成时发生该事件。
- error：本地事件，在 AJAX 请求执行过程中出现错误时发生该事件。
- ajaxError：全局事件，在 AJAX 请求执行过程中出现错误时发生该事件。
- complete：本地事件，在 AJAX 请求结束时发生该事件。
- ajaxComplete：全局事件，在 AJAX 请求结束时发生该事件。
- ajaxStop：全局事件，在当前页面中，所有的 AJAX 请求结束时发生该事件。

13.5.2 全局 AJAX 事件方法

jQuery 定义了几个全局 AJAX 事件方法，用于注册全局 AJAX 事件处理函数。jQuery 中的全局 AJAX 事件方法如下。

- .ajaxComplete(handler)：注册 ajaxComplete 事件处理函数，处理函数原型为 Function(Event event, jqXHR jqXHR, PlainObject ajaxOptions)。其中，event 为事件对象，jqXHR 为执行当前 AJAX 请求的 XMLHTTPRequest 对象，ajaxOptions 对象包含 AJAX 请求的相关参数。
- .ajaxError(handler)：注册 ajaxError 事件处理函数，处理函数原型为 Function(Event event,jqXHR jqXHR, PlainObject ajaxOptions, String thrownError)。其中，thrownError 为包含错误描述信息的字符串，其他参数含义与 ajaxComplete 事件处理函数参数相同。
- .ajaxSend(handler)：注册 ajaxSend 事件处理函数，处理函数原型为 Function(Event event,jqXHR jqXHR, PlainObject ajaxOptions)，参数含义与 ajaxComplete 事件处理函数参数相同。
- .ajaxStart(handler)：注册 ajaxStar 事件处理函数，处理函数无参数。
- .ajaxStop(handler)：注册 ajaxStop 事件处理函数，处理函数无参数。
- .ajaxSuccess(handler)：注册 ajaxSucces 事件处理函数，处理函数原型为 Function(Event event, jqXHR jqXHR, PlainObject ajaxOptions, PlainObject data)。其中，data 对象包含服务器返回的数据，其他参数含义与 ajaxComplete 事件处理函数参数相同。

其中，handler 为函数名称或者是一个匿名函数。

【例 13-10】 使用全局 AJAX 事件方法。源文件：13\test13-10.html、test13-server.asp。

test13-10.html 请求服务器端的脚本 test13-server.asp，并记录 AJAX 事件，代码如下。

```
…
<body>
    <button id="btn1">载入数据</button>
    <div id="data"></div><div id="log"></div>
    <script>
        $(function () {
            $('#btn1').click(function () {
                $.get('test13-server.asp', { data: '实例test13-10' }, function (data) {
                    $('#data').text('响应数据：' + data)
                })
            })
            $(document).ajaxStart(function () {
                $('#log').append("<div>ajaxStart：AJAX请求已开始</div>")            })
            $(document).ajaxSend(function () {
                $('#log').append('<div>ajaxSend：AJAX请求已发送</div>')            })
            $(document).ajaxSuccess(function () {
                $('#log').append('<div>ajaxSuccess：AJAX请求成功完成</div>')            })
```

```
        $(document).ajaxStop(function () {
            $('#log').append('<div>ajaxStop: AJAX请求已停止</div>')        })
        $(document).ajaxComplete(function () {
            $('#log').append('<div>ajaxComplete: AJAX请求已结束</div>')        })
        $(document).ajaxError(function () {
            $('#log').append('<div>ajaxError: AJAX请求出错了</div>')
...
```

test13-10.html 在浏览器中运行时，单击“载入数据”按钮后，未发生错误时的结果如图 13-10（a）所示。因为 ajaxSuccess 和 ajaxError 事件不会同时发生。将 test13-10.html 代码中 get()方法的 url 参数修改为“test13server.asp”，刷新页面。单击“载入数据”按钮，此时会发生错误，结果如图 13-10（b）所示。

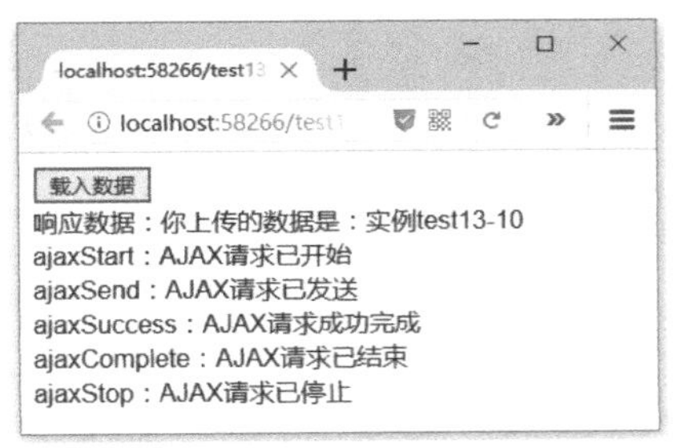

（a）AJAX 请求成功完成

（b）AJAX 请求出错

图 13-10　使用全局 AJAX 事件方法

13.6　编程实践：实现颜色动画

本节综合应用本章所学知识，实现颜色动画，如图 13-11 所示。

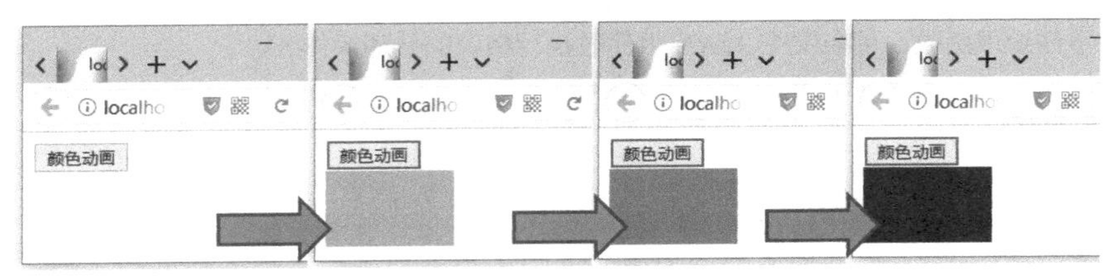

图 13-11　颜色动画

实现颜色动画需使用 jQuery 提供的颜色动画脚本库。

本例使用 getScript()方法加载 jQuery 官方服务器中的颜色动画脚本库，实现颜色动画。源文件：13\test13-11.html。

具体操作步骤如下。

（1）在 Visual Studio 中选择“文件\新建\文件”命令，创建一个新的 HTML 文件。

（2）修改 HTML 文件，代码如下。

```
<!DOCTYPE html>
<html lang="en" xmlns="http://www.w3.org/1999/xhtml">
<head>
    <meta charset="utf-8" />
    <script src="jquery-3.2.1.min.js"></script>
</head>
<body>
    <button id="btn1">颜色动画</button>
```

```
        <div style="width:100px;height:60px"></div>
        <script>
            $(function () {
                $('#btn1').click(function () {
                    var url = "https://code.jquery.com/color/jquery.color.js"
                    $.getScript(url, function () {//加载网络脚本，实现颜色动画
                        $('div').animate({ backgroundColor: 'red' }, 2000)
                            .delay(1000)
                            .animate({ backgroundColor: 'rgb(0,255,0)' }, 2000)
                            .delay(1000)
                            .animate({ backgroundColor: '#0000ff' }, 2000)
                    })
                })
            })
            $(document).ajaxError(function (event, jqXHR, ajaxSettings, thrownError) {
                alert('出错了：'+thrownError)//出错时显示错误信息
            })
        </script>
    </body>
</html>
```

（3）按【Ctrl+S】组合键保存 HTML 文件，文件名为 test13-11.html。

（4）按【Ctrl+Shift+W】组合键，打开浏览器，查看 HTML 文件显示结果。

13.7 小结

本章介绍了 jQuery 提供的 AJAX 操作的各种快捷方法，主要包括 load()、get()、post()、getJSON()和 getScript()等方法，调用这些方法即可完成 AJAX 请求。AJAX 请求执行过程中，会产生各种 AJAX 事件，调用全局 AJAX 事件方法注册事件处理函数，可在发生 AJAX 事件时执行相应的处理操作。

13.8 习题

1. 总结 load()方法有哪些基本特点。

2. 说明 jQuery 在处理 AJAX 请求过程中可能发生哪些事件。

3. 向服务器提交数字 1、2、3，分别返回“Java”“JavaScript”和“jQuery”，提交其他数据时，返回“无此代码”。请分别使用 jQuery 提供的 load()、get()和 post()等方法实现。运行结果如图 13-12 所示。

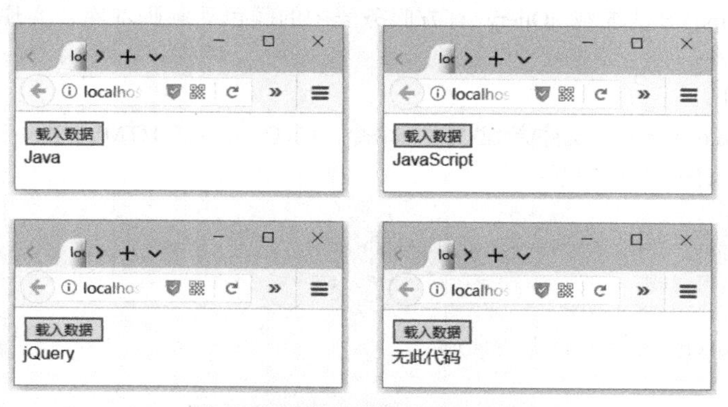

图 13-12　根据数字返回不同数据

PART14

第14章

在线咨询服务系统

重点知识：

- 系统设计
- 安装和使用MySQL
- 系统实现

■ 咨询服务系统是电子商务平台不可或缺的一部分，它为用户提供商品和售后相关的各种咨询服务。

本章综合应用本书介绍的各种知识，实现一个在线咨询服务系统。通过该实例，读者可了解使用 Web 应用开发的基本过程，并进一步熟悉 JavaScript 和 jQuery。

14.1 系统设计

应用程序开发过程通常包括多个阶段：需求分析、系统设计、系统实现、测试运行、系统发布和维护等阶段。对小的应用程序开发，知道需要做什么和如何去做即可。

14.1.1 系统功能分析

本章实现的在线咨询服务系统主要功能有以下几方面。

- 用户注册：注册平台新用户。用户注册功能主要是为了采集用户信息，如联系人姓名、联系电话、收货地址等。用户注册后，使用注册的用户名和密码登录平台。
- 用户登录：用户登录平台后，可在线咨询商品的相关问题。
- 在线咨询：用户和店铺进行在线交流。

14.1.2 开发工具选择

本章实现的在线咨询服务系统是一个典型的 Web 应用程序，开发时需要 Web 服务器、数据库服务器和编辑器等工具。

本书前面各章均在 Visual Studio Community 2017 中完成开发，并使用其自带的 IIS 作为 Web 服务器。

本章实例主要涉及的数据包括用户信息、店铺信息、商品信息和浏览记录等。这些数据需使用数据库进行保存。本章选择 MySQL 作为数据库服务器。

Web 应用程序通常分为服务器端和客户端两部分。在本章中，服务器端脚本使用 ASP .NET 来实现，脚本使用了 MySQL 提供的 Connector/NET 连接器来访问 MySQL 数据库。客户端 Web 文档中的脚本使用 JavaScript 和 jQuery 实现。

14.2 安装和使用 MySQL

本节简单介绍如何安装和使用 MySQL，在 MySQL 服务器中创建本章实例使用的数据库。

14.2.1 安装 MySQL

本章使用免费的 MySQL 社区版来搭建数据库服务器。安装程序有 Web 版和独立安装包两种。Web 版本的安装程序需要通过联网下载需要的组件。独立安装包包含所有组件，安装过程中不需要连接网络。

在 Windows 10 中，使用 Web 版安装程序安装 MySQL 的具体操作步骤如下。

（1）运行 MySQL 安装程序，Windows 10 会显示对话框，提示是否运行文件，确定即可。安装程序首先显示软件协议界面，如图 14-1 所示。

（2）选中“I accept the license terms”复选框同意软件协议，单击“Next”按钮进入选择安装类型界面，如图 14-2 所示。

（3）开发阶段选择“Developer Default”安装类型，然后单击“Next”按钮，进入检查需求条件界面，如图 14-3 所示。

（4）检查需求条件界面列出了 MySQL 组件需要先安装的相关软件，界面中显示了 Python 3.4 还未安装。不满足需求条件的组件不会被安装。单击“Next”按钮，安装程序打开对话框提示，如图 14-4 所示。

（5）单击“是”按钮，进入安装界面，如图 14-5 所示。

（6）安装界面列出了即将安装的 MySQL 组件，可单击“Back”按钮返回前面的界面更改安装组件。最后，单击“Execute”按钮执行安装操作。Web 版安装程序需要先从 MySQL 网站下载相应的安装组件，所以安装过程中应保持网络连接。安装完成后的界面如图 14-6 所示。

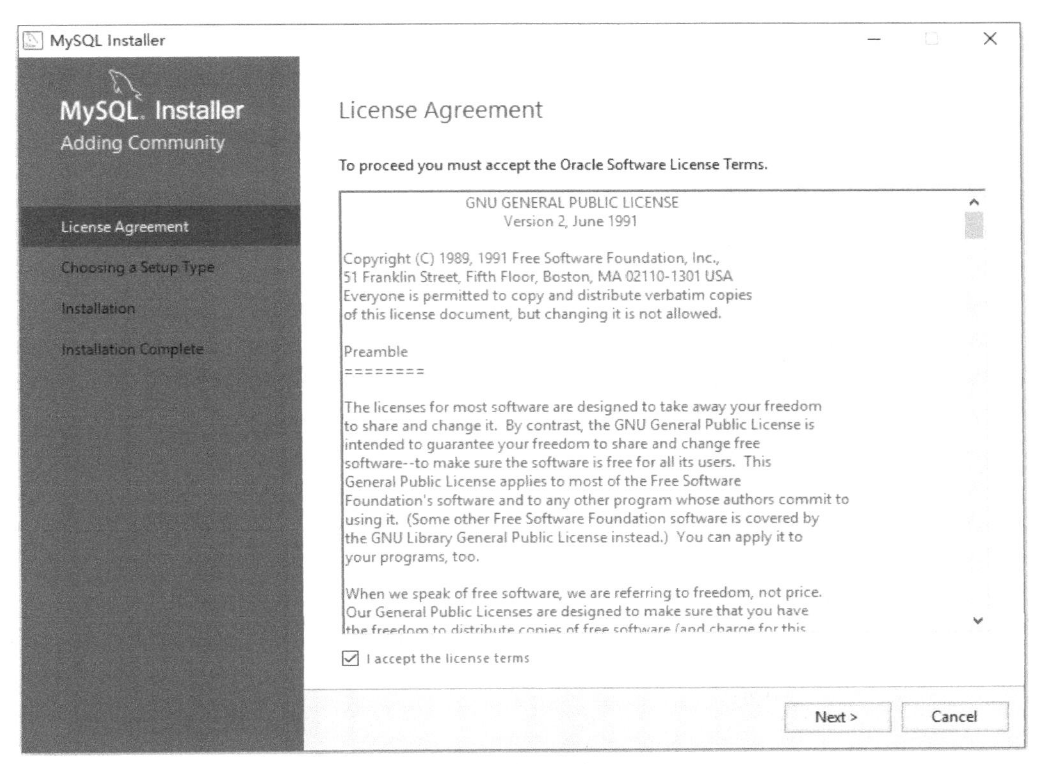

图 14-1　同意软件协议界面

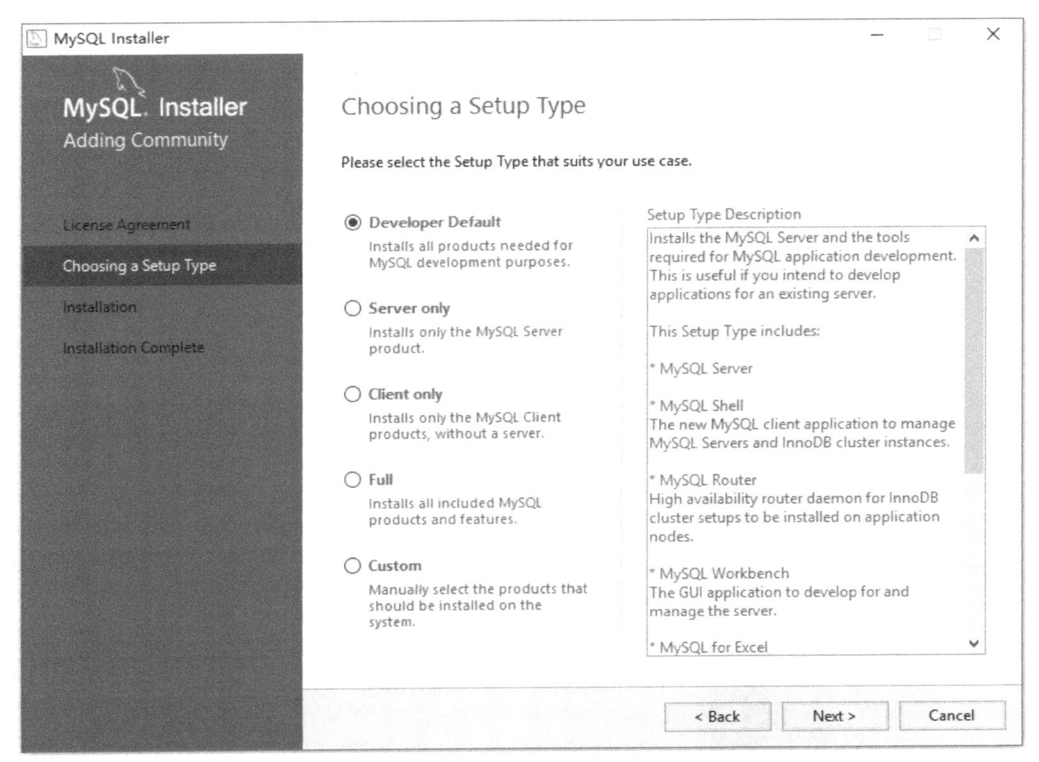

图 14-2　选择安装类型界面

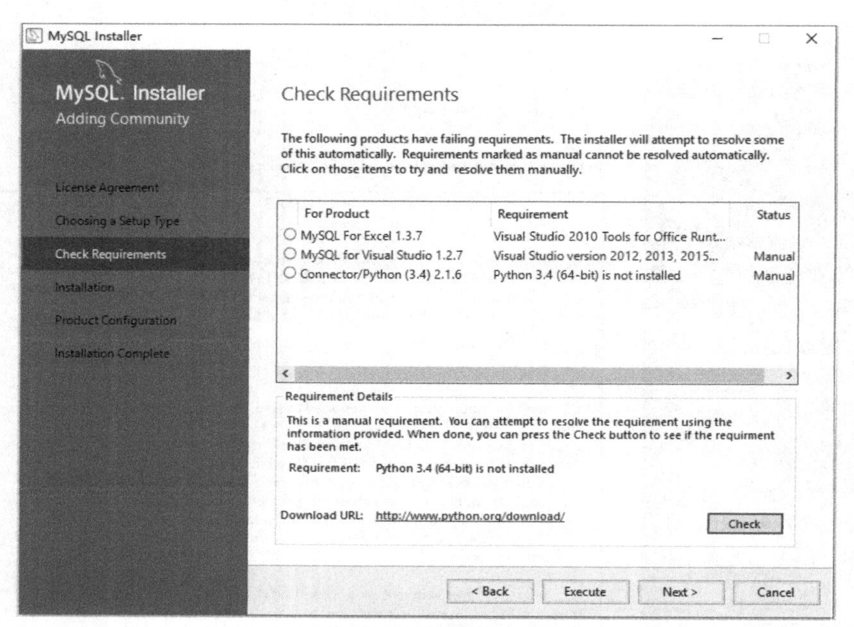

图 14-3 检查安装需求条件界面

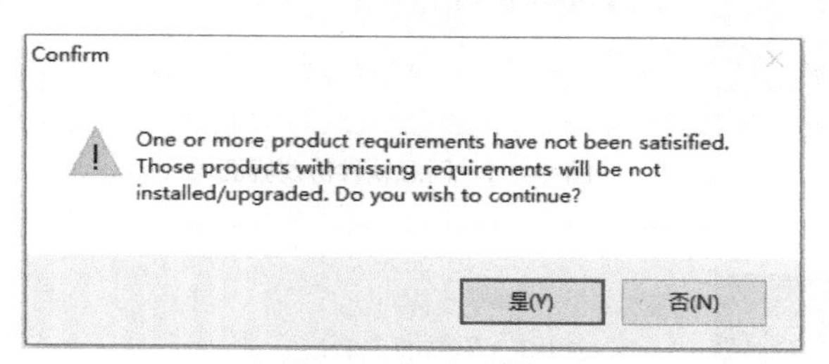

图 14-4 安装提示对话框

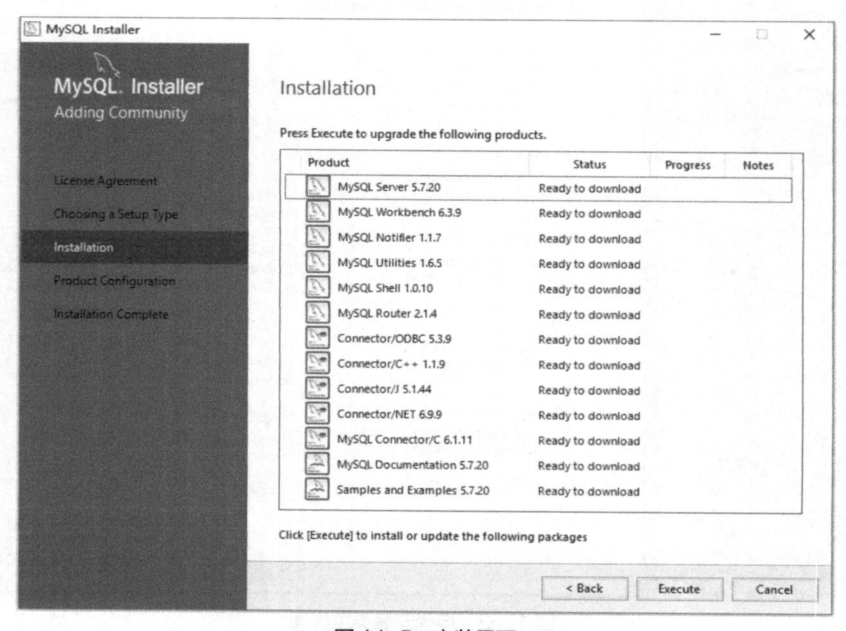

图 14-5 安装界面

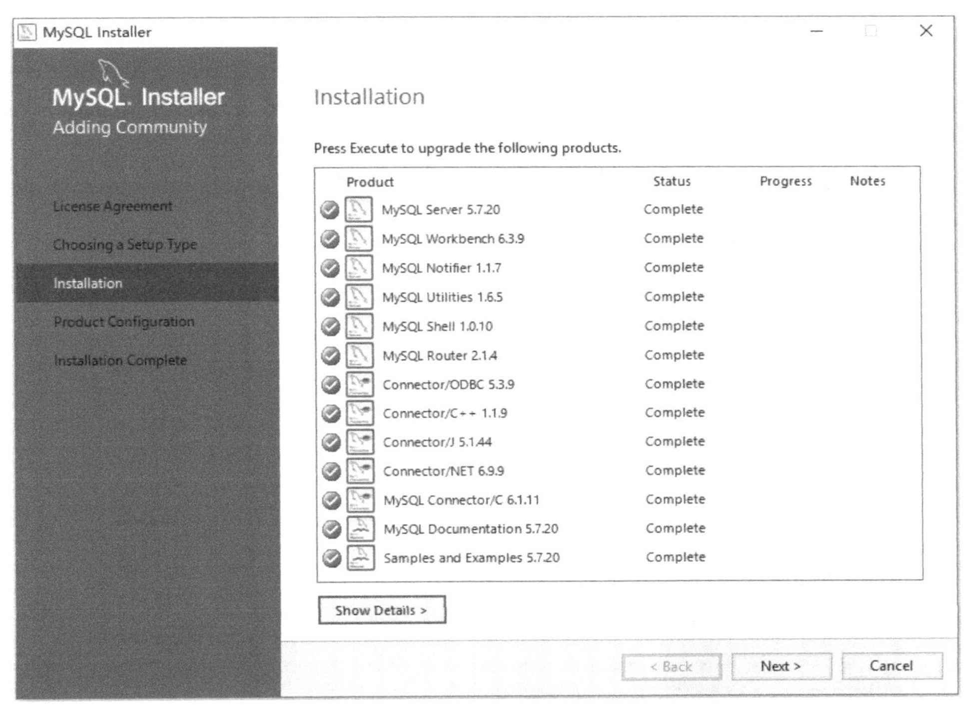

图 14-6　安装完成界面

（7）安装完成的组件状态为 Complete。所有组件安装完成后，单击“Next”进入产品配置界面，如图 14-7 所示。

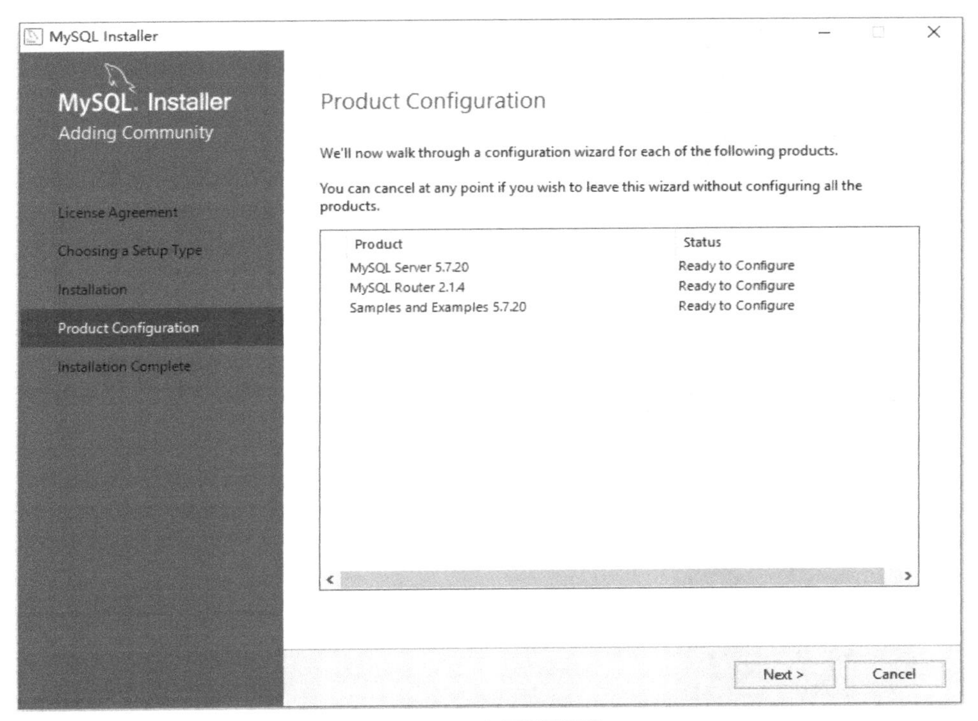

图 14-7　产品配置界面

（8）产品配置界面列出了需要配置的产品。产品配置比较简单，使用默认选择即可。需要注意：在配置 MySQL Server 时，应记住为 root 账户设置的密码，配置界面如图 14-8 所示。root 是 MySQL Server 的默认管理员账户，在该页面中除了设置 root 账户密码外，还可单击“Add User”按钮，为 MySQL Server 添加其他的账户。

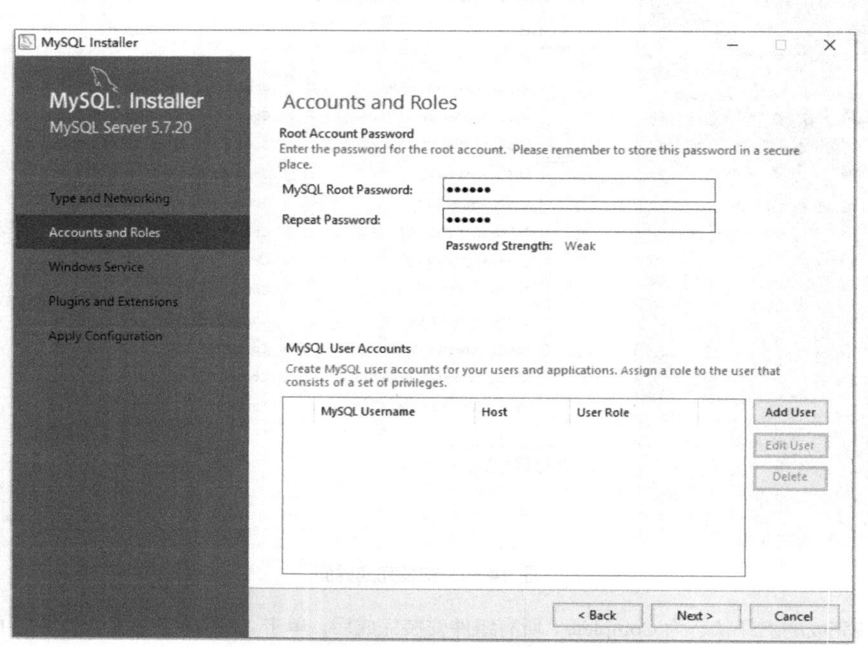

图 14-8 设置 MySQL Server root 账户密码界面

（9）所有设置完成后，安装完成界面如图 14-9 所示。单击“Finish”按钮结束安装。

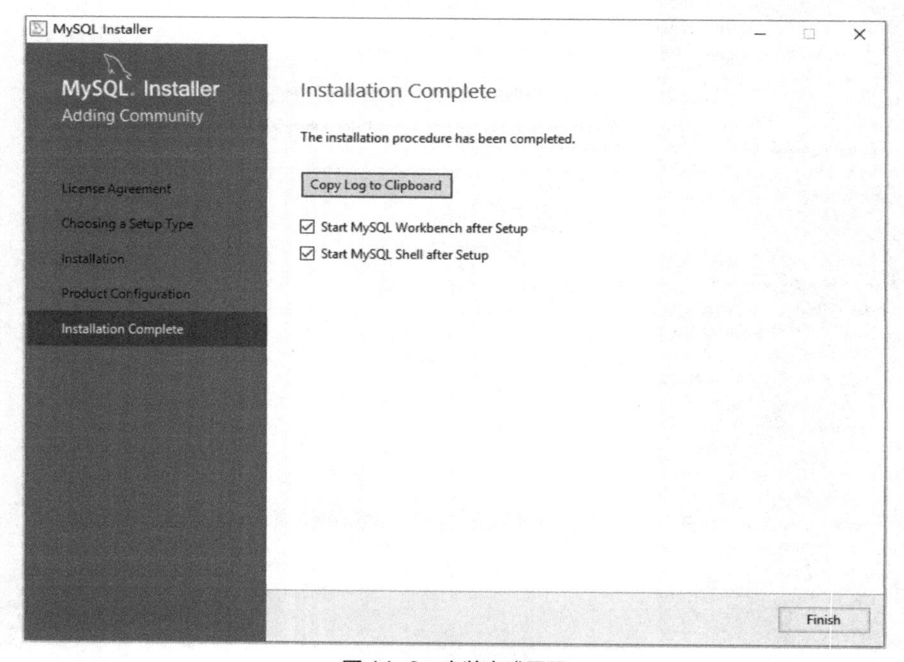

图 14-9 安装完成界面

14.2.2 管理 MySQL 服务器

MySQL 提供了两个管理 MySQL 服务器的 GUI 工具：MySQL Notifier 和 MySQL Workbench。

1. 使用 MySQL Notifier

MySQL Notifier 用于显示 MySQL Server 服务器的状态信息，它在系统托盘区显示一个图标，单击图标可打开菜单，如图 14-10 所示。

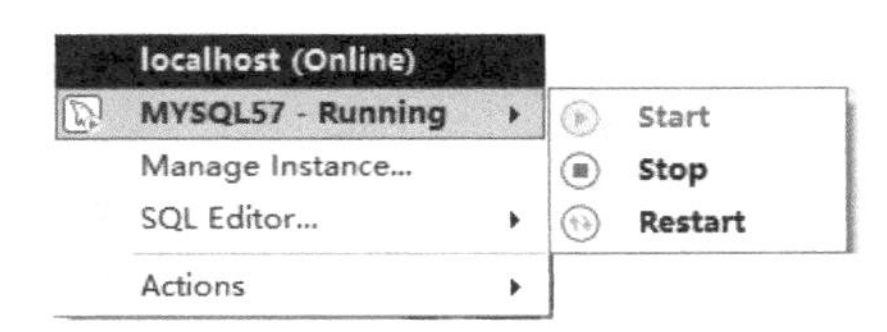

图 14-10　MySQL Notifier 菜单

在 MySQL57-Running（Running 表示 MySQL 服务器正在运行，服务器停止时的状态为 Stopped）子菜单中，Start 命令用于启动服务器，Stop 命令用于停止服务器，Restart 命令用于重新启动服务器。

2. 使用 MySQL Workbench

MySQL Workbench 提供了 GUI 界面来管理 MySQL 服务器。在 Windows 开始菜单中选择“MySQL\MySQL Workbench 6.3 CE”命令，可启动 MySQL Workbench。

MySQL Workbench 启动后的初始界面如图 14-11 所示。

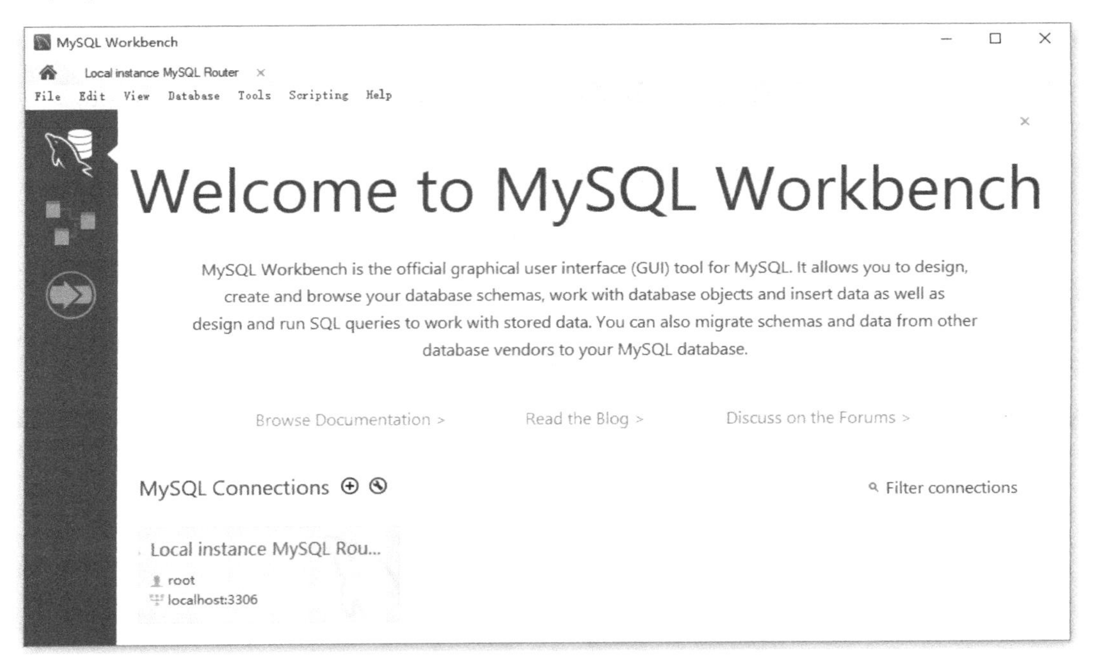

图 14-11　MySQL Workbench 启动初始界面

MySQL Workbench 默认添加了本地 MySQL 服务器连接，单击左下角的“Local instance MySQL Router”选项，打开连接 MySQL 服务器对话框，如图 14-12 所示。

图 14-12　连接 MySQL 服务器对话框

输入密码后，单击“OK”按钮连接到服务器。若选中“Save password in vault”复选框保存密码，下次连接服务器时不需要密码。

连接到服务器后的 MySQL Workbench 界面如图 14-13 所示。数据库列表中显示了当前服务器中的数据库（MySQL 将数据库称为模式——schema）。在查询设计窗口中可输入 SQL 语句，SQL 数据执行时返回的记录集显示在下方的查询结果窗口中。SQL 语句执行时，其他的输出信息则显示在最下方的输出窗口中。

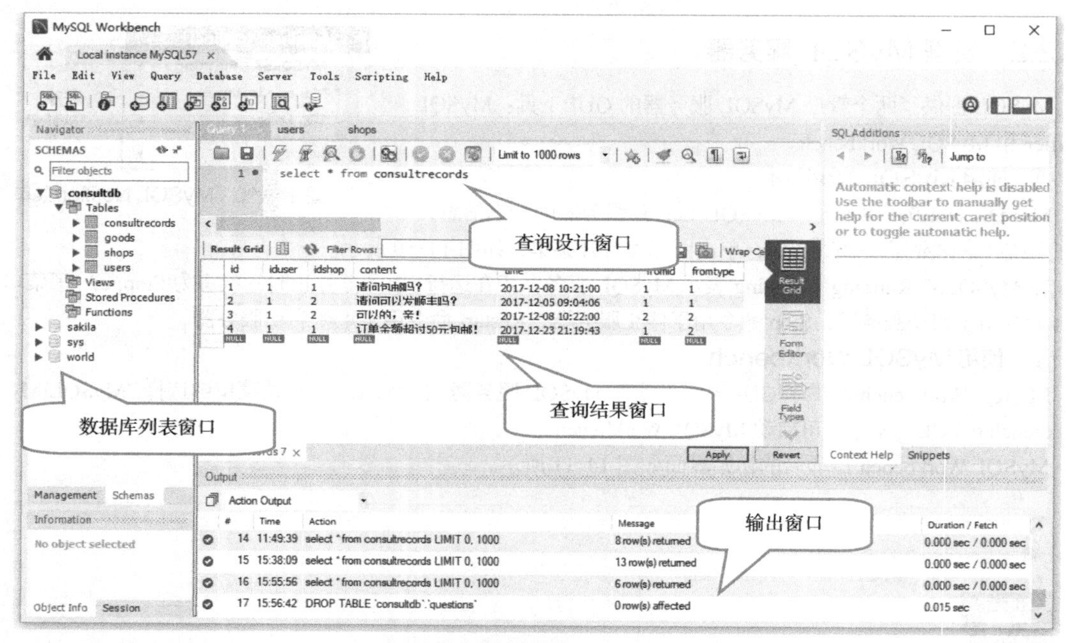

图 14-13　连接到服务器后的 MySQL Workbench 界面

在 MySQL Workbench 中，执行下列操作步骤，创建本章实例需要的数据库。

（1）右键单击数据库列表窗口，在快捷菜单中选择“Create Schema”命令，打开创建数据库界面，如图 14-14 所示。

（2）在 Name 框中输入 consultdb，单击“Apply”按钮。Workbench 会打开“Apply SQL Script to Database”向导，显示向导的脚本预览界面，如图 14-15 所示。

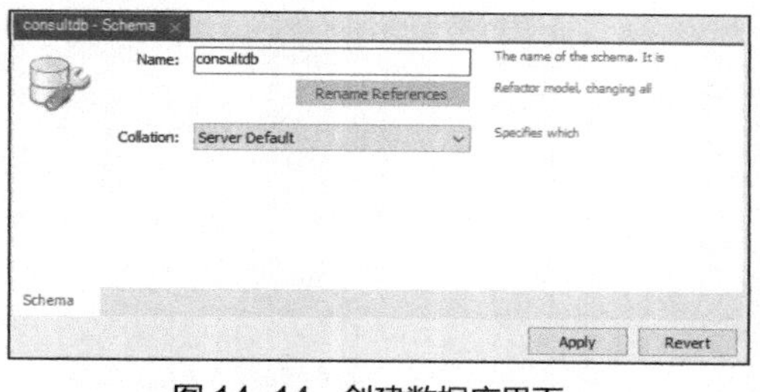

图 14-14　创建数据库界面

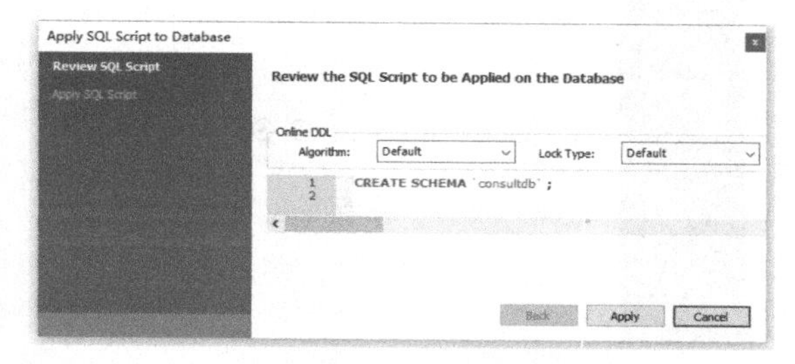

图 14-15　脚本预览界面

（3）在脚本预览界面中可修改准备执行的 SQL 语句。单击“Apply”按钮，执行 SQL 语句。执行结束后显示结束界面，如图 14-16 所示。

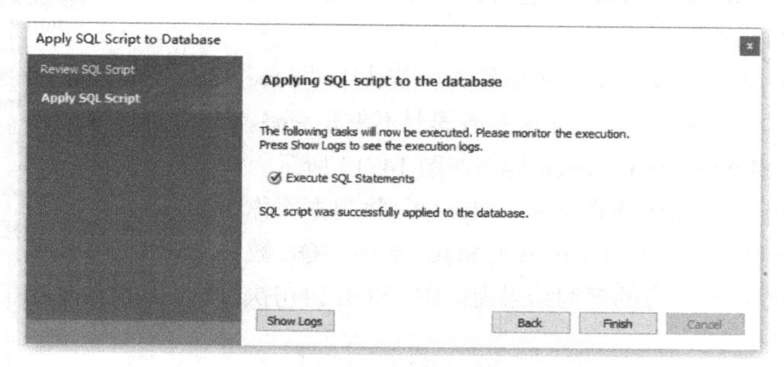

图 14-16　执行结束界面

（4）单击“Finish”按钮完成创建数据库。

在 Workbench 中通过图形界面完成数据库相关操作时，都会出现“Apply SQL Script to Database”向导。

（5）在数据库列表窗口右键单击刚创建的consultdb，在快捷菜单中选择“Set as Default Schema”命令，将consultdb设置为默认数据库。

（6）选择“File\New Query Tab”命令，打开一个新的查询设计窗口。在其中输入下面的SQL语句。

```
CREATE TABLE 'consultrecords' (
  'id' int(11) NOT NULL AUTO_INCREMENT,
  'iduser' int(11) DEFAULT NULL,
  'idshop' int(11) DEFAULT NULL,
  'content' varchar(100) DEFAULT NULL,
  'time' datetime DEFAULT CURRENT_TIMESTAMP,
  'fromid' int(11) DEFAULT NULL,
  'fromtype' char(1) DEFAULT NULL COMMENT '1:users,2:shops',
  PRIMARY KEY ('id')) ;
INSERT INTO 'consultrecords' VALUES (1,1,1,'请问包邮吗？','2017-12-08 10:21:00',1,'1'),(2,1,2,'请问可以发顺丰吗？','2017-12-05 09:04:06',1,'1'),(3,1,2,'可以的，亲！','2017-12-08 10:22:00',2,'2'),(4,1,1,'订单金额超过50元包邮！','2017-12-23 21:19:43',1,'2');
CREATE TABLE 'goods' (
  'id' int(10) unsigned zerofill NOT NULL AUTO_INCREMENT,
  'title' varchar(50) CHARACTER SET utf8 DEFAULT NULL,
  'introduce' varchar(100) CHARACTER SET utf8 DEFAULT NULL,
  'price' decimal(10,2) DEFAULT NULL,
  'discount' decimal(4,2) DEFAULT NULL,
  'jpg' varchar(45) CHARACTER SET utf8 DEFAULT NULL,
  'shopid' int(11) DEFAULT NULL,
  PRIMARY KEY ('id'),
  UNIQUE KEY 'idgoods_UNIQUE' ('id'));
INSERT INTO 'goods' VALUES (0000000001,'Effective Java中文版（第2版）','[美] 布洛克（Joshua Bloch） 著；杨春花，俞黎敏 译 ',41.00,0.95,'jpgs/book001.jpg',1),(0000000002,'华章专业开发者丛书·Java并发编程实战','[美] Brian Goetz 等 著；童云兰 等 译 ',60.00,0.90,'jpgs/book002.jpg',1),(0000000003,'Python 3程序开发指南（第2版 修订版）','[美] 萨默菲尔德（Mark Summerfield） 著；王弘博，孙传庆 译',69.00,0.80,'jpgs/book003.jpg',2),(0000000004,'C++程序设计：原理与实践（基础篇）（原书第2版）','本贾尼·斯特劳斯特鲁普 著；任明明，王刚，李忠伟 译 ',78.00,0.90,'jpgs/book004.jpg',2);
CREATE TABLE 'shops' (
  'name' varchar(16) NOT NULL,
  'password' varchar(8) NOT NULL,
  'introduce' varchar(200) NOT NULL,
  'phone' varchar(115) NOT NULL,
  'address' varchar(100) NOT NULL,
  'headerjpg' varchar(45) DEFAULT 'jpgs/shoplog.jpg',
  'stars' smallint(1) DEFAULT '1',
  'id' int(11) NOT NULL AUTO_INCREMENT,
  PRIMARY KEY ('id')) ;
INSERT INTO 'shops' VALUES ('中天书社','123','专业经营计算机程序设计语言中文版、英文原版书籍','13666122899','北京市前门街999号','jpgs/header2.jpg',1,1),('布克专营店','123456','专业经营计算机程序设计语言中文版、英文原版书籍','13666122899','北京市前门街100号','jpgs/header3.jpg',1,2);
CREATE TABLE 'users' (
```

```
        'username' varchar(16) NOT NULL,
        'password' varchar(10) NOT NULL,
        'name' varchar(45) NOT NULL,
        'idcode' varchar(18) NOT NULL,
        'phone' varchar(11) NOT NULL,
        'address' varchar(100) NOT NULL,
        'stars' smallint(1) DEFAULT '1',
        'headerjpg' varchar(45) DEFAULT 'jpgs/userlog.jpg',
        'id' int(10) unsigned NOT NULL AUTO_INCREMENT,
        PRIMARY KEY ('id')) ;
    INSERT INTO 'users' VALUES ('imvip','123456',' 张 三 ','1234567689','123456',' 四 川 成 都 ',3,'jpgs/header3.jpg',1),('test','123','wwww','123456789','123456787','陕西',2,'jpgs/header3.jpg',2);
```

（7）按【Ctrl+Shift+Enter】组合键执行 SQL 语句。

经过上述步骤，在 MySQL 中创建了一个 consultdb 数据库，并在 consultdb 中创建了 4 个表：consultrecords（保存咨询记录）、goods（保存商品数据）、shops（保存店铺信息）和 users（保存会员信息），同时为表添加了部分数据。

创建了 consultdb 数据库，将其设置为默认数据库后，可选择“File\Open SQL Script”命令打开本书源文件，即 14\Dump20171224.sql，然后运行查询即可完成数据表的创建和数据添加。

14.3 系统实现

本章实现的在线咨询服务系统主要包括用户注册、店铺注册、用户登录、商品展示、商品咨询和咨询服务等模块。每个模块由一个客户端 HTML 文件和多个关联的服务器 ASP.NET 文件实现。客户端 HTML 文件通过 AJAX 操作与服务器端的 ASP.NET 文件完成数据交换。

系统各模块之间的关系如图 14-17 所示。

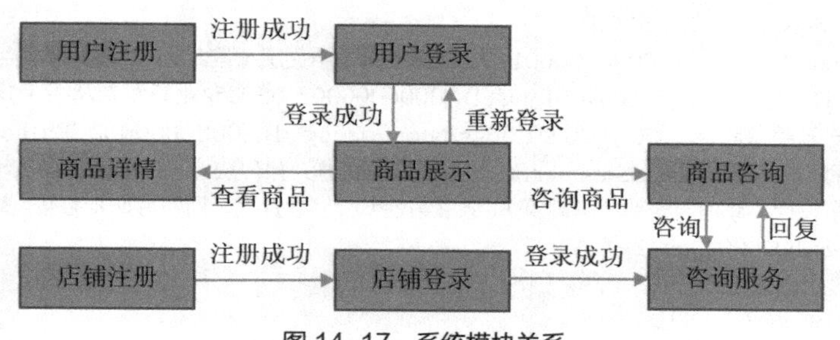

图 14-17 系统模块关系

在实际电商平台中，商品咨询和咨询服务模块共同实现在线咨询功能。在线咨询功能往往同用户/店铺注册、用户/店铺登录和商品展示等模块相关联。首先用户/店铺需要注册、登录后才能使用咨询功能。商品展示和详情模块除了显示商品信息外，还提供登录和咨询链接。本章重点介绍在线咨询（商品咨询和咨询服务）功能的实现。

14.3.1 创建实例网站

在 Visual Studio Community 中选择“文件\新建\网站”命令，创建一个使用 Visual Basic 的 ASP.NET 空网站。网站文件夹命名为 consult。源文件为 14\consult*。

在 Windows 资源管理器中打开网站文件夹 consult，在其中创建两个子文件夹：jpgs 和 scripts。本章实例使用的各种图片文件放在 jpgs 文件夹中，jQuery 库文件 jquery-3.2.1.min.js 放在 scripts 文件夹中。

在 Visual Studio Community 中单击解决方案资源管理器窗口工具栏中的“刷新”按钮，可刷新解决方案资源管理器，显示添加到网站文件夹中的子文件夹和文件。

14.3.2 实现商品咨询功能

用户在商品展示页面中单击咨询链接进入商品咨询页面。商品咨询页面如图 14-18 所示。

图 14-18 商品咨询页面

页面主要功能如下。

（1）显示当前用户信息和最近联系人列表

页面左侧上方显示当前用户信息，左侧下方显示最近咨询过的店铺列表。

（2）咨询记录显示

页面中部显示咨询记录。在左侧店铺列表中通过单击切换店铺名称时，页面中部实时更新，显示当前用户与店铺的咨询记录。

（3）显示正在咨询的商品信息和浏览记录

页面右侧的“正在咨询”选项卡显示当前准备咨询的商品信息和浏览记录。鼠标指针指向商品时，商品信息右上角会显示“咨询”按钮。单击“咨询”按钮可将商品信息作为咨询内容发送给店铺。

（4）查看店铺信息

右侧的“店铺信息”选项卡中显示当前正在咨询的店铺的详细信息。

（5）发送咨询信息

用户在页面中部下方的输入框中输入信息后，单击“发送”按钮将信息发送给店铺。

设计思路：首先在 HTML 文件中实现页面框架，然后逐步设计服务器端脚本，在 HTML 文件中通过 AJAX 操作请求服务器脚本将各项内容逐个载入页面。

商品咨询页面的实现主要包括设计商品咨询页面框架、验证是否登录、实现当前用户信息载入、实现最近联系人列表载入、实现店铺信息载入、实现咨询记录载入、实现选项卡切换、实现正在咨询商品信息载入、实现浏览记录载入、实现商品信息咨询发送、实现用户输入咨询信息发送和实现咨询记录刷新等步骤。下面逐步讲解商品咨询页面的实现过程。

1. 设计商品咨询页面框架

在 Visual Studio Community 中，为 consult 网站添加一个 HTML 文件，实现商品咨询页面框架，其代码如下。

```
<!DOCTYPE html>
<html>
<head>
    <meta charset="utf-8" />
    <title>在线咨询</title>
    <script src="scripts/jquery-3.2.1.min.js"></script>
    <style>
        body {/*定义页面默认样式*/
            background-color: #d8d8d8;
            min-height: 570px;
            width :100%
        }
        #main {/*定义页面主框架样式*/
            width: 1160px;
            height: 580px;
            background-color: white;
            margin-top: -290px;
            margin-left: -580px;
            position: absolute;
            left: 50%;
            top: 50%;
        }
        #mleft {/*定义主框架左侧子框架样式*/
            top: 0;
            background: #363e47;
            float: left;
            border-right: 1px solid #ccc;
            width: 222px;
            height: 580px;
        }
        #mright { /*定义主框架右侧子框架样式*/
            top: 0;
            background-color: #fafafa;
            float: right;
            width: 936px;
            height: 570px;
        }
        #mright-left { /*定义右侧子框架内的左侧子框架样式*/
            top: 0;
            float: left;
            border-right: 1px solid #ccc;
            width: 597px;
            height: 528px;
        }
        #mright-right { /*定义右侧子框架内的右侧子框架样式*/
            top: 0px;
            float: right;
            border-right: 1px solid #ccc;
```

```
    width: 337px;
    height: 528px;
    position: relative;
}
#chateara { /*定义咨询记录显示框架的样式*/
    width: 572px;
    height: 460px;
    padding: 5px 20px 5px 5px;
    overflow-x: hidden;
    overflow-y: scroll
}
.chat-text { /*定义每条咨询记录的样式*/
    width: 572px;
    display: block;
    clear: both;
    font-size: small;
}
.chat-text-me { /*定义咨询记录中当前用户所发信息的样式*/
    background: #eee;
    float: right;
    color: black;
    display: inline-block;
    padding: 5px;
    border: 1px solid #eee;
    border-radius: 10px;
    right: 30px;
    margin-top: 2px;
    margin-bottom: 2px;
}
.chat-text-to { /*定义咨询记录中店铺所发信息的样式*/
    background: #eee;
    display: inline-block;
    clear: both;
    padding: 5px;
    background: #eee;
    border: 1px solid #eee;
    border-radius: 10px;
    color: darkslateblue;
    margin-top: 2px;
    margin-bottom: 2px;
}
#userinfo { /*定义当前用户信息显示样式*/
    padding-top: 20px;
    width: 212px;
    padding: 15px 5px 15px 5px;
    color: #fff;
    background: #e45050;
    font-weight: bold;
    font-size: larger;
}
#ltitle { /*定义最近联系人标题样式*/
```

```
        width: 212px;
        padding: 2px 5px 2px 5px;
        color: #fff;
        background: #e45050;
    }

    #saying {/*定义咨询信息输入框*/
        width: 533px;
        height: 58px;
        border: 1px solid #ccc;
        margin :0;
    }
    #send { /*咨询信息发送按钮样式*/
        width: 60px;
        height: 58px;
        border: 1px solid #ccc;
        position: absolute;
        float: right;
    }
    #chattoname { /*记录上方显示的咨询对象名称的样式*/
        top: 0;
        border-right: 1px solid #ccc;
        border-bottom: 1px solid #ccc;
        width: 925px;
        height: 30px;
        padding-top: 20px;
        padding-left: 10px;
        font-weight: bold;
        font-size: larger;
    }
    .im-tab { /*定义“正在咨询”和“店铺信息”选项卡样式*/
        background: #eee;
        width: 337px;
        height: 30px;
    }
    .im-tab .current div { /*当前选项卡样式*/
        background-color: #fafafa;
        color: #e66464;
        border-top: 3px solid #e66464;
    }
    li, ol, ul { /*列表项默认样式*/
        list-style: none;
        margin: 0;
        padding: 0;
    }
    .im-tab li { /*选项卡中的列表项样式*/
        float: left;
        line-height: 28px;
        height: 36px;
        font-size: 14px;
        width: 33%;
```

```
}
.im-tab li div { /*选项卡中的列表项中的DIV样式*/
    width: 100%;
    height: 33px;
    text-align: center;
    position: relative;
    border-top: 3px solid #eee;
}
#im-shop { /* “店铺信息”选项卡默认不显示*/
    display: none;
}
#im-asking, #im-shop { /* “正在咨询”和“店铺信息”选项卡内容样式*/
    padding: 10px;
    font-size: small;
}
.headerjpg { /*头像显示样式*/
    width: 50px;
    height: 50px;
    float: left;
    margin-right: 5px;
}
.gstar { /*用户星级显示样式*/
    color: #ffd800
}
.user-em { /*用户和店铺的类型标志样式*/
    margin-right: 5px;
    display: inline-block;
    width: 30px;
    height: 20px;
    font-size: 12px;
    font-weight: 400;
    color: #fff;
    background: url(jpgs/bg_grade3.png) no-repeat;
}
#ulists { /*最近联系人列表样式*/
    padding: 5px;
}
.itemheaderjpg { /*最近联系人列表中联系人头像样式*/
    width: 30px;
    height: 30px;
    vertical-align: middle;
    padding-right: 5px;
}
.listitem { /*每个联系人条目样式*/
    color: white;
    border-bottom: 1px solid #676363;
    padding: 5px;
    height: 30px;
    vertical-align: middle
}
#ulists .current { /*当前联系人背景样式*/
```

```
            background: #676363
        }
        #ulists div:hover { /*鼠标指针指向的联系人背景样式*/
            background: #a09999
        }
        .listitem-name-id { /*保存每个联系人ID的元素默认隐藏*/
            display: none
        }
        #browse-record { /*浏览记录显示框的样式*/
            border-top: 1px solid #ccc;
            overflow-x: hidden;
            overflow-y: scroll;
            width: 327px;
            font-size: small;
            height: 358px;
            position: absolute;
            bottom: 0;
        }
        .askgoodspic { /*“正在咨询”选项卡中商品图片的样式*/
            width: 60px;
            height: 95px;
            float: left;
            margin-right: 5px;
        }
        .readytoask { /*“正在咨询”选项卡中“咨询”按钮的样式*/
            display: none;
            position: relative;
            border: 1px solid darkslateblue;
            padding: 3px 10px 3px 10px;
            background: #eee;
            color: darkslateblue
        }
        .askitem { /*“正在咨询”选项卡中每个商品信息条目的样式*/
            border-bottom: 1px solid #ccc;
            margin-top: 5px;
            margin-bottom: 5px;
            height: 120px;
            clear: both;
        }
        .askitem:hover .readytoask { /*鼠标指针指向商品信息条目时，显示“咨询”按钮*/
            display: inline;
            position: relative;
            float: right;
        }
    </style>
</head>
<body>
    <div id="main">
        <div id="mleft">
            <div id="userinfo">会员信息</div>
            <div id="ltitle">最近联系人：</div>
```

```
                <div id="ulists"></div>
            </div>
            <div id="mright">
                <div id="chattoname">咨询对象</div>
                <span id="chattoid" style="display:none"></span>
                <div id="mright-left">
                    <div id="chateara"></div>
                    <div style="vertical-align:middle ">
                        <textarea id="saying"></textarea>
                        <button id="send">发送</button>
                    </div>
                </div>
                <div id="mright-right">
                    <div class="im-tab">
                        <ul class="">
                            <li class="im-item current"><div >正在咨询</div></li>
                            <li class="im-item"><div>店铺信息</div></li>
                        </ul>
                    </div>
                    <div class="im-tab-contents">
                        <div id="im-asking" class="im-item-content">
                            <div id="asking-goods-info"></div>
                            <div id="browse-record"></div>
                        </div>
                        <div id="im-shop"   class="im-item-content"></div>
                    </div>
                </div>
            </div>
        </div>
        <div id="show" style="position:fixed;bottom:0"></div><!--用于显示相关提示信息的DIV-->
        <script>
            …
        </script>
    </body>
    </html>
```

2. 验证是否登录

用户打开商品咨询页面时，页面在后台检查用户是否登录，用户未登录时导航到登录页面。

商品咨询页面在脚本中发起验证请求，脚本代码如下。

```
<script>
        $(function () {
            $.get("checkisloged.aspx", function (data) {
                if (data == "0") {//在未登录时导航到登录页面
                    location.replace('logon.html')
…
```

用户在登录页面中成功登录后，服务器端脚本会在 Session 对象中保存用户名（Session("username")）、ID（Session("userid")）和用户类型（Session("usertype")）等信息。店铺管理员登录时，同样会在 Session 对象中保存用户名、ID 和用户类型等信息。用户类型用于区别会员用户和店铺。在实现商品咨询页面的其他功能时，会使用到当前用户的信息，将其保存在 Session 对象中方便读取。

服务器端的 checkisloged.aspx 脚本通过检查 Session("username")是否存在来判断用户是否登录，其代码如下。

```
<%@ Page Language="VB" %>
<script runat="server">
    Private Sub Page_Load(ByVal sender As System.Object, ByVal e As System.EventArgs)
        Try
            If Session("username") = "" Then
                Response.Write(0)
            Else
                Response.Write(1)
            End If
        Catch ex As Exception
            Response.Write("<font color=red>出错了：" + ex.Message + "</font>")
        End Try
    End Sub
</script>
```

3. 实现当前用户信息载入

商品咨询页面中请求当前用户信息的脚本代码如下。

```
<script>
…
        $("#userinfo").load("getuserinfo.aspx")//载入当前用户信息
…
```

服务器端的 getuserinfo.aspx 脚本使用 Session 对象中保存的用户信息查询会员用户表 users 或店铺表 shops 获取信息，将其返回客户端，其代码如下。

```
<%@ Page Language="VB" %>
<%@ Import Namespace="MySql.Data.MySqlClient" %>
<%@ Import Namespace="System.Data" %>
<script runat="server">
    Private Sub Page_Load(ByVal sender As System.Object, ByVal e As System.EventArgs)
        Try
            Dim cnn As New MySqlConnection
            Dim com As New MySqlCommand
            Dim reader As MySqlDataReader
            Dim id As String, type As String, sql As String, i As Int16, n As Int16
            id = Session("username")
            type = Session("usertype")
            sql = "select stars,headerjpg from " + type
            If (type = "users") Then '根据用户类型生产不通的SQL语句
                sql = sql + " where username='" + id + "'"
            Else
                sql = sql + " where name='" + id + "'"
            End If
            cnn.ConnectionString = "server=localhost;uid=root;pwd=123321;database=consultdb"
            cnn.Open()
            com.Connection = cnn
            com.CommandText = sql
            com.CommandType = CommandType.Text
            reader = com.ExecuteReader()
            If (reader.Read()) Then '输出用户信息
                Response.Write("<img class='headerjpg' src='" + reader("headerjpg") + "'/>")
                If (type = "users") Then
                    Response.Write("<span class='user-em'>会员</span>")
```

```
                Else
                    Response.Write("<span class='user-em'>店铺</span>")
                End If
                Response.Write("<span id='username'>")
                Response.Write(id + "</span><br><span class='gstar'>")
                For i = 1 To reader.GetInt16("stars")
                    Response.Write("★")
                Next
                Response.Write("</span><span class='wstar'>")
                For n = i To 5
                    Response.Write("☆")
                Next
                Response.Write("</span>")
            Else
                Response.Write("<font color=red>,请重新登录!</font>")
            End If
            cnn.Close()
        Catch ex As Exception
            Response.Write("<font color=red>数据库访问出错了：" + ex.Message + "</font>")
        End Try
    End Sub
</script>
```

4. 实现最近联系人列表载入

商品咨询页面中请求最近联系人列表的脚本代码如下。

```
<script>
…
            //载入最近联系人列表
            $.get("getuserlists.aspx", function (data) {
                $("#ulists").html(data)//将联系人列表加入到页面
                $('#chattoname').html($('#listitem-name0').html())//显示第一个咨询的店铺名称
                $('#chattoid').text($('#listitem-name0-id').text())//记录当前咨询对象ID
                $('#im-shop').load("getshopinfo.aspx", { 'shopid': $('#listitem-name0-id').text() })//获取店铺信息
                $.post("getchatrecord.aspx", //获取与店铺的咨询记录
                    { 'shopid': $('#listitem-name0-id').text() },
                    function (data) {
                        $("#chateara").html(unescape(data))
                        $("#chateara").scrollTop($("#chateara").prop('scrollHeight'))//滚动到底部，即最新的咨询信息处
                    })
            })
…
```

脚本在成功载入联系人列表后，首先将第一个咨询的店铺名称及其 ID 加载到对应的页面元素中，然后发起 AJAX 请求，从服务器获取店铺信息和与店铺的咨询记录。

服务器端的 getuserlists.aspx 脚本返回最近联系人列表，其代码如下。

```
<%@ Page Language="VB" %>
<%@ Import Namespace="MySql.Data.MySqlClient" %>
<%@ Import Namespace="System.Data" %>
<script runat="server">
    '响应consulting.html，返回最近联系人列表
    Private Sub Page_Load(ByVal sender As System.Object, ByVal e As System.EventArgs)
        Try
```

```
                    Dim cnn As New MySqlConnection
                    Dim com As New MySqlCommand
                    Dim reader As MySqlDataReader, n As Integer, s As String, sql As String
                    cnn.ConnectionString = "server=localhost;uid=root;pwd=123321;database=consultdb"
                    cnn.Open()
                    com.Connection = cnn
                    com.CommandType = CommandType.Text
                    '输出最近联系人中的当前咨询商品所属店铺信息
                    '首先查看是否已咨询过当前咨询商品所属店铺
                    '用户在商品信息展示页面中单击“咨询”链接时，对应商品所属店铺的ID会存入Session("shopid")
                    sql = "SELECT * from shops where id in(select distinct idshop from consultrecords where
consultrecords.iduser=" _
                        & Session("userid") & " and idshop= " & Session("shopid") & ")"
                    '获取当前咨询商品的店铺信息
                    com.CommandText = sql
                    reader = com.ExecuteReader()
                    If reader.Read() Then
                        '有查询返回结果说明已咨询过当前店铺，输出店铺信息
                        Response.Write("<div class='listitem current' ")
                        Response.Write(" id='listitem0'  onclick='getchattoshop(0,")
                        Response.Write(reader("id"))
                        Response.Write(")'><img class='itemheaderjpg' src='" + reader("headerjpg") + "'/>")
                        Response.Write("<span id='listitem-name0'><span class='user-em'>店铺</span>")
                        Response.Write(reader("name") + "</span></div>")
                        reader.Close()
                    End If
                    '使用隐藏的<span>标签在页面中保存店铺ID
                    Response.Write("<span id='listitem-name0-id' class='listitem-name-id'>" + Session("shopid") +
"</span>")
                    n = 1
                    '构造SQL语句，获取除当前商品所属店铺之外的其他咨询过的店铺信息
                    sql = "SELECT * from shops where id in(select distinct idshop from consultrecords where
consultrecords.iduser=" _
                        & Session("userid") & " and idshop<> " & Session("shopid") & ")"
                    com.CommandText = sql
                    If (Not reader.IsClosed) Then
                        reader.Close()
                    End If
                    reader = com.ExecuteReader()
                    s = ""
                    While (reader.Read())
                        Response.Write("<div class='listitem' ")
                        Response.Write(" id='listitem" & n & "'  onclick='getchattoshop(" & n & ",")
                        Response.Write(reader("id"))
                        Response.Write(")'><img class='itemheaderjpg' src='" + reader("headerjpg") + "'/>")
                        Response.Write("<span id='listitem-name" & n & "'><span class='user-em'>店铺</span>")
                        Response.Write(reader("name") + "</span></div>")
                        '使用隐藏的<span>标签在页面中保存店铺ID
                        Response.Write("<span id='listitem-name" & n & "-id' class='listitem-name-id'>" & reader("id")
& "</span>")
                        n = n + 1
```

```
            End While
            cnn.Close()
        Catch ex As Exception
            Response.Write("<font color=red>访问出错了：" + ex.Message + "</font><br>")
        End Try
    End Sub
</script>
```

服务器端的 **getshopinfo.aspx** 脚本返回当前店铺信息，其代码如下。

```
<%@ Page Language="VB" %>
<%@ Import Namespace="MySql.Data.MySqlClient" %>
<%@ Import Namespace="System.Data" %>
<script runat="server">
    Private Sub Page_Load(ByVal sender As System.Object, ByVal e As System.EventArgs)
        Try
            Dim cnn As New MySqlConnection, com As New MySqlCommand, reader As MySqlDataReader
            Dim sql As String, i As Int16, n As Int16
            sql = "select * from shops where id=" + Request("shopid")
            cnn.ConnectionString = "server=localhost;uid=root;pwd=123321;database=consultdb"
            cnn.Open()
            com.Connection = cnn
            com.CommandText = sql
            com.CommandType = CommandType.Text
            reader = com.ExecuteReader()
            If (reader.Read()) Then
                Response.Write("<span class='user-em'>店铺</span>")
                Response.Write(reader("name"))
                Response.Write("<br><b>店铺评分：</b><span class='gstar'>")
                For i = 1 To reader.GetInt16("stars")
                    Response.Write("★")
                Next
                Response.Write("</span><span class='wstar'>")
                For n = i To 5
                    Response.Write("☆")
                Next
                Response.Write("</span>")
                Response.Write("<br><b>店铺简介：</b>" + reader("introduce"))
                Response.Write("<br><b>店铺地址：</b>" + reader("address"))
                Response.Write("<br><b>联系电话：</b>" + reader("phone"))
            Else
                Response.Write("<font color=red>,请重新登录!</font>")
            End If
            cnn.Close()
        Catch ex As Exception
            Response.Write("<font color=red>访问出错了：" + ex.Message + "</font>")
        End Try
    End Sub
</script>
```

服务器端的 **getchatrecord.aspx** 脚本返回与当前店铺有关的咨询记录，其代码如下。

```
<%@ Page Language="VB" %>
<%@ Import Namespace="MySql.Data.MySqlClient" %>
```

```
<%@ Import Namespace="System.Data" %>
<script runat="server">
    '响应consulting.html，返回最近联系人列表
    Private Sub Page_Load(ByVal sender As System.Object, ByVal e As System.EventArgs)
        Try
            Dim cnn As New MySqlConnection
            Dim com As New MySqlCommand
            Dim reader As MySqlDataReader, n As Integer, s As String, sql As String
            cnn.ConnectionString = "server=localhost;uid=root;pwd=123321;database=consultdb"
            cnn.Open()
            com.Connection = cnn
            com.CommandType = CommandType.Text
            sql = "SELECT a.*,b.name FROM consultrecords as a,shops as b where a.idshop=b.id and iduser=" _
                    & Session("userid") & " and idshop=" & Request("shopid") & " order by time asc"
            com.CommandText = sql
            reader = com.ExecuteReader()
            n = 0
            While (reader.Read())
                Response.Write("<div class='chat-text'>")
                If reader("fromtype") = "1" Then
                    Response.Write("<span class='chat-text-me'><div>")
                    Response.Write(Session("username") + "  ")
                Else
                    Response.Write("<span class='chat-text-to'><div>")
                    Response.Write(reader("name") + "  ")
                End If
                Response.Write(reader("time"))
                Response.Write("</div><div>")
                Response.Write(reader("content"))
                Response.Write("</div></span></div>")
                n = n + 1
            End While
            cnn.Close()
        Catch ex As Exception
            Response.Write("<font color=red>出错了：" + ex.Message + "</font>")
        End Try
    End Sub
</script>
```

5. 实现店铺信息和实时咨询记录载入

当用户在最近联系人列表中单击店铺名称时，请求服务器端的 getshopinfo.aspx 和 getchatrecord.aspx 脚本，返回店铺信息和咨询记录。客户端脚本如下。

```
<script>
...
        function getchattoshop(n, idshop) {
            $('.listitem').removeClass("current")
            $('#listitem' + n).addClass("current") //改变当前店铺样式
            $('#chattoname').html($('#listitem-name' + n).html())//显示当前店铺名称
            $('#chattoid').text(idshop) //保存当前店铺ID
            $('#im-shop').load("getshopinfo.aspx", { 'shopid': idshop })//获取当前店铺信息
            $.post("getchatrecord.aspx", //获取与店铺的咨询记录
```

```
                { 'shopid': idshop },
                function (data) {
                    $("#chateara").html(unescape(data))
                    $("#chateara").scrollTop($("#chateara").prop('scrollHeight'))//滚动到底部，即最新的咨询信息处
                })
        }
...
</script>
```

6. 实现选项卡切换

当用户选择“正在咨询”和“店铺信息”选项卡时，切换当前选项卡，并显示对应的选项卡内容。实现选项卡切换的脚本代码如下。

```
<script>
        $(function () {
            ...
            $('.im-item').click(function () {//切换“正在咨询”“店铺信息”选项卡
                $('.im-item').removeClass("current")
                $(this).addClass("current")
                var itext = $(this).text().trim()
                $('.im-item-content').css('display', 'none')
                //设置CSS以隐藏选项卡，后面通过CSS将当前选项卡显示出来
                if (itext == "正在咨询")
                    $('#im-asking').css('display', 'block')
                else
                    $('#im-shop').css('display', 'block')
            })
...
```

7. 实现正在咨询商品信息载入

商品咨询页面中请求正在咨询商品信息的脚本代码如下。

```
    <script>
        $(function () {
            ...
            $('#asking-goods-info').load('getaskgoodsinfo.aspx')//获取当前正在咨询的商品信息
            ...
```

当用户在商品展示页面中单击“咨询”链接时，客户端脚本会通过AJAX请求将对应商品的ID和商品所属店铺的ID发送给服务器端脚本（recordid.aspx），脚本将其保存在Session对象（Session("goodsid")和Session("shopid")）中。

服务器端脚本getaskgoodsinfo.aspx使用Session("goodsid")中的商品ID作为参数，查询数据库获取当前正在咨询的商品信息，其代码如下。

```
<%@ Page Language="VB" %>
<%@ Import Namespace="MySql.Data.MySqlClient" %>
<%@ Import Namespace="System.Data" %>
<script runat="server">
    Private Sub Page_Load(ByVal sender As System.Object, ByVal e As System.EventArgs)
        Try
            Dim cnn As New MySqlConnection, com As New MySqlCommand, reader As MySqlDataReader
            cnn.ConnectionString = "server=localhost;uid=root;pwd=123321;database=consultdb"
            cnn.Open()
            com.Connection = cnn
            com.CommandText = "select * from goods where id=" + Session("goodsid")
```

```
                com.CommandType = CommandType.Text
                reader = com.ExecuteReader()
                If (reader.Read()) Then
                    Response.Write("<div class='askitem'>")
                    Response.Write("<div class='readytoask' onclick='askthegoods(this)'>咨询</div>")
                    Response.Write("<div><img class='askgoodspic'   src='" + reader("jpg") + "' class='goodspic'/>")
                    Response.Write("<b>商品编号：</b>")
                    Response.Write(reader("id"))
                    Response.Write("<br><span>")
                    Response.Write(reader("title"))
                    Response.Write("</span><br>" + reader("introduce"))
                    Response.Write("<br>￥")
                    Response.Write(reader.GetFloat("price") * reader.GetFloat("discount"))
                    Response.Write("    ")
                    Response.Write(reader("discount") * 10)
                    Response.Write("折</div></div>")
                Else
                    Response.Write("没有编号为" + Session("goodsid") + " 的商品，请联系管理员！")
                End If
                cnn.Close()
            Catch ex As Exception
                Response.Write("<font color=red>出错了：" + ex.Message + "</font>")
            End Try
        End Sub
    </script>
```

8. 实现浏览记录载入

商品咨询页面中请求浏览记录的脚本代码如下。

```
<script>
    $(function () {
        …
        $('#browse-record').load('getbrowserecord.aspx')//获取浏览记录中的商品信息
        …
```

用户在商品信息展示页面（showgoods.html）中单击商品图片可进入商品详细信息页面（goodsdetail.aspx），此时，服务器端脚本会将商品 ID 保存到 Session("foots")对象中。

服务器端的脚本 getbrowserecord.aspx 使用 Session("foots")中记录的商品 ID 作为参数，查询数据库获得浏览过的商品信息，将其返回客户端。脚本代码如下。

```
<%@ Page Language="VB" %>
<%@ Import Namespace="MySql.Data.MySqlClient" %>
<%@ Import Namespace="System.Data" %>
<script runat="server">
    Private Sub Page_Load(ByVal sender As System.Object, ByVal e As System.EventArgs)
        Try
            Dim cnn As New MySqlConnection
            Dim com As New MySqlCommand
            Dim reader As MySqlDataReader
            Dim sql As String, n As Int16
            Dim foots As String
            foots = Session("foots")
            If foots = "" Then
```

```
                Response.Write("<font color=red>无浏览记录！</font>")
                Return
            End If
            foots = Right(foots, Len(foots) - 1) '处理开头的逗号
            sql = "select * from goods where id in(" + foots + ") and id<>" + Session("goodsid")
            cnn.ConnectionString = "server=localhost;uid=root;pwd=123321;database=consultdb"
            cnn.Open()
            com.Connection = cnn
            com.CommandText = sql
            com.CommandType = CommandType.Text
            reader = com.ExecuteReader()
            Response.Write("<b>浏览记录：</b>")
            While (reader.Read())
                Response.Write("<div class='askitem'>")
                Response.Write("<div class='readytoask' onclick='askthegoods(this)'>咨询</div>")
                Response.Write("<div id='askgoods-info'>")
                Response.Write("<img class='askgoodspic'  src='" + reader("jpg") + "' class='goodspic'/>")
                Response.Write("<b>商品编号：</b>")
                Response.Write(reader("id"))
                Response.Write("<br><span>")
                Response.Write(reader("title"))
                Response.Write("</span><br>" + reader("introduce"))
                Response.Write("<br>￥")
                Response.Write(reader.GetFloat("price") * reader.GetFloat("discount"))
                Response.Write("    ")
                Response.Write(reader("discount") * 10)
                Response.Write("折</div></div>")
            End While
            cnn.Close()
        Catch ex As Exception
            Response.Write("<font color=red>访问出错了：" + ex.Message + "</font>")
        End Try
    End Sub
</script>
```

9. 实现商品信息咨询发送

当用户在“正在咨询”选项卡中将鼠标指针指向某条商品信息时，会显示“咨询”按钮，单击按钮可将该条商品信息作为咨询内容发送，内容会添加到显示咨询记录的<div>元素中，同时也会提交给服务器保存。

商品咨询页面中实现商品信息咨询发送的脚本如下。

```
    <script>
        ...
        function askthegoods(obj) {
            var d = new Date()
            var t = d.getFullYear() + "/" + d.getMonth() + "/" + d.getDate() + " " + d.getHours() + ":" +
d.getMinutes() + ":" + d.getSeconds()
            var c =$(obj.nextSibling).html()
            var s = "<div class='chat-text'><span class='chat-text-me'><div>"
                + $('#username').text() + '  ' +t+"</div><div>"
                + c + "</div></span></div>"
            $("#chateara").append(s)
            $("#chateara").scrollTop($("#chateara").prop('scrollHeight'))//滚动到底部，即最新的咨询信息处
```

```
            var sid = $('#chattoid').text()
            $.post('appenduserchat.aspx', { 'idshop': sid, 'content': escape(c) }, function (data) {
                if (data != "ok")   alert(data)
            })
        }
        …
    </script>
```

服务器端的 appenduserchat.aspx 脚本将本条咨询记录存入数据库，其代码如下。

```
<%@ Page Language="VB" ValidateRequest="false" %>
<%@ Import Namespace="MySql.Data.MySqlClient" %>
<%@ Import Namespace="System.Data" %>
<script runat="server">
    '将新用户信息写入数据库
    Private Sub Page_Load(ByVal sender As System.Object, ByVal e As System.EventArgs)
        Dim cnn As New MySqlConnection, com As MySqlCommand
        Dim idshop As String, content As String, iduser As String, t As String, sql As String
        Try
            iduser = Session("userid")
            idshop = Request("idshop")
            content = Request("content")
            t = Now()
            sql = "insert into consultrecords(iduser,idshop,content,time,fromid,fromtype) values(" _
                & iduser & "," & idshop & ",'" & content & "' ,'" & t & "'," & iduser & ",'1')"
            cnn.ConnectionString = "server=localhost;uid=root;pwd=123321;database=consultdb"
            cnn.Open()
            com = New MySqlCommand(sql, cnn)
            com.ExecuteNonQuery()
            cnn.Close()
            Response.Write("ok")
        Catch ex As Exception
            Response.Write("出错了：" + ex.Message + sql)
        End Try
    End Sub
</script>
```

10. 实现用户输入咨询信息发送

商品咨询页面中实现用户输入咨询信息发送的脚本如下。

```
    <script>
        $(function () {
            …
            $('#send').click(function () {//单击“发送”按钮时，将信息添加到咨询信息窗口，并提交给服务器保存
                var c = $('#saying').val()
                if (c.trim() != '') {
                    var d = new Date()
                    var t = d.getFullYear() + "/" + d.getMonth() + "/" + d.getDate() + " " + d.getHours() + ":" +
d.getMinutes() + ":" + d.getSeconds()
                    var s = "<div class='chat-text'><span class='chat-text-me'><div>"
                        + $('#username').text() + '  ' + t + "</div><div>"
                        + c + "</div></span></div>"
                    $("#chateara").append(s)
                    $("#chateara").scrollTop($("#chateara").prop('scrollHeight'))//滚动到底部，即最新的咨询信息处
```

```
                    var sid = $('#chattoid').text()
                    $.post('appenduserchat.aspx', { 'idshop': sid, 'content': escape(c) }, function (data) {
                        $('#saying').val('')
                        if (data != "ok") $('#show').html(data)
                    })
                }
            })
...
```

11. 实现咨询记录刷新

商品咨询页面中添加一个定时操作，每隔 2s 自动刷新咨询记录，实现脚本如下。

```
    <script>
        $(function () {
            ...
            setInterval("refreshChatEara()", 2000)
        })
        function refreshChatEara(){
            var sid = $('#chattoid').text()
            if (sid == '') return
            $.post("getchatrecord.aspx", //获取与店铺的咨询记录
                { 'shopid': sid },
                function (data) {
                    $("#chateara").html(unescape(data))
                    $("#chateara").scrollTop($("#chateara").prop('scrollHeight'))//滚动到底部，即最新的咨询信息处
                })
        }
        ...
</script>
```

限于篇幅，咨询服务系统的其他功能实现不再详细介绍，请读者查看源代码进行学习。咨询服务系统的其他功能列入本章习题。

14.4 小结

本章实现的在线咨询服务系统，主要应用了 JavaScript、jQuery、ASP.NET 和 MySQL 等相关技术。实现过程体现了 JavaScript+jQuery 实现 Web 应用的技术特点：客户端 HTML 定义页面框架；客户端脚本向服务器发送/请求数据；服务器端脚本接收客户端发来的数据，完成数据库访问，将处理结果返回客户端；客户端脚本将服务器响应结果载入页面。

14.5 习题

1. 实现咨询服务系统用户注册功能，如图 14-19 所示。源文件：14\consult\register.html、checkuname.aspx、registernewuser.aspx。

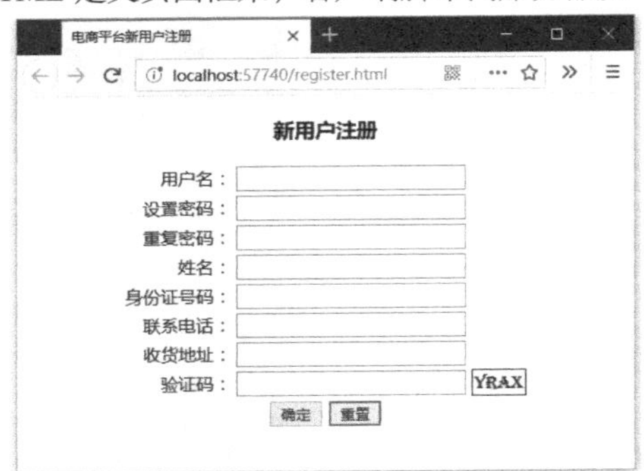

图 14-19　咨询服务系统用户注册

2. 实现咨询服务系统店铺注册功能，如图 14-20 所示。源文件：14\consult\registershop.html、checkshop.aspx、registernewshop.aspx。

3. 实现咨询服务系统用户登录功能，如图 14-21 所示。源

文件：14\consult\logon.html、checklogon.aspx。

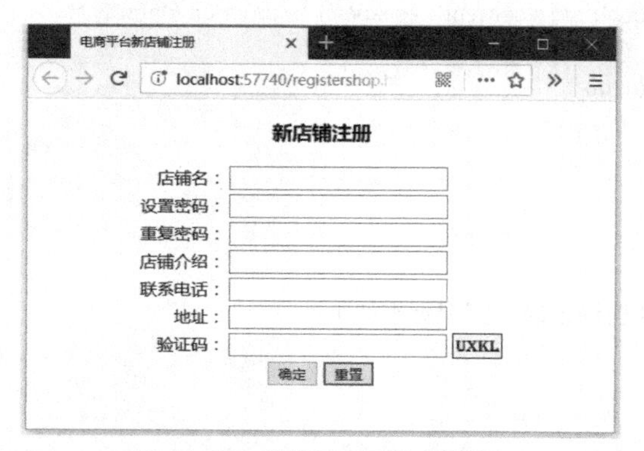

图 14-20　咨询服务系统店铺注册

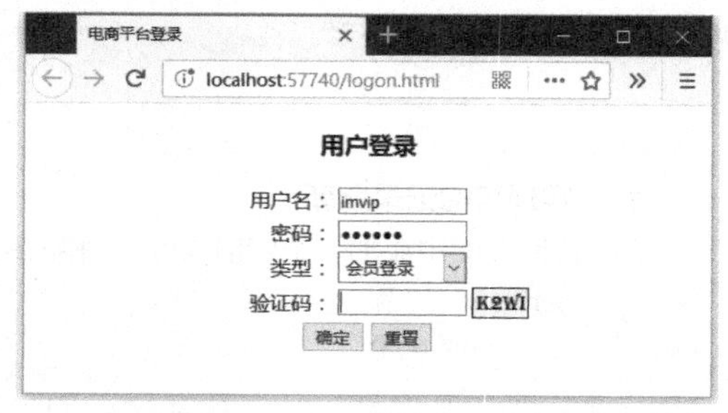

图 14-21　咨询服务系统用户登录

4．实现咨询服务系统商品展示功能，如图 14-22 所示。源文件：14\consult\showgoods.html、getSessionUser.aspx、getgoods.aspx、recordid.aspx。

图 14-22　咨询服务系统商品展示

5．实现咨询服务系统咨询服务功能，如图 14-23 所示。源文件：14\consult\shopservice.html、checkisloged.aspx、getuserinfo.aspx、getuserlistsofshops.aspx、getchatrecordofshop.aspx、appendshopchat.aspx。

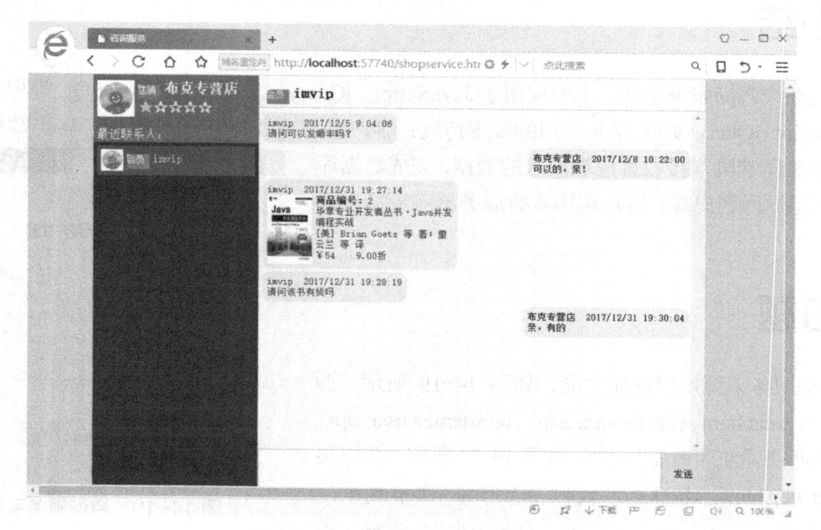

图 14-23　咨询服务系统咨询服务

参考答案

第 1 章

1. 简述 JavaScript 有哪些不同版本。

答：有 3 种不同的 JavaScript 版本同时存在：Navigator 中的 JavaScript、IE 中的 JScript 以及 CEnvi 中的 ScriptEase。

2. 简述 JavaScript 的特点。

答：JavaScript 的特点主要包括解释性、支持对象、事件驱动、跨平台和安全性。

3. 如何在 HTML 文件中使用 JavaScript 脚本？

答：可使用后面的方法在 HTML 文件中插入 JavaScript 脚本：使用<script>标记嵌入脚本；使用<script>标记链接脚本；作为事件处理程序和作为 URL。

第 2 章

1. JavaScript 的基本数据类型有哪些？

答：数值型（number）、字符串型（string）和逻辑型（boolean）。

2. 什么是常量？什么是变量？两者有何区别？

答：常量指不变的字面量，例如 12、"abc"、true 等。变量是程序中声明的、用于存储数据的标识符。变量中可以存储各种不同类型的常量数据。

3. JavaScript 的变量有何特点？

答：JavaScript 的变量有下列特点。

（1）先声明，后使用。

（2）允许重复声明。

（3）弱类型，可存储不同类型的数据。

（4）变量的数据类型由存入其中的数据决定。

4. 编写一个 JavaScript 脚本，在浏览器中输出 100 以内所有偶数的和，如图 2-26 所示。

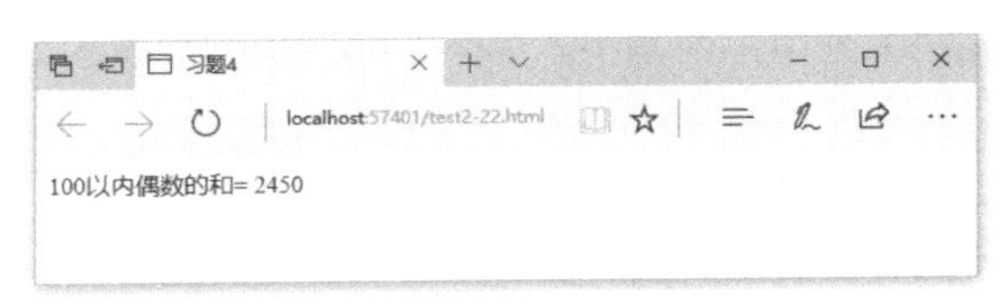

图 2-26　100 以内所有偶数的和

答：参考代码，源文件：02\test2-22.html。

5. 编写一个 JavaScript 脚本，在浏览器中输出 3 位整数中的所有对称数（个位和百位相同），如图 2-27 所示。

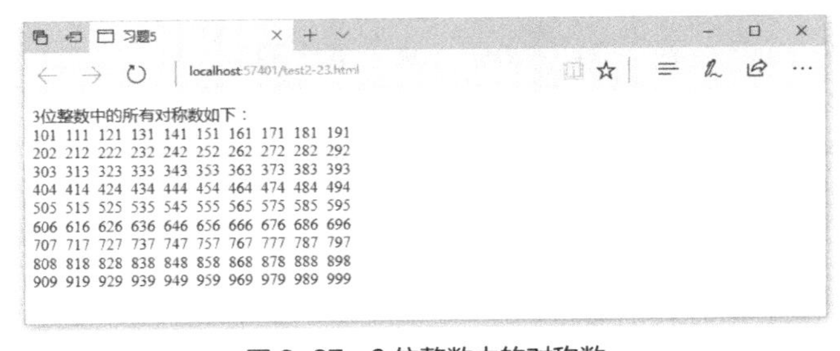

图 2-27　3 位整数中的对称数

答：参考代码，源文件：02\test2-23.html。

第 3 章

1. 请问可用哪些方法为数组添加元素？

答：可用赋值、push()、unshift()等方法为数组添加元素。例如：

```
var a=new Array()        //a=[]
a[0] = 10                //a=[10]
a.push(20)               //a=[10,20]
a.unshift(30)            //a=[30, 10,20]
```

2. 请问有哪些方法可为数组删除元素？

答：

（1）delete a[1]　　//删除数组元素，不改变数组大小

（2）a.pop ( )　　//删除数组末尾的元素，数组长度减 1

（3）a.shift ( )　　//删除数组开头的元素，数组长度减 1

（4）a.length -= x　　//减小数组长度，超出长度的元素被删除

3. 请问函数内部的 arguments 对象的作用是什么？

答：arguments 对象是一个数组，保存实际传入的参数。

4. 在浏览器中输出图 3-32 所示的一位正整数数字矩阵，第 1 个数字由用户输入。

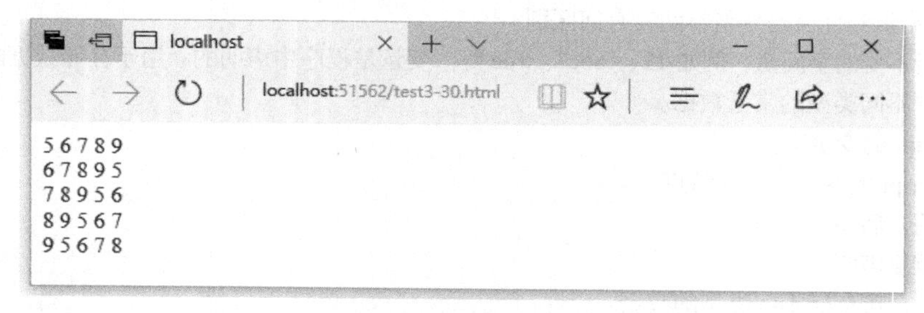

图 3-32　输出数字矩阵

答：参考代码，源文件：03\test3-30.html。

5. 在浏览器中输出杨辉三角，如图 3-33 所示。杨辉三角阶数由用户输入。

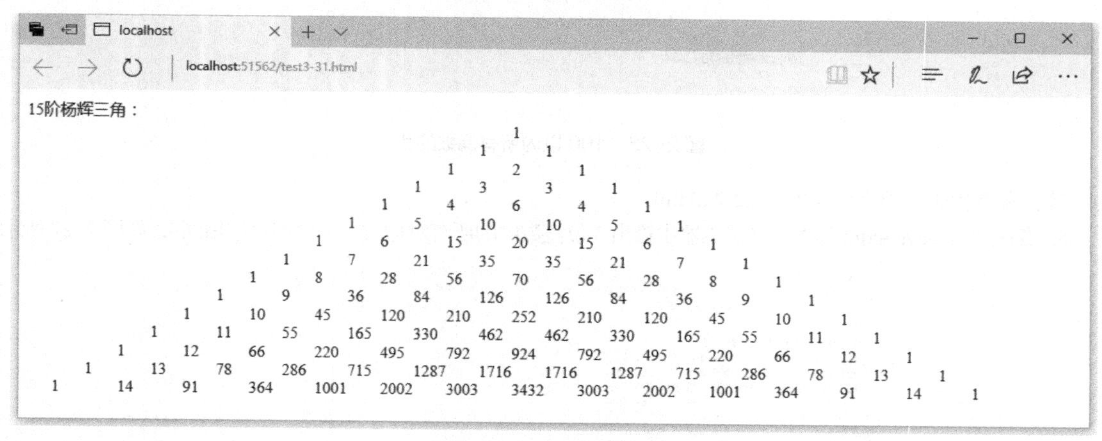

图 3-33　输出杨辉三角

答：参考代码，源文件：03\test3-31.html。

第 4 章

1. 简述 JavaScript 的异常处理机制。

答：JavaScript 使用 try/catch/finally 语句来捕获和处理异常，其基本语法格式如下。

```
try {
    //可能发生异常的代码块
} catch (err) {
    //发生异常后，执行此处的处理代码块
} finally {
    //不管是否发生异常，均会执行的代码块
}
```

2. 简述如何在 JavaScript 中抛出自定义异常。

答：

使用 throw 语句来抛出异常，例如：

```
throw new Error('出错了！')
throw '出错了！'
```

3. 在 JavaScript 中可用哪些方法注册事件处理程序？

答：JavaScript 提供了多种方法来注册事件处理程序：设置 HTML 标记属性、设置 JavaScript 对象属性或者调用 addEventListener()方法来注册事件处理程序。

4. 实现图 4-15 所示的页面，可设置字号和颜色。

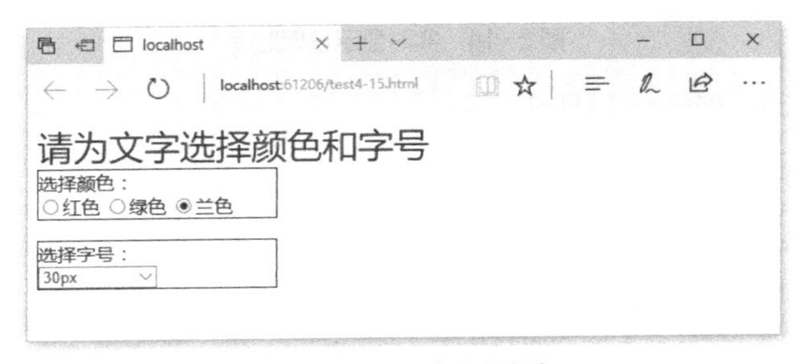

图 4-15　设置字号和颜色

答：参考代码，源文件：04\test4-15.html。

第 5 章

1. 在 JavaScript 中，可用哪些方法来创建对象？

答：有以下 3 种方法。

（1）将花括号表示的对象直接赋值给变量来创建对象。

（2）使用 new 关键字调用构造函数创建对象。

（3）调用 Object.create()创建对象。

2. JavaScript 对象的属性有哪些特点？

答：有下列特点。

（1）对象的属性是动态的，在给对象不存在的属性赋值时，创建该属性。

（2）可用 delete 语句删除对象属性。

（3）对象属性可用“.”或“[]”两种方式来引用。例如，a.name 和 a['name']均表示引用对象 a 的 name 属性。

（4）如果读一个对象的属性，JavaScript 首先检查对象是否有该属性的定义，如果有就返回其值，否则检查其原型对象是否有该属性定义。如果有就返回其值，否则返回 undefined。

3. with 语句的主要作用是什么？

答：with 语句的主要作用是建立一个语句块，在其中可省略对象名来使用对象的属性和方法。

4. 在浏览器中输出 10 个[100,9999]范围内的随机回文数字，如图 5-13 所示。

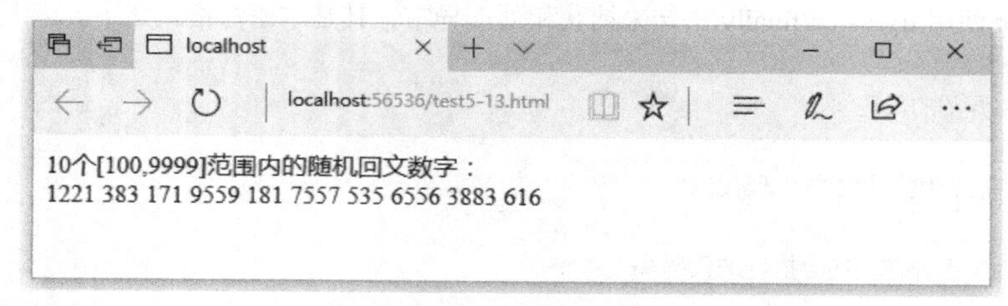

图 5-13 输出随机回文数字

答：参考代码，源文件：05\test5-13.html。

5. 在浏览器中实时显示当前日期时间，如图 5-14 所示。

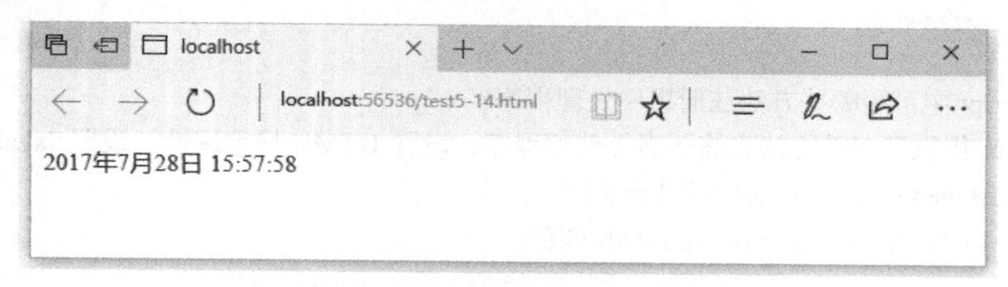

图 5-14 实时显示日期时间

答：参考代码，源文件：05\test5-14.html。

第 6 章

1. 列举几个 Window 对象的子对象。

答：Document、Location、Navigator、Screen、History 等。

2. Window 对象和 Document 对象的 open()方法有何区别？

答：Window 对象的 open()方法用于打开窗口，Document 对象的 open()方法用于在窗口中打开文档。

3. 请问如何让浏览器原样显示 JavaScript 脚本输出的内容？

答：先执行 document.open('text/plain')，告诉浏览器打开的是普通文档，而不是 HTML 文档，浏览器就不会解析文档内容。

4. 请简述表单的提交和重置事件。

答：表单对象有以下两个事件。

（1）submit：表单提交事件，在单击表单提交按钮或调用表单对象的 submit()方法时产生该事件。

（2）reset：表单重置事件，在单击表单重置按钮或调用表单对象的 reset()方法时产生该事件。

在表单的提交和重置事件中，可通过返回 false 来阻止提交或重置。

5. 设计一个具有个位数加法、减法和乘法的随机题目测试功能页面，其初始页面如图 6-39 所示。

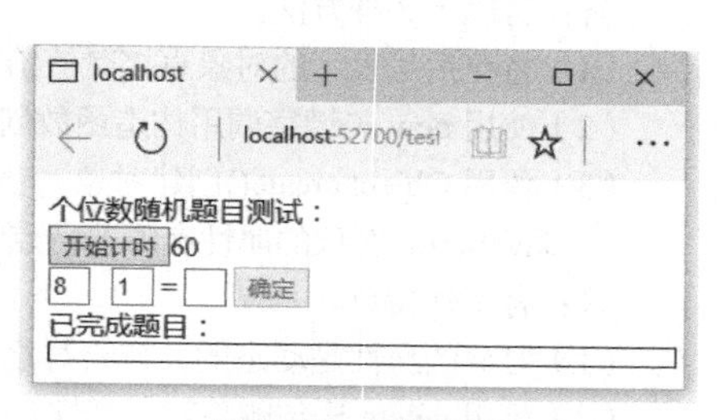

图 6-39 初始页面

单击“开始计时”按钮，开始 60s 倒数，同时显示随机题目。输入答案，单击“确定”按钮确认，同时将完成题目添加到“已完成题目”列表中，如图 6-40 所示。在答题过程中，单击“开始计时”按钮，可重新开始 60s 倒数。倒数为 0 时，“确定”按钮无效，如图 6-41 所示。

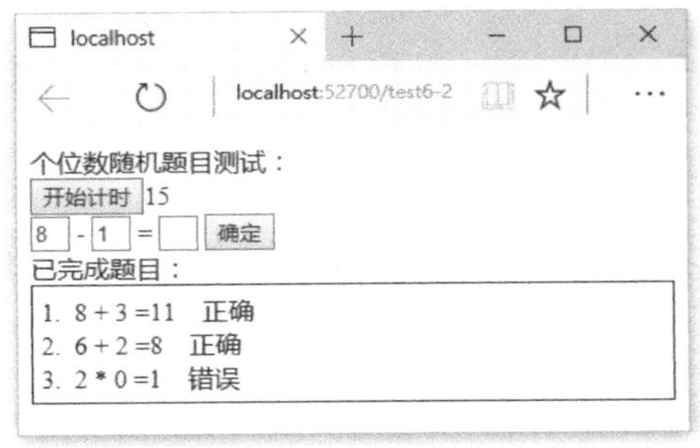

图 6-40 答题过程页面

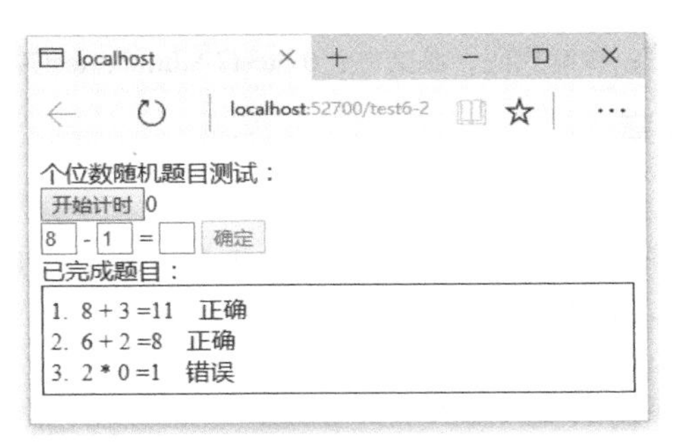

图 6-41 倒数结束页面

答：参考代码，源文件：06\test6-21.html。

第 7 章

1. AJAX 主要包含哪些技术?

答：主要涉及 JavaScript、HTML、XML、DOM 等客户端网页技术。

2. 简述使用 XMLHttpRequest 对象来完成 HTTP 请求的基本过程。

答：使用 XMLHttpRequest 对象来完成 HTTP 请求的基本步骤：

（1）创建 XMLHttpRequest 对象；

（2）设置 readystatechange 事件处理函数；

（3）打开请求；

（4）发送请求。

3. 简述使用<script>来完成 HTTP 请求的基本原理。

答：使用<script>来完成 HTTP 请求的基本过程：向页面添加<script>标记，其 src 属性设置为所请求的 URL。在服务器端，URL 返回的响应结果应该为客户端定义的函数的调用，服务器处理结果作为参数。

4. 在本章编程实践中实现的用户注册页面的基础上，实现一个登录页面，根据注册的用户信息来完成登录验证，如图 7-21 所示。

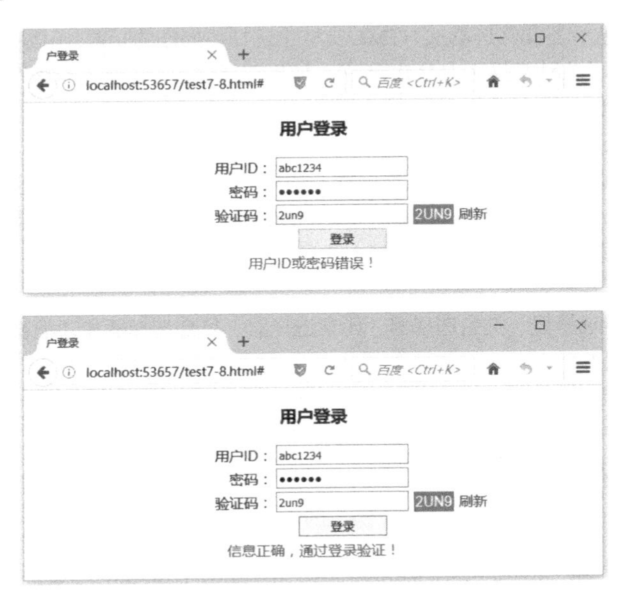

图 7-21 登录页面

答：参考代码，源文件：07\test7-8.html、test7-checklog.asp。

第 8 章

1. jQuery 的主要功能有哪些？

答：jQuery 的主要功能有 HTML 元素选取、HTML 元素操作、CSS 操作、HTML 事件函数、特效和动画、HTML DOM 遍历、AJAX 和工具函数等。

2. jQuery 的主要特点有哪些？

答：jQuery 的主要特点有简洁、功能强大、兼容各种浏览器。

3. 如何在 HTML 文件中引入 jQuery？

答：在 HTML 文件中使用<script>标记引入 jQuery。

例如，引入本地 jQuery 库：

```
<script src="jquery-3.2.1.min.js"></script>
```

或者，引入 CDN 上的 jQuery 库：

```
<script src="https://code.jquery.com/jquery-3.2.1.js"></script>
```

4. 设计一个 HTML 页面，使用 jQuery，在页面打开时显示“欢迎使用 jQuery！”，如图 8-13 所示。

图 8-13　在页面打开时显示“欢迎使用 jQuery！”

答：参考代码，源文件：08\test8-5.html。

第 9 章

1. 简述 jQuery()函数的主要作用。

答：jQuery()函数使用选择器和筛选器从 HTML 文档中选择要操作的元素，函数将选中的元素封装在 jQuery 对象中，通过 jQuery 对象的方法来操作 HTML 元素。如果选择器和筛选器匹配多个 HTML 元素，则 jQuery()函数返回的对象为封装了 HTML 元素的 jQuery 对象数组。

2. 为何使用$(document).ready()来封装 jQuery 脚本代码？最佳做法是什么？

答：这是因为不同的浏览器构建 DOM 有所区别，如果 HTML 文档的 DOM 还未构造完成，就访问 DOM 结点，这会导致脚本出错。.ready()函数在浏览器构建完 DOM 之后调用，从而保证脚本安全执行。

最佳做法是使用$(回调函数)来封装 jQuery 脚本代码。

3. 有哪些基础选择器？

答：基础选择器有 ID 选择器、类名选择器、元素选择器、复合选择器和通配符选择器等。

4. 有哪些层级选择器？

答：层级选择器有祖孙选择器、父子选择器、相邻结点选择器和兄弟选择器。

5. 请写出选择文本中包含“jQuery”的<div>元素的选择器和过滤器。

答：$('div:contains("jQuery")')。

第 10 章

1. 有下面的 HTML 代码，请用一条 jQuery 脚本语句，将第 1 个<div>元素的内容移动到第 2 个<div>元素中。

```
<div><i>Python</i>基础教程</div>
<div></div>
```

答：$('div:last').text($('div:first').html())。

2. 假设表单中有一个有序列表<ol>，请写一段 jQuery 脚本，将列表中的选项按相反的顺序排列。

答：

```
first = $('li:first')
for (i = 0; i < $('li').length - 1; i++){
    first.before($('li:last'))
}
```

3. 请说明 jQuery 中 empty()方法和 remove()方法的区别。

答：empty()方法删除匹配结点的所有子结点（包含文本子结点），但保留结点本身。remove()方法除了删除所有子结点，还会删除结点本身。

4. 请说明使用 css()方法和 addClass()方法设置 CSS 样式属性的区别。

答：css()方法通过指定属性名称和属性值来设置 CSS 样式。addClass()方法需要先在样式表中定义静态的 CSS 样式类，然后将类名作为方法参数，将样式应用于匹配元素。

第 11 章

1. 请说明 jQuery 事件对象的 currentTarget 和 target 属性有何区别。

答：jQuery 事件对象的 target 属性为事件冒泡过程中最初发生事件的 DOM 对象。currentTarget 为事件冒泡过程中捕获到事件的当前 DOM 对象。

2. 请说明 jQuery 事件对象的 stopImmediatePropagation()和 stopPropagation()方法有何区别。

答：stopPropagation()方法阻止事件冒泡，即当前对象的父亲及以上的 DOM 结点均不会接收到该事件。stopImmediatePropagation()在阻止事件冒泡的同时，还会阻止当前事件还未执行的事件处理函数的执行。

3. 页面中有一个 ID 为“btn1”的按钮，请用两种不同的方法处理按钮 click 事件，在单击按钮时用 alert 对话框显示“hello btn1”。

答：

方法 1：使用 on()方法附加事件处理函数。

```
$('#btn1').on('click',function () {
    alert('hello btn1')
})
```

方法 2：使用 click()方法附加事件处理函数。

```
$('#btn1').click(function () {
    alert('hello btn1')
})
```

第 12 章

1. 用于表示动画快慢的字符串分别有哪些？

答：slow、normal、fast。

2. 如何精确控制动画效果时间？举例说明。

答：特效方法指定一个整数时间（单位为毫秒）作为参数时，精确设置动作的时间。例如：

```
$('img').hide(5000) //5s内完成隐藏
```

3. 说明 finish()、stop()和 jQuery.fx.off 的区别。

答：finish()结束匹配元素正在执行的动画，将元素的相关 CSS 属性设置为目标状态。stop()停止匹配元素正在执行的动画，将元素的相关 CSS 属性值设置为当前动画状态。jQuery.fx.off 设置为 true 时，停止页面中的所有动画，将对应元素的相关 CSS 属性设置为目标状态。

第 13 章

1．总结 load()方法有哪些基本特点。

答：load()方法是 jQuery 最简单的 AJAX 方法，其基本特点如下。

（1）可直接将服务器端返回的数据加载到页面指定的元素中，并可对返回的数据应用选择器，选择最终显示在页面中的数据。

（2）load()方法可指定请求的 URL，同时可向服务器提交数据，并可指定成功完成 AJAX 请求时执行的回调函数。

（3）load()方法返回的数据中可包含脚本。在请求的 URL 参数中未包含选择器时，返回的脚本可执行；否则不执行返回的脚本。

（4）load()方法类似于$.get(url,data,success)方法。在未向服务器提交数据时，采用 HTTP GET 方法请求服务器；向服务器提交数据时，采用 HTTP POST 方法请求服务器。

2．说明 jQuery 在处理 AJAX 请求过程中可能发生哪些事件。

答：jQuery 在处理 AJAX 请求过程中可能发生的事件包括 ajaxStart、beforeSend 、ajaxSend、ajaxSuccess、error、ajaxError、complete、ajaxComplete 和 ajaxStop。

3．向服务器提交数字 1、2、3，分别返回“Java”“JavaScript”和“jQuery”，提交其他数据时，返回“无此代码”。请分别使用 jQuery 提供的 load()、get()和 post()等方法实现，运行结果如图 13-12 所示。

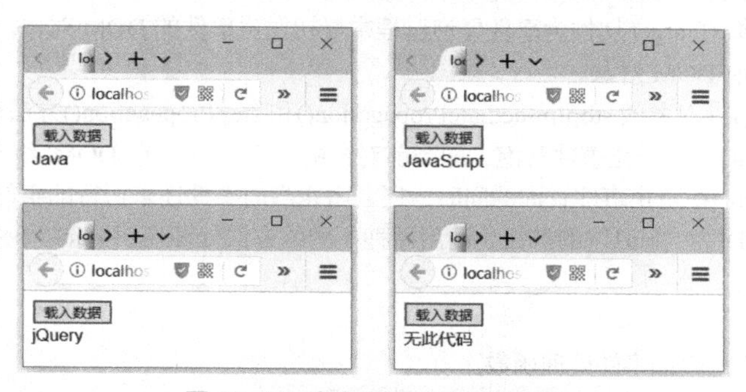

图 13-12　根据数字返回不同数据

答：参考代码，源文件：13\test13-lan.asp、test13-12.html、test13-13.html、test13-14.html。

第 14 章

1．实现咨询服务系统用户注册功能，如图 14-19 所示。源文件：14\consult\register.html、checkuname.aspx、registernewuser.aspx。

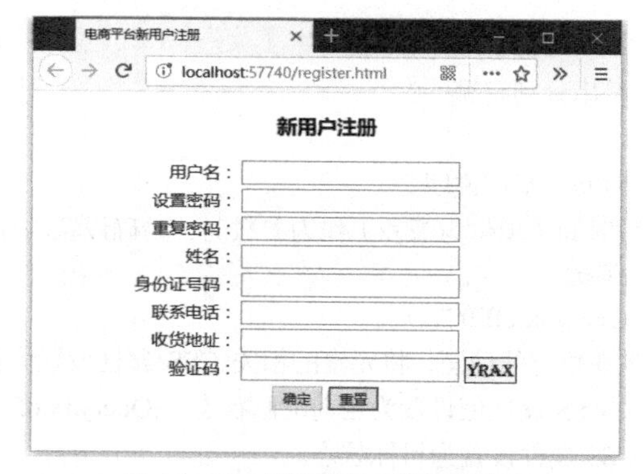

图 14-19　咨询服务系统用户注册

答：请参考源文件：14\consult\register.html、checkuname.aspx、registernewuser.aspx。

2．实现咨询服务系统店铺注册功能，如图 14-20 所示。源文件：14\consult\registershop.html、checkshop.aspx、registernewshop.aspx。

图 14-20　咨询服务系统店铺注册

答：请参考源文件：14\consult\registershop.html、checkshop.aspx、registernewshop.aspx。

3．实现咨询服务系统用户登录功能，如图 14-21 所示。源文件：14\consult\logon.html、checklogon.aspx。

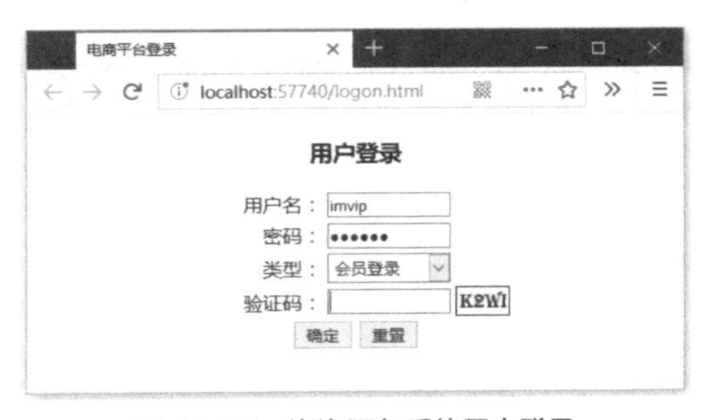

图 14-21　咨询服务系统用户登录

答：请参考源文件：14\consult\logon.html、checklogon.aspx。

4．实现咨询服务系统商品展示功能，如图 14-22 所示。源文件：14\consult\showgoods.html、getSessionUser.aspx、getgoods.aspx、recordid.aspx。

图 14-22　咨询服务系统商品展示

答：请参考源文件：14\consult\showgoods.html、getSessionUser.aspx、getgoods.aspx、recordid.aspx。

5. 实现咨询服务系统咨询服务功能，如图 14-23 所示。源文件：14\consult\shopservice.html、checkisloged.aspx、getuserinfo.aspx、getuserlistsofshops.aspx、getchatrecordofshop.aspx、appendshopchat.aspx。

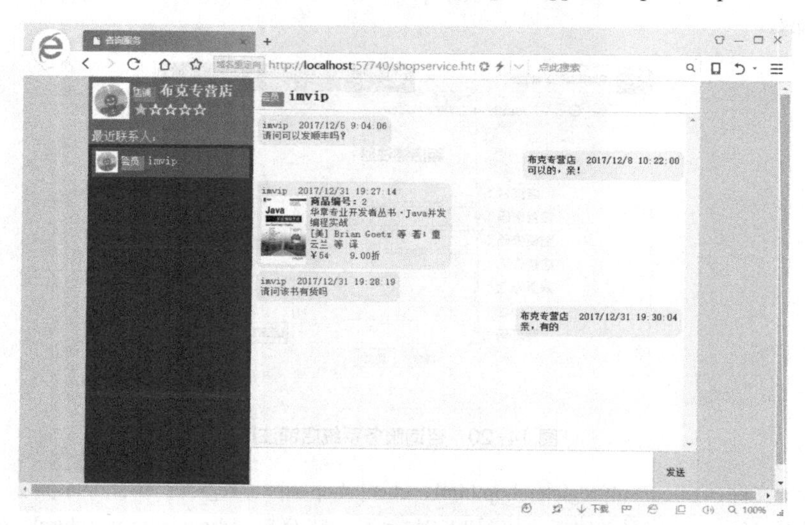

图 14-23　咨询服务系统咨询服务

答：请参考源文件：14\consult\shopservice.html、checkisloged.aspx、getuserinfo.aspx、getuserlistsofshops.aspx、getchatrecordofshop.aspx、appendshopchat.aspx。